개정2판

필기·실기 합격을 위한 **맞춤식 교재**

떡 제조기능사
필기·실기

떡 명인 **하현숙** 저

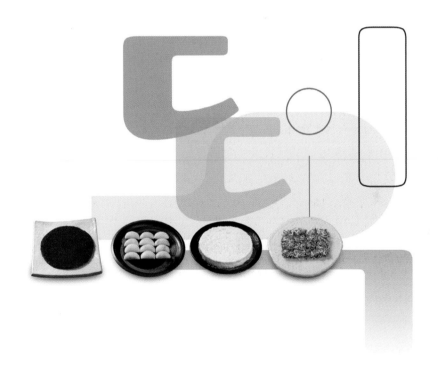

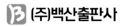 (주)백산출판사

머리말

떡은 예로부터 우리 민족의 식생활에서 빼놓을 수 없는 중요한 먹거리로, 우리의 가장 대표적인 전통음식이자 나눔의 음식으로써 '통과의례' 상차림 시 가장 큰 비중을 차지한 부분이었습니다. 따라서 떡의 문화적 가치는 무한한 것이라 생각합니다.

'농경생활'을 하면서 살아온 우리 민족은 기나긴 역사와 더불어 다양한 식문화를 즐겨왔습니다. 그중에서도 떡은 단순 먹거리가 아닌 민족의 정서를 반영하고 풍요의 상징으로 자리매김하였습니다. 세시(歲時)가 뚜렷한 24절기에는 자연에 순응한 재료 본연의 맛과 멋을 살려 특별한 떡을 만들어 먹으면서 여유로운 시간을 즐긴 것으로 여겨집니다.

"밥 위에 떡"이란 속담이 있듯이 떡은 우리 민족이 좋아하는 친숙한 먹거리로 생사고락을 함께해 왔습니다. 떡을 만들면서 서로 협력하며 정을 나누고, 인내를 배우며 이웃의 기쁨과 슬픔을 내 것으로 여기는 공동체의식까지 키워나갔던 것입니다.

이렇게 오랜 역사와 전통을 자랑하는 우리 고유의 최고 음식인 떡이 그동안 현대화의 몸살에 설자리를 잃은 것은 참으로 안타까운 일이었습니다.

2019년에 처음 시행된 떡제조기능사, 국가자격증은 좀 늦은 감은 있었지만 그래도 매우 다행스러운 일이라 생각합니다. 앞으로 더 체계화해서 도전하는 많은 사람들의 꿈이 실현되기를 기대해 봅니다.

만들기 어렵고 복잡한 것이 아니라 누구나 조금만 관심을 가지면 얼마든지 쉽게, 맛있게, 그리고 예쁘게 만들어 즐길 수 있는 게 떡이라 생각합니다.

이제 떡은 식품산업의 한 분야로 당당히 자리를 잡았으나, 앞으로 더욱더 발전시켜야 하는 큰 과제가 남아 있으니 다 함께 노력하여 세계인의 입맛을 사로잡는 그날을 손꼽아 기다려봅니다.

오랫동안 떡과 함께 생활한 사람으로서 배우고 익혔던 많은 경험과 지식들을 모두 담아 수험서를 집필하게 된 것을 개인적으로는 무한한 영광으로 생각하며, 이 책의 발간을 위해 힘써주신 백산출판사 관계자 여러분께 깊이 감사드립니다.

2023년

저자 하현숙

차례

================ **필기편** ================

제4장 **우리나라 떡의 역사 및 문화**　　　257

실기편

떡제조기능사 시험안내

■ 떡제조기능사란?

떡 만드는 직무를 수행하는 기능보유자로서 국가 자격취득자를 말한다.

■ 떡제조기능사의 직무

곡류, 두류, 채소류 등과 재료를 이용하여 식품위생과 개인안전관리에 유의하여 빻기, 찌기, 발효, 지지기, 치기, 삶기 등의 공정을 거쳐 각종 떡류를 만드는 직무이다.

■ 응시안내

- 시험시행 : 한국산업인력공단
- 시험과목
  - 필기 : 떡 제조 및 위생관리
  - 실기 : 떡 제조실무
- 응시자격
  내외국인 누구나 응시 가능
- 시험응시접수 : 한국산업인력공단 인터넷정보시스템(http//www.q-net.or.kr)
- 필기시험 합격 유효기간 : 2년
- 검정방법
  - 필기 : 4지선다형, 총 60문항 / 60분(60문항 중 36문항 이상 정답 시 합격)
  - 실기 : 작업형(3시간 정도)

■ 합격기준

필기/실기 공통 : 100점 만점에 60점 이상 취득

출제기준(필기)

직무 분야	식품가공	중직무 분야	제과 · 제빵	자격 종목	떡제조기능사	적용 기간	2022.1.1.~ 2026.12.31.

○ 직무내용 : 곡류, 두류, 과채류 등과 같은 재료를 이용하여 식품위생과 개인안전관리에 유의하여 빻기, 찌기, 발효, 지지기, 치기, 삶기 등의 공정을 거쳐 각종 떡류를 만드는 직무이다.

필기검정방법	객관식	문제수	60	시험시간	1시간

필 기 과목명	출제 문제수	주요항목	세부항목	세세항목
떡 제조 및 위생 관리	60	1. 떡 제조 기초이론	1. 떡류 재료의 이해	1. 주재료(곡류)의 특성 2. 주재료(곡류)의 성분 3. 주재료(곡류)의 조리원리 4. 부재료의 종류 및 특성 5. 과채류의 종류 및 특성 6. 견과류 · 종실류의 종류 및 특성 7. 두류의 종류 및 특성 8. 떡류 재료의 영양학적 특성
			2. 떡의 분류 및 제조 도구	1. 떡의 종류 2. 제조기기(롤밀, 제병기, 펀칭기 등)의 종류 및 용도 3. 전통도구의 종류 및 용도
		2. 떡류 만들기	1. 재료 준비	1. 재료관리 2. 재료의 전처리
			2. 고물 만들기	1. 찌는 고물 제조과정 2. 삶는 고물 제조과정 3. 볶는 고물 제조과정
			3. 떡류 만들기	1. 찌는 떡류(설기떡, 켜떡 등) 제조과정 2. 치는 떡류(인절미, 절편, 가래떡 등)제조과정 3. 빚는 떡류(찌는 떡, 삶는 떡) 제조과정 4. 지지는 떡류 제조과정 5. 기타 떡류(약밥, 증편 등)의 제조과정

필기 과목명	출제 문제수	주요항목	세부항목	세세항목
		3. 위생 · 안전관리	4. 떡류 포장 및 보관	1. 떡류 포장 및 보관 시 주의 사항 2. 떡류 포장재료의 특성
			1. 개인 위생관리	1. 개인 위생관리 방법 2. 오염 및 변질의 원인 3. 감염병 및 식중독의 원인과 예방대책
			2. 작업환경 위생관리	1. 공정별 위해요소 관리 및 예방(HACCP)
			3. 안전관리	1. 개인 안전 점검 2. 도구 및 장비류의 안전 점검
			4. 식품위생법 관련 법규 및 규정	1. 기구와 용기 · 포장 2. 식품 등의 공전(公典) 3. 영업 · 벌칙 등 떡제조 관련 법령 및 식품의약품안전처 개별 고시
		4. 우리나라 떡의 역사 및 문화	1. 떡의 역사	1. 시대별 떡의 역사
			2. 시 · 절식으로서의 떡	1. 시식으로서의 떡 2. 절식으로서의 떡
			3. 통과의례와 떡	1. 출생, 백일, 첫돌 떡의 종류 및 의미 2. 책례, 관례, 혼례 떡의 종류 및 의미 3. 회갑, 회혼례 떡의 종류 및 의미 4. 상례, 제례 떡의 종류 및 의미
			4. 향토 떡	1. 전통 향토 떡의 특징 2. 향토 떡의 유래

출제기준(실기)

직무분야	식품가공	중직무분야	제과·제빵	자격종목	떡제조기능사	적용기간	2022.1.1.~2026.12.31.

○ 직무내용 : 곡류, 두류, 과채류 등과 같은 재료를 이용하여 식품위생과 개인안전관리에 유의하여 빻기, 찌기, 발효, 지지기, 치기, 삶기 등의 공정을 거쳐 각종 떡류를 만드는 직무이다.

○ 수행준거 : 1. 재료를 계량하여 전처리한 후 빻기 과정을 거쳐 준비할 수 있다.

2. 떡의 모양과 맛을 향상시키기 위하여 첨가하는 부재료를 찌기, 볶기, 삶기 등의 각각의 과정을 거쳐 고물을 만들 수 있다.

3. 준비된 재료를 찌기, 치기, 삶기, 지지기, 빚기 과정을 거쳐 떡을 만들 수 있다.

4. 식품가공의 작업장, 가공기계·설비 및 작업자의 개인위생을 유지하고 관리할 수 있다.

5. 식품가공에서 개인 안전, 화재 예방, 도구 및 장비안전 준수를 할 수 있다.

6. 고객의 건강한 간식 및 식사대용의 제품을 생산하기 위하여 재료의 준비와 제조과정을 거쳐 상품을 만들 수 있다.

실기검정방법	작업형	시험시간	3시간 정도

실기과목명	주요항목	세부항목	세세항목
떡제조실무	1. 설기떡류 만들기	1. 설기떡류 재료 준비하기	1. 설기떡류 제조에 적합하도록 작업기준서에 따라 필요한 재료를 준비할 수 있다. 2. 생산량에 따라 배합표를 작성할 수 있다. 3. 설기떡류 작업기준서에 따라 부재료의 특성을 고려하여 전처리할 수 있다. 4. 떡의 특성에 따라 물에 불리는 시간을 조정하고 소금을 첨가할 수 있다.
		2. 설기떡류 재료 계량하기	1. 배합표에 따라 설기떡류 제품별로 필요한 각 재료를 계량할 수 있다. 2. 배합표에 따라 부재료 첨가에 따른 물의 양을 조절할 수 있다. 3. 배합표에 따라 생산량을 고려하여 소금·설탕의 양을 조절할 수 있다.

실 기 과목명	주요항목	세부항목	세세항목
		3. 설기떡류 빻기	1. 배합표에 따라 생산량을 고려하여 빻을 양을 계산하고 소금과 물을 첨가하여 빻을 수 있다. 2. 설기떡류 작업기준서에 따라 제품의 특성에 맞춰 빻는 횟수를 조절할 수 있다. 3. 재료의 특성에 따라 체질의 횟수를 조절하고 체눈의 크기를 선택하여 사용할 수 있다.
		4. 설기떡류 찌기	1. 설기떡류 작업기준서에 따라 준비된 재료를 찜기에 넣고 골고루 펴서 안칠 수 있다. 2. 설기떡류 작업기준서에 따라 최종 포장단위를 고려하여 찜기에 안쳐진 설기떡류를 찌기 전에 얇은 칼을 이용하여 분할할 수 있다. 3. 설기떡류 작업기준서에 따라 제품특성을 고려하여 찌는 시간과 온도를 조절할 수 있다. 4. 설기떡류 작업기준서에 따라 제품특성을 고려하여 면 보자기나 찜기의 뚜껑을 덮어 제품의 수분을 조절할 수 있다.
		5. 설기떡류 마무리하기	1. 설기떡류 작업기준서에 따라 제품 이동 시에도 모양이 흐트러지지 않도록 포장할 수 있다. 2. 설기떡류 작업기준서에 따라 제품 특징에 맞는 포장지를 선택하여 포장할 수 있다. 3. 설기떡류 작업기준서에 따라 제품의 품질 유지를 위해 표기사항을 표시하여 포장할 수 있다.
	2. 켜떡류 만들기	1. 켜떡류 재료 준비하기	1. 켜떡류 제조에 적합하도록 작업기준서에 따라 필요한 재료를 준비할 수 있다.

실 기 과목명	주요항목	세부항목	세세항목
			2. 생산량에 따라 배합표를 작성할 수 있다.
			3. 켜떡류 작업기준서에 따라 부재료의 특성을 고려하여 전처리할 수 있다.
			4. 켜떡류의 종류와 특성에 따라 물에 불리는 시간을 조정하고 소금을 첨가할 수 있다.
		2. 켜떡류 재료 계량하기	1. 배합표에 따라 제품별로 필요한 각 재료를 계량할 수 있다.
			2. 배합표에 따라 부재료 첨가에 따른 물의 양을 조절할 수 있다.
			3. 배합표에 따라 생산량을 고려하여 소금·설탕의 양을 조절할 수 있다.
		3. 켜떡류 빻기	1. 배합표에 따라 생산량을 고려하여 빻을 양을 계산하고 소금과 물을 첨가하여 빻을 수 있다.
			2. 켜떡류 작업기준서에 따라 제품의 특성에 맞춰 빻는 횟수를 조절할 수 있다.
			3. 재료의 특성에 따라 체질의 횟수를 조절하고 체눈의 크기를 선택하여 사용할 수 있다.
		4. 켜떡류 고물 준비하기	1. 켜떡류 작업기준서에 따라 사용될 고물 재료를 준비할 수 있다.
		5. 켜떡류 켜 안치기	1. 켜떡류 작업기준서에 따라 빻은 재료와 고물을 안칠 켜의 수만큼 분할할 수 있다.
			2. 켜떡류 작업기준서에 따라 찜기 밑에 시루포를 깔고 고물을 뿌릴 수 있다.
			3. 켜떡류 작업기준서에 따라 뿌린 고물 위에 준비된 주재료를 뿌릴 수 있다.

실 기 과목명	주요항목	세부항목	세세항목
			4. 켜떡류 작업기준서에 따라 켜 만큼 번갈아 가며 찜기에 켜켜 이 채울 수 있다. 5. 켜떡류 작업기준서에 따라 찜 기에 안칠 수 있다.
		6. 켜떡류 찌기	1. 준비된 재료를 켜떡류 작업기 준서에 따라 찜기에 넣고 골고 루 펴서 안칠 수 있다. 2. 켜떡류 작업기준서에 따라 최 종 포장단위를 고려하여 찜기 에 안쳐진 멥쌀 켜떡류는 찌기 전에 얇은 칼을 이용하여 분할 하고, 찹쌀이 들어가면 찐 후 분할할 수 있다. 3. 켜떡류 작업기준서에 따라 제 품특성을 고려하여 찌는 시간 과 온도를 조절할 수 있다. 4. 켜떡류 작업기준서에 따라 제 품특성을 고려하여 면 보자기 를 덮어 제품의 수분을 조절 할 수 있다.
		7. 켜떡류 마무리하기	1. 켜떡류 작업기준서에 따라 제 품 이동 시에도 모양이 흐트러 지지 않도록 포장할 수 있다. 2. 켜떡류 작업기준서에 따라 제 품 특징에 맞는 포장지를 선택 하여 포장할 수 있다. 3. 켜떡류 작업기준서에 따라 제 품의 품질 유지를 위해 표기사 항을 표시하여 포장할 수 있다.
	3. 빚어 찌는 떡류 만 들기	1. 빚어 찌는 떡류 재료 준 비하기	1. 빚어 찌는 떡류 제조에 적합하 도록 작업기준서에 따라 필요 한 재료를 준비할 수 있다. 2. 생산량에 따라 배합표를 작성 할 수 있다. 3. 빚어 찌는 떡류 작업기준서에 따라 부재료의 특성을 고려하 여 전처리할 수 있다.

실기 과목명	주요항목	세부항목	세세항목
			4. 빚어 찌는 떡의 종류와 특성에 따라 물에 불리는 시간을 조정하고 소금을 첨가할 수 있다.
		2. 빚어 찌는 떡류 재료 계량하기	1. 배합표에 따라 제품별로 필요한 각 재료를 계량할 수 있다. 2. 배합표에 따라 겉피와 속고물의 수분 평형을 고려하여 첨가되는 물의 양을 조절할 수 있다. 3. 배합표에 따라 생산량을 고려하여 소금 · 설탕의 양을 조절할 수 있다.
		3. 빚어 찌는 떡류 빻기	1. 배합표에 따라 생산량을 고려하여 빻을 양을 계산하고 소금과 물을 첨가하여 빻을 수 있다. 2. 빚어 찌는 떡류 작업기준서에 따라 제품의 특성에 맞춰 빻는 횟수를 조절할 수 있다. 3. 배합표에 따라 겉피에 첨가되는 부재료의 특성을 고려하여 전처리한 재료를 사용할 수 있다.
		4. 빚어 찌는 떡류 반죽하기	1. 빚어 찌는 떡류 작업기준서에 따라 익반죽 또는 생반죽 할 수 있다. 2. 배합표에 따라 물의 양을 조절하여 반죽할 수 있다. 3. 배합표에 따라 속고물과 겉피의 수분비율을 조절하여 반죽할 수 있다.
		5. 빚어 찌는 떡류 빚기	1. 빚어 찌는 떡류 작업기준서에 따라 빚어 찌는 떡류의 크기와 모양을 조절하여 빚을 수 있다. 2. 빚어 찌는 떡류 작업기준서에 따라 겉편과 속편의 양을 조절하여 빚을 수 있다. 3. 빚어 찌는 떡류 작업기준서에 따라 부재료의 특성을 살려 색을 조화롭게 빚어낼 수 있다.

실 기 과목명	주요항목	세부항목	세세항목
		6. 빚어 찌는 떡류 찌기	1. 빚어 찌는 떡류 작업기준서에 따라 제품특성을 고려하여 찌는 시간과 온도를 조절할 수 있다. 2. 빚어 찌는 떡류 작업기준서에 따라 제품특성을 고려하여 면 보자기를 덮어 제품의 수분을 조절할 수 있다. 3. 빚어 찌는 떡류 작업기준서에 따라 풍미를 높이기 위해 부재료를 첨가할 수 있다. 4. 빚어 찌는 떡류 작업기준서에 따라 제품이 서로 붙지 않게 간격을 조절하여 찔 수 있다.
		7. 빚어 찌는 떡류 마무리하기	1. 빚어 찌는 떡류 작업기준서에 따라 찐 후 냉수에 빨리 식힌다. 2. 빚어 찌는 떡류 작업기준서에 따라 물기가 제거되면 참기름을 바를 수 있다. 3. 빚어 찌는 떡류 작업기준서에 따라 제품의 품질 유지를 위해 표기사항을 표시하여 포장할 수 있다.
	4. 빚어 삶는 떡	1. 빚어 삶는 떡류 재료 준비하기	1. 빚어 삶는 떡류 제조에 적합하도록 작업기준서에 따라 필요한 재료를 준비할 수 있다. 2. 생산량에 따라 배합표를 작성할 수 있다. 3. 빚어 삶는 떡류 작업기준서에 따라 부재료의 특성을 고려하여 전처리할 수 있다. 4. 빚어 삶는 떡의 종류와 특성에 따라 물에 불리는 시간을 조정하고 소금을 첨가할 수 있다.
		2. 빚어 삶는 떡류 재료 계량하기	1. 배합표에 따라 제품별로 필요한 각 재료를 계량할 수 있다.

실 기 과목명	주요항목	세부항목	세세항목
			2. 배합표에 따라 떡류의 수분 평형을 고려하여 첨가되는 물의 양을 조절할 수 있다. 3. 배합표에 따라 생산량을 고려하여 소금의 양을 조절할 수 있다.
		3. 빚어 삶는 떡류 빻기	1. 배합표에 따라 생산량을 고려하여 빻을 양을 계산하고 소금과 물을 첨가하여 빻을 수 있다. 2. 빚어 삶는 떡류 작업기준서에 따라 제품의 특성에 맞춰 빻는 횟수를 조절할 수 있다. 3. 배합표에 따라 빚어 삶는 떡류에 첨가되는 부재료의 특성을 고려하여 전처리한 재료를 사용할 수 있다.
		4. 빚어 삶는 떡류 반죽하기	1. 빚어 삶는 떡류 작업기준서에 따라 익반죽 또는 생반죽할 수 있다. 2. 배합표에 따라 물의 양을 조절하여 반죽할 수 있다. 3. 배합표에 따라 빚어 삶는 떡류의 수분비율을 조절하여 반죽할 수 있다.
		5. 빚어 삶는 떡류 빚기	1. 빚어 삶는 떡류 작업기준서에 따라 빚어 삶는 떡류의 크기와 모양을 조절하여 빚을 수 있다. 2. 빚어 삶는 떡류 작업기준서에 따라 부재료의 특성을 살려 빚어낼 수 있다.
		6. 빚어 삶는 떡류 삶기	1. 빚어 삶는 떡류 작업기준서에 따라 제품특성을 고려하여 삶는 시간과 온도를 조절할 수 있다. 2. 빚어 삶는 떡류 작업기준서에 따라 풍미를 높이기 위해 부재료를 첨가할 수 있다.

실 기 과목명	주요항목	세부항목	세세항목
		7. 빚어 삶는 떡류 마무리 하기	3. 빚어 삶는 떡류 작업기준서에 따라 제품이 서로 붙지 않게 저어가며 삶을 수 있다. 1. 작업기준서에 따라 빚은 떡을 삶은 후 냉수에 빨리 식힐 수 있다. 2. 빚어 삶는 떡류 작업기준서에 따라 물기를 제거하여 고물을 묻힐 수 있다. 3. 빚어 삶는 떡류 작업기준서에 따라 제품의 품질 유지를 위해 표기사항을 표시하여 포장할 수 있다.
	5. 약밥 만들기	1. 약밥 재료 준비하기	1. 약밥 만들기 제조에 적합하도록 작업기준서에 따라 필요한 재료를 준비할 수 있다. 2. 생산량에 따라 배합표를 작성할 수 있다. 3. 배합표에 따라 부재료를 필요한 양만큼 준비할 수 있다. 4. 약밥 만들기 작업기준서에 따라 부재료의 특성을 고려하여 전처리할 수 있다. 5. 약밥 만들기 작업기준서에 따라 찹쌀을 물에 불린 후 건져 물기를 빼고 소금을 첨가하여 찜기에 쪄서 준비할 수 있다. 6. 배합표에 따라 황설탕, 계핏가루, 진간장, 대추 삶은 물(대추고), 캐러멜 소스, 꿀, 참기름을 준비할 수 있다.
		2. 약밥 재료 계량하기	1. 배합표에 따라 쪄서 준비한 재료를 계량할 수 있다. 2. 배합표에 따라 전처리된 부재료를 계량할 수 있다. 3. 배합표에 따라 황설탕, 계핏가루, 진간장, 대추 삶은 물(대추

실기 과목명	주요항목	세부항목	세세항목
			고), 캐러멜 소스, 꿀, 참기름을 계량할 수 있다.
		3. 약밥 혼합하기	1. 약밥 만들기 작업기준서에 따라 찹쌀을 찔 수 있다. 2. 약밥 만들기 작업기준서에 따라 계량된 황설탕, 계핏가루, 진간장, 대추 삶은 물(대추고), 캐러멜 소스, 꿀, 참기름을 넣어 혼합할 수 있다. 3. 약밥 만들기 작업기준서에 따라 혼합한 재료를 맛과 색이 잘 스며들도록 관리할 수 있다.
		4. 약밥 찌기	1. 약밥 만들기 작업기준서에 따라 혼합된 재료를 찜기에 넣고 골고루 펴서 안칠 수 있다. 2. 약밥 만들기 작업기준서에 따라 제품특성을 고려하여 찌는 시간과 온도를 조절할 수 있다. 3. 약밥 만들기 작업기준서에 따라 제품특성을 고려하여 면 보자기를 덮어 제품의 수분을 조절할 수 있다.
		5. 약밥 마무리하기	1. 약밥 만들기 작업기준서에 따라 완성된 약밥의 크기와 모양을 조절하여 포장할 수 있다. 2. 약밥 만들기 작업기준서에 따라 제품 특징에 맞는 포장지를 선택하여 포장할 수 있다. 3. 약밥 만들기 작업기준서에 따라 제품의 품질 유지를 위해 표기사항을 표시하여 포장할 수 있다.
	6. 인절미 만들기	1. 인절미 재료 준비하기	1. 인절미 제조에 적합하도록 작업기준서에 따라 필요한 찹쌀과 고물을 준비할 수 있다. 2. 생산량에 따라 배합표를 작성할 수 있다.

실 기 과목명	주요항목	세부항목	세세항목
			3. 인절미 작업기준서에 따라 부재료의 특성을 고려하여 전처리할 수 있다. 4. 인절미의 특성에 따라 물에 불리는 시간을 조정하고 소금을 가할 수 있다.
		2. 인절미 재료 계량하기	1. 배합표에 따라 제품별로 필요한 각 재료를 계량할 수 있다. 2. 배합표에 따라 부재료 첨가에 따른 물의 양을 조절할 수 있다. 3. 배합표에 따라 생산량을 고려하여 소금의 양을 조절할 수 있다. 4. 배합표에 따라 인절미에 첨가되는 전처리된 부재료를 계량하여 사용할 수 있다.
		3. 인절미 빻기	1. 배합표에 따라 생산량을 고려하여 빻을 재료의 양을 계산하고 소금과 물을 첨가하여 빻을 수 있다. 2. 인절미 작업기준서에 따라 제품의 특성에 맞춰 빻는 횟수를 조절할 수 있다. 3. 제품의 특성에 따라 1, 2차 빻기 작업 수행 시 분쇄기의 롤 간격을 조절할 수 있다. 4. 인절미 작업기준서에 따라 불린 쌀 대신 전처리 제조된 재료를 사용할 경우 불리는 공정과 빻기의 공정을 생략한다.
		4. 인절미 찌기	1. 인절미류 작업기준서에 따라 찹쌀가루를 뭉쳐서 안칠 수 있다. 2. 인절미류 작업기준서에 따라 제품특성을 고려하여 찌는 온도와 시간을 조절하여 찔 수 있다.

실기 과목명	주요항목	세부항목	세세항목
		5. 인절미 성형하기	1. 인절미류 작업기준서에 따라 익힌 떡 반죽을 쳐서 물성을 조절할 수 있다. 2. 인절미류 작업기준서에 따라 제품을 식힐 수 있다. 3. 인절미류 작업기준서에 따라 제품특성에 따라 절단할 수 있다.
		6. 인절미 마무리하기	1. 인절미류 작업기준서에 따라 고물을 묻힐 수 있다. 2. 인절미류 작업기준서에 따라 포장할 수 있다. 3. 인절미류 작업기준서에 따라 표기사항을 표시할 수 있다.
	7. 고물류 만들기	1. 찌는 고물류 만들기	1. 작업기준서와 생산량에 따라 배합표를 작성할 수 있다. 2. 작업기준서에 따라 필요한 재료를 준비할 수 있다. 3. 재료의 특성을 고려하여 전처리할 수 있다. 4. 전처리된 재료를 찜기에 넣어 찔 수 있다. 5. 작업기준서에 따라 제품특성을 고려하여 찌는 시간과 온도를 조절할 수 있다. 6. 찐 고물을 식혀 빻은 후 고물을 소분하여 냉장이나 냉동에 보관할 수 있다.
		2. 삶는 고물류 만들기	1. 작업기준서와 생산량에 따라 배합표를 작성할 수 있다. 2. 작업기준서에 따라 필요한 재료를 준비할 수 있다. 3. 재료의 특성을 고려하여 전처리할 수 있다. 4. 전처리된 재료를 삶는 솥에 넣어 삶을 수 있다. 5. 작업기준서에 따라 제품특성을 고려하여 삶는 시간과 온도를 조절할 수 있다.

실 기 과목명	주요항목	세부항목	세세항목
			6. 삶은 고물을 식혀 빻은 후 고물을 소분하여 냉장이나 냉동에 보관할 수 있다.
		3. 볶는 고물류 만들기	1. 작업기준서와 생산량에 따라 배합표를 작성할 수 있다.
			2. 작업기준서에 따라 필요한 재료를 준비할 수 있다.
			3. 재료의 특성을 고려하여 전처리할 수 있다.
			4. 전처리하다 재료를 볶음 솥에 넣어 볶을 수 있다.
			5. 작업기준서에 따라 제품특성을 고려하여 볶는 시간과 온도를 조절할 수 있다.
			6. 볶은 고물을 식혀 빻은 후 고물을 소분하여 냉장이나 냉동에 보관할 수 있다.
	8. 가래떡류 만들기	1. 가래떡류 재료 준비하기	1. 작업기준서와 생산량을 고려하여 배합표를 작성할 수 있다.
			2. 배합표 따라 원·부재료를 준비할 수 있다.
			3. 작업기준서에 따라 부재료를 전처리할 수 있다.
			4. 가래떡류의 특성에 따라 물에 불리는 시간을 조정할 수 있다.
		2. 가래떡류 재료 계량하기	1. 배합표에 따라 제품별로 재료를 계량할 수 있다.
			2. 배합표에 따라 부재료 첨가에 따른 물의 양을 조절할 수 있다.
			3. 배합표에 따라 멥쌀에 소금을 첨가할 수 있다.
		3. 가래떡류 빻기	1. 작업기준서에 따라 원·부재료의 빻는 횟수를 조절할 수 있다.
			2. 제품의 특성에 따라 1, 2차 빻기 작업 수행 시 분쇄기 롤 간격을 조절할 수 있다.

실 기 과목명	주요항목	세부항목	세세항목
			3. 빻은 멥쌀가루의 입도, 색상, 냄새를 확인하여 분쇄작업을 완료할 수 있다. 4. 빻은 작업이 완료된 원재료에 부재료를 혼합할 수 있다.
		4. 가래떡류 찌기	1. 작업기준서에 따라 준비된 재료를 찜기에 넣고 골고루 펴서 안칠 수 있다. 2. 작업기준서에 따라 찌는 시간과 온도를 조절할 수 있다. 3. 작업기준서에 따라 찜기 뚜껑을 덮어 제품의 수분을 조절할 수 있다.
		5. 가래떡류 성형하기	1. 작업기준서에 따라 성형노즐을 선택할 수 있다. 2. 작업기준서에 따라 쪄진 떡을 제병기에 넣어 성형할 수 있다. 3. 작업기준서에 따라 제병기에서 나온 가래떡을 냉각시킬 수 있다. 4. 작업기준서에 따라 냉각된 가래떡을 용도별로 절단할 수 있다.
		6. 가래떡류 마무리하기	1. 작업기준서에 따라 제품 특징에 맞는 포장지를 선택할 수 있다. 2. 작업기준서에 따라 절단한 가래떡을 용도별로 저온 건조 또는 냉동할 수 있다. 3. 작업기준서에 따라 제품별로 길이, 크기를 조절할 수 있다. 4. 작업기준서에 따라 제품별로 알코올 처리를 할 수 있다. 5. 작업기준서에 따라 제품별로 건조 수분을 조절할 수 있다. 6. 작업기준서에 따라 포장 표시면에 표기사항을 표시할 수 있다.

실 기 과목명	주요항목	세부항목	세세항목
	9. 찌는 찰떡류 만들기	1. 찌는 찰떡류 재료 준비하기	1. 작업기준서와 생산량을 고려하여 배합표를 작성할 수 있다. 2. 배합표에 따라 원·부재료를 준비할 수 있다. 3. 부재료의 특성을 고려하여 전처리할 수 있다. 4. 찌는 찰떡류의 특성에 따라 물에 불리는 시간을 조정할 수 있다.
		2. 찌는 찰떡류 재료 계량하기	1. 배합표에 따라 원·부재료를 계량할 수 있다. 2. 배합표에 따라 물의 양을 조절할 수 있다. 3. 배합표에 따라 찹쌀에 소금을 첨가할 수 있다.
		3. 찌는 찰떡류 빻기	1. 작업기준서에 따라 원·부재료의 빻는 횟수를 조절할 수 있다. 2. 1, 2차 빻기 작업 수행 시 분쇄기의 롤 간격을 조절할 수 있다. 3. 빻기된 찹쌀가루의 입도, 색상, 냄새를 확인하여 빻는 작업을 완료할 수 있다. 4. 빻는 작업이 완료된 원재료에 부재료를 혼합할 수 있다.
		4. 찌는 찰떡류 찌기	1. 작업기준서에 따라 스팀이 잘 통과될 수 있도록 혼합된 원·부재료를 시루에 담을 수 있다. 2. 작업기준서에 따라 찌는 시간과 온도를 조절할 수 있다. 3. 작업기준서에 따라 시루 뚜껑을 덮어 제품의 수분을 조절할 수 있다.
		5. 찌는 찰떡류 성형하기	1. 찐 재료에 대하여 물성이 적합한지 확인할 수 있다. 2. 작업기준서에 따라 찐 재료를 식힐 수 있다. 3. 작업기준서에 따라 제품의 종류별로 절단할 수 있다.

실기 과목명	주요항목	세부항목	세세항목
		6. 찌는 찰떡류 마무리하기	1. 노화 방지를 위하여 제품의 특성에 적합한 포장지를 선택할 수 있다. 2. 작업기준서에 따라 제품을 포장할 수 있다. 3. 작업기준서에 따라 포장 표시면에 표기사항을 표시할 수 있다. 4. 제품의 보관 온도에 따라 제품 보관 방법을 적용할 수 있다.
	10. 지지는 떡	1. 지지는 떡류 재료 준비하기	1. 지지는 떡류 작업기준서에 따라 재료를 준비할 수 있다. 2. 지지는 떡류 작업기준서에 따라 재료를 계량할 수 있다 3. 지지는 떡류 작업기준서에 따라 찹쌀을 불릴 수 있다. 4. 지지는 떡류 작업기준서에 따라 부재료의 특성을 고려하여 전처리할 수 있다.
		2. 지지는 떡류 빻기	1. 지지는 떡류 작업기준서에 따라 반죽에 첨가되는 부재료의 특성에 따라 전처리한 재료를 사용할 수 있다. 2. 지지는 떡류 작업기준서에 따라 제품의 특성에 맞게 빻는 횟수를 조절하여 빻을 수 있다. 3. 재료의 특성에 따라 체눈의 크기와 체질의 횟수를 조절할 수 있다.
		3. 지지는 떡류 지지기	1. 지지는 떡류 작업기준서에 따라 익반죽할 수 있다. 2. 지지는 떡류 작업기준서에 따라 크기와 모양에 맞게 성형할 수 있다. 3. 지지는 떡류 제품 특성에 따라 지진 후 속고물을 넣을 수 있다. 4. 지지는 떡류 제품 특성에 따라 고명으로 장식하고 즙청할 수 있다.

실 기 과목명	주요항목	세부항목	세세항목
		4. 지지는 떡류 마무리하기	1. 지지는 떡류 작업기준서에 따라 포장할 수 있다. 2. 지지는 떡류 작업기준서에 따라 표기사항을 표시할 수 있다.
	11. 위생관리	1. 개인위생 관리하기	1. 위생관리 지침에 따라 두발, 손톱 등 신체 청결을 유지할 수 있다. 2. 위생관리 지침에 따라 손을 자주 씻고 건조하게 하여 미생물의 오염을 예방할 수 있다. 3. 위생관리 지침에 따라 위생복, 위생모, 작업화 등 개인위생을 관리할 수 있다. 4. 위생관리 지침에 따라 질병 등 스스로의 건강상태를 관리하고, 보고할 수 있다. 5. 위생관리 지침에 따라 근무 중의 흡연, 음주, 취식 등에 대한 작업장 근무수칙을 준수할 수 있다.
		2. 가공기계·설비위생 관리하기	1. 위생관리 지침에 따라 가공기계·설비위생 관리 업무를 준비, 수행할 수 있다. 2. 위생관리 지침에 따라 작업장 내에서 사용하는 도구의 청결을 유지할 수 있다. 3. 위생관리 지침에 따라 작업장 기계·설비들의 위생을 점검하고, 관리할 수 있다. 4. 위생관리 지침에 따라 세제, 소독제 등의 사용 시, 약품의 잔류 가능성을 예방할 수 있다. 5. 위생관리 지침에 따라 필요시 가공기계·설비위생에 관한 사항을 책임자와 협의할 수 있다.
		3. 작업장 위생 관리하기	1. 위생관리 지침에 따라 작업장 위생 관리 업무를 준비, 수행할 수 있다.

실기 과목명	주요항목	세부항목	세세항목
12. 안전관리	1. 개인 안전 준수하기	2. 위생관리 지침에 따라 작업장 청소 및 소독 매뉴얼을 작성할 수 있다. 3. 위생관리 지침에 따라 HACCP 관리 매뉴얼을 운영할 수 있다. 4. 위생관리 지침에 따라 세제, 소독제 등의 사용 시, 약품의 잔류 가능성을 예방할 수 있다. 5. 위생관리 지침에 따라 소독, 방충, 방서 활동을 준비, 수행할 수 있다. 6. 위생관리 지침에 따라 필요시 작업장 위생에 관한 사항을 책임자와 협의할 수 있다.
			1. 안전사고 예방지침에 따라 도구 및 장비 등의 정리·정돈을 수시로 할 수 있다. 2. 안전사고 예방지침에 따라 위험·위해 요소 및 상황을 전파할 수 있다. 3. 안전사고 예방지침에 따라 지정된 안전 장구류를 착용하여 부상을 예방할 수 있다. 4. 안전사고 예방지침에 따라 중량물 취급, 반복 작업에 따른 부상 및 질환을 예방할 수 있다. 5. 안전사고 예방지침에 따라 부상이 발생하였을 경우 응급처치(지혈, 소독 등)를 수행할 수 있다. 6. 안전사고 예방지침에 따라 부상 발생 시 책임자에게 즉각 보고하고 지시를 준수할 수 있다.
	2. 화재 예방하기		1. 화재예방지침에 따라 LPG, LNG 등 연료용 가스를 안전하게 취급할 수 있다. 2. 화재예방지침에 따라 전열 기구 및 전선 배치를 안전하게 취급할 수 있다.

실기 과목명	주요항목	세부항목	세세항목
		3. 도구 · 장비 안전 준수하기	3. 화재예방지침에 따라 화재 발생 시 소화기 등을 사용하여 초기에 대응할 수 있다. 4. 화재예방지침에 따라 식품가공용 유지류의 취급 부주의에 따른 화상, 화재를 예방할 수 있다. 5. 화재예방지침에 따라 퇴근 시에는 전기 · 가스 시설의 차단 및 점검을 의무화할 수 있다. 1. 도구 및 장비 안전지침에 따라 절단 및 협착 위험 장비류 취급 시 주의사항을 준수할 수 있다. 2. 도구 및 장비 안전지침에 따라 화상 위험 장비류 취급 시 주의사항을 준수할 수 있다. 3. 도구 및 장비 안전지침에 따라 적정한 수준의 조명과 환기를 유지할 수 있다. 4. 도구 및 장비 안전지침에 따라 작업장 내의 이물질, 습기를 제거하여, 미끄럼 및 오염을 방지할 수 있다. 5. 도구 및 장비 안전지침에 따라 설비의 고장, 문제점을 책임자와 협의, 조치할 수 있다.

수험자 지참 준비물

■ 지참 준비물 목록

번호	재료명	규격	단위	수량	비고
1	가위	가정용	개	1	조리용
2	계량스푼	–	세트	1	재질, 규격, 색깔 제한 없음
3	계량컵	200ml	개	1	재질, 규격, 색깔 제한 없음
4	나무젓가락	30~50cm 정도	세트	1	
5	나무주걱	null	개	1	
6	냄비	–	개	1	
7	뒤집개	–	개	1	요리할 때 음식을 뒤집는 기구(뒤지개, 스파튤라, 터너라고 통용됨)
8	면장갑	작업용	켤레	1	
9	볼(bowl)	–	개	1	스테인리스 볼/플라스틱 재질가능, 대·중·소 각 1개씩(크기 및 수량 가감 가능, 예시 : 중 2개와 소 2개 지참 가능)
10	비닐	50×50cm	개	1	재료 전처리 또는 떡을 덮는 용도 등, 다용도용으로 필요량만큼 준비
11	비닐장갑	null	켤레	5	1회용 비닐 위생장갑, 니트릴 라텍스 등 조리용 장갑 사용 가능
12	소창 또는 면포	30×30cm 정도	장	1	
13	솔	소형	개	1	기름 솔 용도
14	스크래퍼	150mm 정도	개	1	재질, 크기, 색깔 제한 없음(제과용, 조리용 스크래퍼, 호떡 누르개, 다용도 누르개 등 가능)
15	신발	작업화	족	1	세부기준 참고
16	위생모	흰색	개	1	세부기준 참고
17	위생복	흰색(상하의)	벌	1	세부기준 참고(실험복은 위생 0점 처리됨)
18	위생행주	면, 키친타월	개	1	
19	저울	조리용	대	1	g 단위 측정 가능한 것, 재료 계량용

번호	재료명	규격	단위	수량	비고
20	절굿공이	조리용	개	1	나무밀대, 방망이(크기와 재질 무관, 공개문제 참고하여 준비)
21	접시	조리용	개	2	수량, 크기, 재질, 색깔 제한 없음
22	찜기	대나무 찜기, 외경 기준 지름 25cm×내경 기준 높이 7cm 정도, 오차범위 ±1cm	세트	2	물솥, 시루밑(면포, 실리콘패드) 및 시루 일체 포함, 1개만 지참하고 시험시간 내 세척하여 사용하는 것도 가능(단, 시험시간의 추가는 없음)
23	체	null	개	1	경단 건지는 용도, 직경 20cm 냄비에 들어갈 수 있는 소형 크기
24	체	null	개	1	재질무관(스테인리스, 나무체 등) 28×6.5cm 정도의 중간체, 재료 전처리 등 다용도 활용
25	칼	조리용	개	1	
26	키친페이퍼	null	개	1	키친타월
27	프라이팬	–	개	1	시험장에 프라이팬 구비되어 있음, 필요 시 개인용으로 지참 가능
28	절구	크기, 색상, 재질 등 제한사항 없음	개	1	
29	원형틀	직경 5.5cm 정도	개	1	

■ 지참준비물 상세 안내

　※ 핀셋, 계산기는 필수적인 조리용 도구가 아니므로 사용 금지

　※ 길이(cm)·부피(mL) 측정용 눈금이 표시된 조리도구 사용 허용

　　– 눈금칼, 눈금도마, 계량컵, 계량스푼 등의 사용이 가능하나, 눈금이 표시된 조리도구가 필수적인 준비물은 아님을 참고

　　– 단, '자, 몰드, 틀' 등과 같이 기능 평가에 영향을 미치는 도구 또는 비조리도구는 사용 금지(쟁반이나 그릇 등을 몰드 용도로 사용하는 경우는 감점)

　　– 지참 준비물 외 개별 지참한 도구가 있을 경우, 시험 당일 감독위원에게 사용 가능 여부를 확인 후 사용, 감독위원에게 확인하지 않고 개별 지참한 도구 사용 시 점수에 불이익이 있을 수 있음에 유의

　※ 시험장 내 모든 개인 물품에는 기관 및 성명 등의 표시가 없어야 함

　※ 준비물별 수량은 최소 수량을 표시한 것이므로 필요 시 추가 지참 가능

※ 종이컵, 호일, 랩, 종이호일, 1회용 행주, 수저 등 일반적인 조리용 도구 및 소모품은 필요 시 개별 지참 가능

※ 타이머를 포함한 시계 지참은 가능하나, 시험 중 다른 수험자에게 방해가 되지 않도록 유의
  – 개인용 시계, 타이머 지참 시 무음·무진동으로 사용하여야 하며, '알람기능, 소리, 진동' 금지
  – 손목시계를 착용하는 것은 이물 및 교차오염 방지를 위해 착용 제한(착용 시 감점)

※ '뒤집개' 상세 안내
  – 뒤집개는 요리할 때 음식을 뒤집는 일반적인 조리도구임
  – 둥근 원판(지름 20~30cm 정도의 아크릴, 플라스틱 등 식품 제조 부적합/미확인 재질) 은 사용 금지(상세사항은 큐넷 > 자료실 > 공개문제 참고)

■ 위생 및 안전기준 상세 안내

번호	구 분	세 부 기 준	채점 기준

1	위생복 상의	• 전체 흰색, 기관 및 성명 등의 표식이 없을 것
		• 팔꿈치가 덮이는 길이 이상의 7부·9부·긴 소매(수험자 필요에 따라 흰색 팔토시 가능)
		• 상의 여밈은 위생복에 부착된 것이어야 하며 벨크로(일명 찍찍이), 단추 등의 크기, 색상, 모양, 재질은 제한하지 않음(단, 금속성 부착물·뱃지, 핀 등은 금지)
		• 팔꿈치 길이보다 짧은 소매는 작업 안전상 금지
		• 부직포, 비닐 등 화재에 취약한 재질 금지
			• 미착용, 평상복(흰티셔츠 등), 패션모자(흰털모자, 비니, 야구모자 등) → 실격
			• 기준 부적합 → 위생 0점
			  – 식품가공용이 아닌 경우 (화재에 취약한 재질 및 실험복 형태의 영양사·실험용 가운은 위생 0점)
			  – (일부)유색/표식이 가려지지 않은 경우
			  – 반바지·치마 등
			  – 위생모가 뚫려 있어 머리카락이 보이거나, 수건 등으로 감싸 바느질 마감처리가 되어 있지 않고 풀어지기 쉬워 일반식품가공 작업용으로 부적합한 경우 등
			  – 위생복의 개인 표식(이름, 소속)은 테이프로 가릴 것
			  – 조리도구에 이물질(예 : 테이프) 부착 금지

2	위생복 하의 (앞치마)	•「흰색 긴바지 위생복」또는「(색상 무관) 평상복 긴바지+흰색 앞치마」
		  – 흰색 앞치마 착용 시, 앞치마 길이는 무릎 아래까지 덮이는 길이일 것
		  – 평상복 긴바지의 색상·재질은 제한이 없으나, 부직포·비닐 등 화재에 취약한 재질이 아닐 것
		  – 반바지·치마·폭넓은 바지 등 안전과 작업에 방해가 되는 복장은 금지	

3	위생모	• 전체 흰색, 기관 및 성명 등의 표식이 없을 것 • 빈틈이 없고, 일반 식품 가공 시 통용되는 위생모(크기 및 길이, 재질은 제한 없음) – 흰색 머릿수건(손수건)은 머리카락 및 이물에 의한 오염 방지를 위해 착용 금지	

번호	구 분	세 부 기 준	채점 기준
4	마스크	• 침액 오염 방지용으로, 종류는 제한하지 않음 (단, 감염병 예방법에 따라 마스크 착용 의무화 기간에는 '투명 위생 플라스틱 입가리개'는 마스크 착용으로 인정하지 않음)	• 미착용 → 실격
5	위생화 (작업화)	• 색상 무관, 기관 및 성명 등의 표식 없을 것 • 조리화, 위생화, 작업화, 운동화 등 가능 (단, 발가락, 발등, 발뒤꿈치가 모두 덮일 것) • 미끄러짐 및 화상의 위험이 있는 슬리퍼류, 작업에 방해가 되는 굽이 높은 구두, 속굽 있는 운동화 금지	• 기준 부적합 → 위생 0점
6	장신구	• 일체의 개인용 장신구 착용 금지 (단, 위생모 고정을 위한 머리핀은 허용) • 손목시계, 반지, 귀걸이, 목걸이, 팔찌 등 이물, 교차오염 등의 식품위생 위해 장신구는 착용하지 않을 것	• 기준 부적합 → 위생 0점
7	두발	• 단정하고 청결할 것, 머리카락이 길 경우 흘러내리지 않도록 머리망을 착용하거나 묶을 것	• 기준 부적합 → 위생 0점
8	손/손톱	• 손에 상처가 없어야 하나, 상처가 있을 경우 보이지 않도록 할 것(시험위원 확인하에 추가 조치 가능) • 손톱은 길지 않고 청결하며 매니큐어, 인조손톱 등을 부착하지 않을 것	• 기준 부적합 → 위생 0점
9	위생관리	• 재료, 조리기구 등 조리에 사용되는 모든 것은 위생적으로 처리하여야 하며, 식품 가공용으로 적합한 것일 것	• 기준 부적합 → 위생 0점
10	안전사고 발생처리	• 칼 사용(손 빔) 등으로 안전사고 발생 시 응급조치를 하여야 하며, 응급조치에도 지혈이 되지 않을 경우 시험 진행 불가	–

※ 일반적인 개인위생, 식품위생, 작업장 위생, 안전관리를 준수하지 않을 경우 감점 처리될 수 있습니다.

필기편

제 **1** 장

떡 제조 기초이론

떡제조기능사
필기실기

제 1 장 떡 제조 기초이론

제1절 떡류 재료의 이해

① 주재료(곡류)의 특성

떡의 주재료인 곡류에는 멥쌀과 찹쌀이 있다. 대표적인 곡류로 전 세계 여러 지역에서 널리 재배되어 온 작물로써 높은 수확량과 편리한 저장성, 풍부한 영양소를 함유하고 있어 세계인의 중요한 식량이 되어왔다.

1) 곡류의 구조

곡립(cereal grain)의 구조는 왕겨, 과피, 배유, 배아로 구성된다.

(1) 부피(왕겨층) : 곡립의 껍질로 주된 성분은 소화가 불가능한 섬유소로 이루어져 있으며, 벼에서 왕겨를 벗겨낸 것이 현미이다.

(2) 과피(외강층) : 외과피와 내과피로 구성되어 있으며 과피의 안쪽에는 종피와 호분층이 있다.

　① 종피 : 종자의 껍질로 외종피와 내종피가 있다.

　② 호분층(쌀겨) : 단백질과 지방을 저장하고 있다.

(3) 배유(백미) : 곡립의 70~80%를 차지하고 우리가 주로 먹는 부분이며, 탄수화물이 많고 단백질이 적으며 지방 등 무기염류는 극히 적다.

(4) 배아(쌀눈) : 적당한 조건(온도와 수분)이 주어지면 잎과 뿌리가 되는 부분으로 도정과정에서 쉽게 제거된다. 배유와 달리 지질, 단백질, 무기질 등의 함량이 높다. 배아는 곡류 낟알의 2~3%를 차지하는 작은 부분이다.

2) 주재료(곡류)의 종류 및 떡 종류

구 분	내 용
멥쌀	설기, 켜떡, 절편, 송편, 가래떡, 쑥개떡, 증편, 석탄병 등이다.
찹쌀	인절미, 두텁떡, 구름떡, 단자, 경단, 화전, 웃지지 등이다.
보리	보리개떡, 보리증편
밀	상화병, 밀개떡, 백숙병
찰수수	경단, 부꾸미, 수수무살이 등이다.
차조	오메기떡, 차좁쌀떡, 조침떡
메밀	빙떡, 총떡, 백령도김치떡, 돌레떡
옥수수	옥수수 설기, 옥수수 시루떡, 옥수수 보리개떡

2 주재료(곡류)의 성분

1) 성분

(1) 탄수화물

곡류의 주성분인 탄수화물은 인간의 중요한 에너지원이 될 뿐만 아니라 단백질, 비타민 B군 및 일부 무기질의 좋은 급원이 되고 있다.

① 곡류 탄수화물의 대부분이 전분이고, 이외에 셀룰로오스, 헤미셀룰로오스, 펙틴질, 펜토산 등이 함유되어 있다.

② 전분은 주로 배유에, 헤미셀룰로오스는 과피, 종피, 호분층에, 셀룰로오스는 과피, 종피에 많이 함유되어 있다.

③ 배유 세포 내의 전분은 복합전분립(compound granule)으로 존재한다.

④ 전분 중의 아밀로오스 함량은 곡류 가공 시 가공식품의 텍스처에 영향을 미치는데, 인도형 쌀과 일본형 쌀로 만든 밥의 텍스처 차이는 아밀로오스 함량이 다르기 때문이다.

⑤ 인도형 쌀의 아밀로오스 함량은 21~23%이며, 일본형 쌀의 아밀로오스 함량은 17~20%이다.

⑥ 헤미셀룰로오스와 펜토산은 주로 과피, 종피, 호분층, 곡피 등에 함유되어 있다.

(2) 단백질

① 곡류들은 6~15% 정도의 단백질을 함유한다. 그러나 단백질의 이용률은 매우 낮다.

② 곡류 단백질을 용해성을 기초로 하여 알부민, 글로불린, 프롤라민, 글루텔린으로 구분하였다.

　㉠ 글루텔린 : 백미 단백질의 80%를 차지하며. '오리제닌(oryzenin)'이라고도 부른다. 쌀의 경우 글루텔린(glutelin) 함량이 높다.

　㉡ 글리아딘과 글루테닌

　　• 소맥, 배유에 함유된 단백질의 80~85%가 글리아딘(gliadin)과 글루테닌(glutenin)이며, 그 함량비는 약 2 : 3이다.

　　• 두 단백질을 물과 혼합하면 점착성과 탄력이 있는 글루텐(gluten)을 형성한다.

　　• 글루테닌은 밀가루 반죽 시 점착성과 탄력성을 갖게 된다.

　　• 글리아딘은 분자 내 디설피드(disulfide) 결합을 가지고 있으며, 수화(水和)되면 점조성의 유동체가 되어 제빵 제조 시 빵의 부피를 지배한다.

③ 알부민과 글로불린

　㉠ 소맥, 배유 단백질의 15~20%를 차지한다.

　㉡ 발포성, 열 응고성을 가져 제빵 제조 시 중요한 구실을 한다.

④ 제인(Zein) : 옥수수 단백질로 필수 아미노산인 리신과 트립토판의 함량이 낮다.

(3) 지질

① 곡류의 지질 함량은 2~5%이다.

② 곡류의 지질은 대부분이 피층과 배아에 집중되어 있으나, 도정 과정에서 대부분 사라진다.

③ 벼 부산물인 겨를 용매로 추출하면 미강유가 제조된다.

(4) 비타민

① 티아민, 리보플라민, 니아신, 비타민 B_6 등이 비교적 많이 함유되어 있으나, 아스코르브산(비타민 C), 비타민 A, 비타민 D 등은 함유되어 있지 않다.

② 호분층과 배아에 대부분의 비타민이 집중되어 있다.

(5) 무기질

① 곡류는 대략 1~2%의 무기질을 함유한다.

② 인, 칼륨, 마그네슘, 나트륨, 칼슘 등이 많이 함유되었으나, 도정하거나 제분할 때 손실된다.

(6) 피틴(phytin) 및 탄닌(tannin, 타닌)

① 피틴은 주로 종피와 호분층에 칼륨과 마그네슘의 염으로 함유되어 있으며, 칼슘이나 아연과 착화합물을 만들어 그것의 이용률을 저지시킨다.

② 탄닌(타닌)은 수수에 많이 함유되어 있는데, 위장관의 점막을 손상시키고 금속이온과 단백질의 흡수를 저지시킨다.

2) 종류

(1) 쌀

떡의 주재료인 벼는 현미 80%, 왕겨층 20%로 구성되어 있으며, 현미는 벼를 탈곡하여 왕겨층을 벗긴 것으로 과피, 종피, 호분층, 배젖(배유), 배아(쌀눈)로 구성되어 있고, 호분층과 배아부분에 단백질, 지질, 비타민이 다량 함유되어 있다.

① 쌀의 종류

　ㄱ 자포니카형(Japonica Type) : 한국, 일본, 중국의 중·북부, 아메리카 중부 등지에서 재배되고 '단립종', '원립종'으로 길이가 짧고 둥글게 생겼으며 점성이 크다. 찹쌀과 멥쌀로도 구분된다.

　ㄴ 자바니카형(Javanica Type) : 인도네시아 자바섬 지역 주변에서 재배되고, '자포니카형'과 '인디카형'의 중간 특성을 가진다. 밥을 지었을 때 끈기가 적다.

　ㄷ 인디카형(Indica Type) : 인도, 동남아시아 지역에서 생산되며, '장립종'으로 길게 생겼다. 밥을 지었을 때 끈기가 적어 밥알들이 서로 떨어진다.

② 멥쌀과 찹쌀의 성분 특성

구 분	내 용
멥쌀	• 배젖이 반투명하고 쌀알에 광택이 있다. • 아밀로오스가 20~25% 함유되어 있으며, 아밀로펙틴 75~80%로 이루어져 있다. • 요오드 정색반응을 하면 청남색을 띤다.
찹쌀	• 배젖의 색이 유백색을 띠며, 불투명한 상태로 보인다. • 아밀로펙틴 함량이 100%로 이루어져 있다. • 요오드 정색반응을 하면 적갈색을 띤다.

③ 점성에 따른 멥쌀과 찹쌀 분류

　ㄱ 멥쌀

찹쌀에 비해 아밀로오스 함량이 많으므로, 불린 쌀을 분쇄할 때 기본적으로 두 번 빻는다. 멥쌀로 만드는 떡은 쌀가루를 체로 여러 번 치는 과정에 공기가 많이 들어가서 질감이 부드러운 떡이 되고, 찔 때 수증기의 통과를 원활하게 해주므로 떡이 더 잘 익는다.

ⓛ 찹쌀

- 찹쌀은 아밀로오스가 거의 없이 아밀로펙틴으로 이루어졌으므로 불린 쌀을 분쇄할 때는 약간 거친 듯하게 한 번만 빻는 것을 원칙으로 한다.
- 찹쌀가루로 만드는 떡은 체에 내리지 않거나 한 번만 내린다. 특히 켜를 여러 층으로 만들 경우, 체에 여러 번 내린 가루는 수증기의 통과를 방해하므로, 떡이 제대로 익지 않는다.
- 떡이 잘 익게 하려면 켜의 층수를 줄이거나 약간 거친 듯하게 분쇄하여 켜를 안쳐야 수증기가 켜 사이를 통과하면서 잘 익는다. 이 현상은 찹쌀의 아밀로펙틴 성분이 쉽게 호화되어 수증기가 위로 올라오는 것을 방해하기 때문이다.

④ 도정 정도에 따른 분류

구 분	내 용
현미	• 왕겨층만 벗겨낸 것이다. • 쌀눈과 호분층이 100% 남아 있는 상태이다. • 영양분은 많으나 소화율이 백미보다 낮다.
백미	• 현미를 도정하여 배유만 남은 것이다. • 도정 정도에 따라 5분도미, 7분도미, 9분도미, 백미로 구분한다. • 도정 횟수가 많을수록 단백질, 지방, 섬유질 등의 영양성분이 감소한다. • 소화율이 높다.

(2) 보리

① 세계 4대 작물 중 하나로 쌀, 밀, 옥수수 다음으로 많이 생산되는 곡류이다.
② 단백질, 지방, 무기질 등의 각종 영양소를 고르게 함유하고 있어 영양학적으로 매우 우수하다.
③ 맥아(麥芽), 엿기름가루는 발아된 보릿가루로써 엿, 감주, 맥주의 원료로 널리 사용된다.
④ 보리의 식이섬유인 β-글루칸(glucan)은 저밀도(LDL) 콜레스테롤 수치(130mg/dL 미만)를 낮추는 효과가 매우 좋으며, 섬유소가 풍부해 정장작용에는 좋으나, 장내에 가스가 차고 소화율은 낮다.

(3) 밀

인류가 경작한 최초의 작물 중 하나이며 옥수수, 쌀 다음으로 많이 소비되는 곡류이다. 옥수수나 쌀보다 건조하고 추운 환경에서도 잘 자라 전 세계에서 많이 재배된다.

① 밀의 종류

⊙ 재배시기에 따른 종류

구 분	내 용	
봄밀	• 파종 : 봄	• 수확 : 여름
겨울밀	• 파종 : 가을	• 수확 : 늦여름

ⓒ 단백질 함량에 따른 종류

구 분	내 용
경질밀(강력분)	단백질 함량이 13% 이상으로 입자의 단면이 반투명하다(제빵용).
중질밀(중력분)	단백질 함량이 10~13% 이내다(제면용, 다목적용).
연질밀(박력분)	단백질 함량이 9% 이하로 입자의 단면이 백색이며 불투명하다(제과용).

② 쌀을 주식으로 하는 아시아 지역을 제외한 대부분의 나라에서 주식으로 사용되는 곡류이다.

③ 단백질은 글루텐(gluten), 글루테닌(glutenin), 글리아딘(gliadin), 알부민, 글로불린 등이 있다.

(4) 옥수수

① 여러 곡류 중 저장성이 가장 좋고, 품종도 다양하다.

② 탄수화물은 주로 전분, 단백질은 제인(Zein), 필수아미노산인 리신, 트립토판 함량이 적고 트레오닌 함량이 비교적 많다.

③ 찰옥수수는 아밀로펙틴 100%로 이루어져 있다.

(5) 메밀

① 춥고 기름지지 않은 땅에서도 잘 자라며, '루틴(rutin)'이 함유되어 있다.

② 아밀로오스 100%로 이루어져 있으며 메밀국수, 메밀묵, 메밀총떡 등에 사용된다.

(6) 수수

① 덥고 건조한 지역에서 재배되는 작물로 아프리카, 중남미 등지에서 주로 재배된다.

② 외피는 단단하고 '탄닌(tannin)'성분이 많아 떫은맛(삽미, 澁味)이 있으므로, 물에 불린 다음 세게 문질러 여러 번 헹궈야 떫은맛이 사라진다.

③ 배젖의 녹말 성질에 따라 메수수와 찰수수로 구분하며 제분 후 떡, 과자, 엿, 주정의 원료 등으로 사용한다.

(7) 기장

외떡잎식물 벼목 화본과의 한해살이풀로 열매는 '황실(黃實)'이라고 하는데 연한 누런색으로 떡, 술, 엿, 빵 등의 원료나 가축의 사료로 쓰인다. 메기장과 찰기장으로 구분하며, 탄수화물은 주로 전분이고 단백질, 지질, 비타민 함량이 높은 편이다.

(8) 조

① 오곡의 하나로 밥을 짓기도 하고 떡, 과자, 엿, 술 등의 원료로 사용된다.

② 탄수화물은 주로 전분이며, 단백질은 루신, 필수아미노산인 트립토판이 많은 편이고, 리신 함량은 적다.

③ 메조와 차조로 나뉘며 차조는 단백질, 지방 함량이 메조보다 높다.

(9) 율무(의이인, 薏苡仁)

① 의이인은 율무의 겉껍질을 벗겨낸 것이다.

② 건비, 이뇨 효과가 있어 설사, 수종(水腫), 폐렴, 각기병, 류머티즘성 관절염 치료에 사용된다.

3 주재료(곡류)의 조리원리

1) 전분의 호화와 노화

(1) 호화와 노화

① 전분의 개념

포도당이 축합하여 만들어진 다당류를 녹말이라 하고, 결합방법에 따라서 아밀로오스와 아밀로펙틴으로 나누어진다. 아밀로오스는 직선형의 분자구조이고, 아밀로펙틴은 나뭇가지 모양의 분자구조를 형성하고 있다. 쌀의 구성성분은 대부분이 전분(starch)이며 무색, 무취의 백색 분말형태로 물에는 녹지 않고 물속에 침전된다. 찹쌀과 찰옥수수는 아밀로펙틴 성분만으로 구성되어 있다.

② 호화

전분에 물을 넣어 가열하거나 알칼리용액과 같은 용매로 처리하면 점성도가 증가하여 전체가 반투명한 콜로이드 물질이 되는 현상을 '호화'라고 한다. 호화가 되면 전분 분해효소에 의해 가수분해가 쉽게 되고 소화도 촉진된다. 호화 온도는 60~70℃ 사이에서 일어난다.

- 호화에 영향을 주는 요소
  - 전분의 종류 : 전분은 입자의 크기와 호화 온도가 다르다. 호화온도는 쌀(68~78℃), 보리(51~60℃), 밀(58~64℃), 귀리(53~59℃), 수수(68~78℃)이다.
  - 수분 : 수분량이 많을수록 호화가 잘 된다(전분 입자를 팽윤시키고, 가열에 의해서 쉽게 호화되게 함).
  - 가열온도 : 가열온도와 압력이 높을수록 빨리 호화된다.
  - pH : 전분은 알칼리성(pH 7.0 이상)에서 팽윤과 소화가 잘된다. 전분에 산을 첨가하면 점도가 낮아지므로 재료 첨가 시에 주의한다.
  - 염도 : 소금에는 염소(Cl)이온이 들어 있어 전분의 팽윤을 촉진시켜 호화 온도를 내려서 쉽게 호화되게 한다.

③ 호정화

전분에 물을 가하지 않고 150~190℃ 정도로 가열하면 가용성 덱스트린이 형성되는데 이러한 변화를 '호정화'라고 한다(뻥튀기, 유과, 미숫가루 등).

④ 노화

호화된 전분의 수분이 빠져나가면서 알파(α)화된 전분의 구조가 원래의 생전분 상태인 베타(β)화로 되돌아가는 현상을 '노화'라 한다. 한 번 노화된 전분은 다시 용액 상태로 분산시킬 수 없다. 아밀로오스 노화 속도가 더 빠르게 진행된다.

- 노화에 영향을 주는 요소

  노화가 가장 빨리 일어나는 온도는 0~5℃이고, 60℃ 이상에서는 노화가 일어나지 않으며, 냉동상태에서도 노화가 일어나지 않는다(-20~-30℃). 고온에서는 전분 분자 간에 수소결합이 어렵고, 0~4℃에서는 전분 분자 간에 수소결합이 촉진되기 때문이며, 냉동상태에서는 전분 분자 간 물이 빙결상태로 고정되어 더이상의 노화가 진행되기 어렵기 때문이다. 노화가 쉬운 수분함량은 30~60%이며, 떡은 제조되었을 때 수분함량이 30~60%여서 제조된 순간부터 노화가 진행된다. 떡이 식으면 내부의 수분이 표면으로 이동하고 점차 찰기와 조직감, 부드러움이 사라진다.

- 노화억제 방법
  - 설탕 첨가는 수분 보유력을 높인다.
  - 떡을 냉동하면 장기 보관이 가능하다.
  - 유화제 첨가 : 물과 기름 성분으로 전분 분자의 결정형성을 억제한다.
  - 효소제 첨가 : 전분 효소제인 아밀라아제를 첨가하여 노화를 늦춘다.
  - 포장 : 수분 증발을 차단한다.

4 부재료의 종류 및 특성

1) 녹색

(1) 쑥

① 옛날부터 식용과 약용으로 많이 이용되어 왔으며, 길이 4~5cm 정도의 어린잎이 좋고, 이른 봄에 채취한 게 좋다.

② 잎과 줄기에 하얀 털이 있고, 만졌을 때 연한 것이 맛과 향이 좋다.

③ 비타민과 미네랄이 풍부하여 체내 탄수화물과 에너지 대사를 촉진하고 해독 기능을 하여 피로회복에 도움을 준다.

④ 쑥의 독특한 향은 '치네올'이라는 정유성분이다.

⑤ 식재료뿐만 아니라 차나 약재, 화장품, 염색제 등으로도 활용되어 쓰임새가 다양하다.

⑥ 쑥개피떡, 쑥버무리, 쑥절편 등을 만들어 먹으면 떡의 산성화를 막아주고, 영양소 보완, 고운 빛깔과 향미로 식욕을 돋우는 역할을 한다.

(2) 녹차

① 녹차의 쌉싸름한 맛은 '카테킨(Catechin)'으로 탄닌성분이다.

② 카테킨은 위암, 폐암 등을 예방하고 혈압을 낮추며, 심장을 튼튼하게 한다.

③ 다이어트와 피부미용에도 좋다.

④ 차로 즐겨 마시며, 가루로 만들어 각종 떡과 디저트, 요리에 다양하게 활용한다.

(3) 보리 새싹

① 보리의 싹을 틔워 1주일에서 10일 정도 자란 약 15~20cm의 어린잎을 말한다.

② 보리에 함유된 각종 영양소들이 새싹으로 이동하여 칼슘, 칼륨, 식이섬유, 비타민, 아미노산 등이 풍부하다.

(4) 클로렐라(Chlorella)

① 녹조류 단세포 식물로 단백질, 엽록소, 비타민, 무기질 등이 풍부해 신체의 신진대사를 원활하게 하고 면역력을 증진시킨다.

② 건조하여 분말로 만들거나, 열수(熱水) 추출하여 떡, 과자, 면류 등에 사용된다.

(5) 시금치

① 비타민, 철분, 식이섬유 등 각종 영양소가 풍부하다.

② 빈혈과 치매 예방에 좋으며 성장기 어린이, 여성과 노인, 남녀노소에 다 좋은 녹황색 채소이다.

(6) 승검초가루

① 미나리과에 속한 다년초로써 높이가 1m가량 된다.

② 등자나무 껍질과 비슷한 향이 나는데 서늘한 곳에서 자라며, 우리나라 중부와 북부지방의 특산물이다.

③ '신감채(辛甘菜)'라고도 하며, 뿌리는 당귀라 하여 중요한 한약재로 쓰인다.

④ 한약재 이외에 당귀잎을 씻어 말린 다음 분쇄하여 만든 가루로 승검초편(승검초 메시루떡, 승검초 찰시루떡), 다식, 단자, 강정 등에 이용된다.

(7) 파래가루(감태)

① 파래를 잘 말려 조개껍질이나 검불 등을 골라내고 분쇄기에 갈아 사용한다.

② 고물로 사용할 경우에는 굵게 갈아 체에 내리고, 쌀가루에 섞어 색을 낼 경우에는 곱게 갈아 고운 가루로 만든다.

③ 굵게 가루를 낸 것은 경단 고물, 고운 가루로 만든 것은 쌀가루에 넣고 반죽해서 삼색 주악, 쌀강정 등의 색과 맛을 내는 데 사용된다.

2) 노란색

(1) 단호박

① 서양계 호박의 품종으로 단단한 껍질 속에 노란빛의 달콤한 과육이 들어 있다.
② 표면이 상처 없이 매끄럽고 묵직한 것이 좋다.
③ 후숙과정을 거치면 당도가 더 좋아져 식재료로 활용하기 좋다.
④ '비타민 A'와 '베타카로틴'이 풍부해 노화 방지, 성인병을 예방해 준다.
⑤ 떡, 죽, 수프, 튀김, 디저트 등 다양한 식재료로 활용된다.

(2) 송홧가루

소나무 수꽃의 꽃가루를 말하며 독특한 풍미로 송화주, 강정, 다식 등을 만드는 데
사용한다. 초봄 소나무에서 꽃이 피면 꽃가루를 털어서 물을 부어두면 송홧가루가
뜨는데, 이 물을 여러 번 갈아주어 떫은맛을 없애야 한다.

(3) 치자

① 치자나무의 열매를 건조한 것이다.
② 치자를 물에 담가 그 물을 사용하거나, 곱게 가루 내어 사용한다.
  (통치자는 물에 씻어 칼로 잘라서 그릇에 담아 뜨거운 물을 부어 색이 우러나면
  체에 면포를 깔고 밭쳐 치자물만 사용한다)
③ 황색계의 대표적인 천연색소로, 색이 곱고 변색이 거의 없어 매우 안정적이다.

(4) 울금

① 생강과의 식물로 카레의 주원료이다.
② 뿌리를 씻어 수증기에 찌거나 물에 삶은 후 건조시킨다.
③ 울금의 대표적인 성분인 '커큐민(Curcumin)'은 음식물의 소화를 돕고 혈액순환을
  원활하게 해주며 치매 예방에도 좋다.

(5) 옥수수 가루

옥수수를 쪄서 알알이 뗀 다음 바싹 말려서 가루로 만들어두었다가 필요할 때 조금씩 사용하면 좋고, 쌀가루와 혼합하여 옥수수설기를 만들어 먹는다.

3) 붉은색

(1) 백년초

① 부채선인장 또는 손바닥선인장으로도 불린다.
② 제주 월령리 선인장 군락은 천연기념물로 지정되어 있다.
③ 열매와 줄기 모두 식용 가능한데 열매를 자르면 적색을 띤다.
④ 떡, 음료, 초콜릿 제조 시에 주로 사용하며 식이섬유, 무기질, 칼슘, 철분 등이 풍부해 노화방지와 심장병, 성인병 예방에도 좋다.

(2) 비트

① 빨간 무라고도 불리며, 아삭한 식감과 풍부한 영양소를 함유하고 있다.
② 특유의 붉은색을 띤다.
③ 떡, 식혜, 각종 음료에 색과 맛을 더해주며, 샐러드와 튀김 등 다양한 요리에도 사용된다.

(3) 딸기

① 장미과의 여러해살이풀로 비타민 C가 풍부하다.
② 물에 오래 담그면 비타민 C가 녹아 나가므로 흐르는 물에 빨리 씻는다.
③ 열량이 낮아 다이어트에 좋으며 성인병 예방, 피부 미용에 효과가 있다.
　엽산과 철분이 풍부해 임산부의 천연 영양제로 아주 좋다.

(4) 홍국쌀

① 일반 쌀을 '모나스쿠스(Monascus)'란 곰팡이균으로 15~30분 정도 발효시킨 진분 홍색 쌀이다.

② '저밀도(LDL) 콜레스테롤' 수치 개선에 도움을 주며, 식약처에서 건강 기능성 식품 으로 인정받았다.

③ '약술'이나 '곡주'를 담그는 데 사용하며, 곱게 가루로 만들어 떡이나 빵에 사용 한다.

(5) 대추 가루

잘 말린 대추를 젖은 행주로 닦은 뒤 돌려깎아 씨를 뺀 다음, 가늘게 채 썰어서 햇볕 에 바싹 말린 후 분쇄하여 가루로 만들어 사용한다.

(6) 경앗가루

붉은팥을 푹 삶아 앙금을 낸 후, 수분을 제거하고 햇볕에 말려 가루로 만든 다음, 참기 름을 넣고 비벼서 다시 말린다. 이렇게 참기름에 비벼 말리기를 2~3회 반복하여 체에 친 것으로 '개성경단'에 사용된다.

(7) 찰수수 가루

① 찰수수를 깨끗하게 씻어 미지근한 물에 담근다.

② 물을 여러 번 갈아주면서 떫은맛이 사라질 때까지 2~3일 정도 둔다.

③ 채반에 밭쳐 물기를 제거한 뒤 '롤밀(롤러밀)'에 곱게 분쇄한 후, 앙금만 면포에 펼쳐 바싹 말려서 두고 사용한다.

(8) 지치

① 한자어로 지초(芝草), 자초(紫草), 자근(紫根)이라고 한다.

② 물에 녹지 않고 알코올이나 기름에 녹아 화전이나 쌀강정을 튀길 때 사용한다.

③ 우리나라에서 자생하는 여러해살이 식물로, 옛날부터 뿌리는 자주색 천연 염료로 사용하였으며, 민간요법에서는 약재로 많이 사용하였다.

④ 진도에서는 홍주(紅酒)의 원료로 사용한다.

4) 주황색

(1) 파프리카 가루

① '피멘톤(Pimenton)'이라고도 불리며, 파프리카를 말린 후 '롤밀'에 곱게 분쇄하여 사용한다.

② 색깔과 매콤한 향, 맛을 낼 때 사용한다.

(2) 황치즈 가루

치즈를 곱게 가루 낸 것으로 주황색을 띠며, 치즈의 향과 맛을 낸다.

5) 보라색

(1) 자미(紫美)고구마

① 고구마 품종의 하나로 양끝이 뾰족한 원기둥 모양이고, 안토시안 성분이 풍부해서 속살은 자주색을 띤다. 흔히 자색고구마라고 한다.

② 간 보호 기능과 항산화 활성이 높다.

③ 다른 재료와 혼합하여 앙금, 양갱, 음료(식혜, 주스), 떡, 빵, 국수(생면, 건면), 과자류, 아이스크림, 주류, 칩, 다식 등 색깔 있는 음식을 만들 수 있다.

6) 검은색

(1) 석이버섯

① 석이과에 속하는 버섯으로 깊은 산속의 바위 표면에서 채취한다.

② 전체적으로 검은색을 띠며, 가루로 만들어 각종 떡이나 요리에 활용한다.

(2) 흑임자

① 검은 참깨, 검은깨로 불린다.

② 낟알의 크기가 고르고, 윤기가 있는 것이 좋다.

③ 혈액순환, 탈모 방지, 빈혈 예방에 도움이 된다.

7) 갈색

(1) 코코아 가루

① 카카오나무의 열매를 가루로 만든 것이다.

② 단백질, 지방, 무기질 등을 함유하고 있어 영양가가 매우 높다.

③ 떡, 음료, 과자, 디저트류를 만들 때 주로 사용된다.

(2) 도토리 가루

① 상자(橡子), 상실(橡實)이라고 하며, '아콘산' 성분이 체내의 중금속을 배출시킨다.

② 겉껍질을 제거한 도토리를 물에 담가 매일 2~3회씩 1주일 정도 물을 갈아주어 떫은맛을 우려낸다.

③ 1주일 후에 속껍질을 벗겨 잘 씻어서 절구에 찧고, 다시 2~3일간 물을 갈아주면서 떫은맛을 완전히 제거한 다음, 분쇄기에 갈아 전분을 물에 가라앉힌다.

④ 웃물은 따라 버리고, 단단히 굳은 앙금만 햇볕에 바싹 말려서 사용한다.

(3) 칡 녹말

① 갈분(葛粉)이라고도 하며, 여러 가지 녹말 중 품질이 가장 좋다. 칡을 갈아서 물에
불려 녹말을 씻어낸 후 건더기는 건져낸다.
② 앙금이 침전되면 햇볕에 바싹 말려 가루로 만들어 칡개떡, 칡떡, 칡송편 등에 사용
한다.

(4) 송기 가루

① 송기는 소나무의 속껍질로 나무가 마르지 않고 물기가 있을 때 벗겨두었다가, 잿
물에 삶아 충분히 우려서 말린 후 가루로 만들어 송편이나 갈색편, 절편, 송기병
(松肌餠), 개피떡 등을 만들 때 섞어 색과 향을 낸다.
② 절편을 칠 때 우려낸 송기를 섬유질이 풀어지도록 친 후에 사용하기도 한다.

(5) 감 가루

감(떫은감)의 껍질을 벗겨내고 심과 씨를 없앤 후 얇게 저며 햇볕에 바싹 말린 다음,
'롤밀(roll mill)'에 분쇄한 후 고운체에 내려 봉지에 넣어두고 사용한다.

8) 흰색

(1) 백복령(白茯笭) 가루

① 땅속 소나무 뿌리에 기생하는 불완전 균류인 복령은 구형이나 타원형의 큰 덩어리
로, 껍질은 흑갈색에 주름이 많고 속은 부드럽다.
② 속의 색은 담홍색과 흰색으로 적복령과 백복령으로 구분되며, 흰색인 백복령은 오줌이
잘 나오게 하고 담병, 부종(浮腫), 습종 따위를 다스리거나 몸을 보하는 데 사용된다.
③ '백복령'을 말려 분쇄한 고운 가루를 멥쌀가루에 섞어 백복령 떡을 만든다. 전라도
지방의 떡이고, '백복령병'이라고도 부른다. 『규합총서』, 『시의전서』, 『부인필지』,
『간편조선요리제법』에는 '복령조화고(茯笭調和餻)'로 기록되어 있다.

5 과채류의 종류 및 특성

과채류는 열매를 식용으로 하는 채소를 통틀어 이르는 말이다.

1) 과일류

(1) 과일의 호흡작용

① 호흡기 과일

ㄱ 수확 후에 호흡률이 증가하는 과일이다.

ㄴ 사과, 배, 수박 등 대부분의 과일은 수확 후에 호흡속도가 증가하기 시작하여 숙성될 때까지 호흡률이 최대로 증가한다.

② 비호흡기 과일

ㄱ 수확 후에 호흡률이 증가하지 않는 과일이다.

ㄴ 감귤류, 딸기, 포도 등이 해당되며, 수확 후에도 호흡률이 증가하지 않기 때문에 충분히 숙성된 후에 수확한 게 맛이 좋다.

(2) 과일의 가공

① 통조림

ㄱ 과일을 가공하는 방법 중에 가장 많이 이용된다.

ㄴ 복숭아, 파인애플, 만다린 등이 있다.

② 냉동 과일

ㄱ 과일을 냉동하면 색과 맛은 비교적 잘 유지되나, 해동 후 조직이 물러져 질감이 크게 떨어지므로 −18℃를 유지한 상태로 보관, 운반해야 한다.

ㄴ 체리나 딸기, 블루베리, 산딸기 등을 가공해서 냉동 보관한다.

③ 건과류

　ㄱ 과일을 건조해서 가공하면 수분함량이 30% 이하로 낮아지므로, 미생물이 잘 번식하지 못해 보관하기 좋다.

　ㄴ 건포도, 무화과, 프룬, 살구 등이 있다.

2) 채소류

(1) 무

① 비타민 C가 풍부하고 소화효소인 '디아스타아제(diastase)'를 함유하고 있어 생식하면 음식물의 소화를 도와준다. 겨울 무는 산삼과도 안 바꾼다는 말이 있듯이, 무 시루떡을 만들어 먹으면 맛과 건강을 같이 챙길 수 있다.

② 여름 무를 썰어 강한 햇볕에 말려서 무말랭이를 만들면 철분, 비타민 B_1, B_2, 칼슘 등의 성분이 크게 늘어나는데, 특히 철분이 풍부해진다.

③ 변비를 치료하거나, 직장암을 예방해 주는 효과도 있다.

(2) 호박

① 아프리카가 원산지로 동양계, 서양계, 퍼포계 호박으로 구분한다.

② 주성분은 당질이지만 카로틴 형태의 '비타민 A'가 풍부하게 함유되어 있다.

③ 늙은(청둥) 호박은 엿, 떡, 죽 등에 이용한다.

(3) 상추

① '프로비타민 A'가 많이 함유되어 있고, 약간의 '비타민 C'와 '비타민 E'가 함유되어 있으며 철, 엽산, 칼슘 등 미네랄이 풍부하다.

② 숙면과 긴장 완화에 도움이 된다고 알려진 '락투신(lactucin)'성분이 있어 천연수면제 역할을 한다.

③ 여름에 상추 시루떡, 상추떡 등을 해 먹는다.

(4) 쑥갓

① 초여름에는 황색 또는 백색의 꽃이 피고, 향이 강해 유럽에서는 관상용으로만 즐긴다.

② 우리나라를 비롯한 동양에서는 식용 채소로 널리 사용하며, 열량이 100g에 26kcal 밖에 되지 않는 데다 소화가 잘되는 알칼리성 식품으로 알려지면서 인기가 높다.

③ 비타민 A, B, C와 엽록소가 풍부하며 부꾸미, 화전 등의 고명으로 많이 사용된다.

❻ 견과류 · 종실류의 종류 및 특성

먹을 수 있는 속 알맹이를 단단한 껍질이 감싸고 있는 과일류이다. 10대 건강식품 중의 하나로 각종 영양소가 풍부하고, 지방 함량이 높아 보관을 잘못하면 맛이 변할 수 있으므로 밀봉한 후 냉동 보관한다.

1) 견과류(堅果類, nut)

단단한 껍데기 안에 보통 한 개의 씨가 들어 있는 나무 열매의 종류를 통틀어 이르는 말이다.

(1) 호두

① 주 생산지는 미국과 프랑스, 인도, 이탈리아 등이다.

② 대표적인 견과류로 양질의 지방과 단백질을 많이 함유하고 있어 칼로리가 높다.

③ 껍데기를 깐 알맹이는 산패되기 쉬우므로, 껍질째 밀폐용기에 담아 냉동보관하는 것이 가장 좋다.

④ 속껍질은 쓴맛이 나므로 껍질을 벗기거나 미지근한 물에 불려 쓴맛을 제거한 후 말려 떡고물로 만들거나, 쌀가루에 섞는다. 구름떡이나 두텁편에 밤과 대추, 잣 등의 견과류와 함께 사용된다.

(2) 은행

은행나무의 열매로 식용하거나 약용하는 것으로 가래, 기관지염, 천식에 좋은 식재료이기는 하나 독성이 있기 때문에 하루에 10알 이상 먹지 않는 것이 좋다. 어린아이는 5알 정도가 적당하다. 끓는 물에 삶아 껍질을 벗겨 분쇄기에 갈아 찹쌀가루와 섞어 익혀서 은행 단자를 만든다.

(3) 밤

밤나무의 열매로 갈색 겉껍질 안에 얇고 맛이 떫은 속껍질(보늬)이 있다. 속껍질을 까서 채나 편으로 썰어 각색편의 고명으로 사용하거나 굵게 다져 두텁떡의 소로 사용하거나 4~5등분하여 약식이나 신과병, 과일설기, 쇠머리찰떡, 석탄병 등 여러 종류의 떡에 사용한다.

(4) 도토리(상자, 橡自)

도토리는 먹을 것이 부족하던 시절에는 구황작물이었으나, 지금은 자연 건강식품으로 그 선호도가 매우 높다. 도토리 껍질을 벗겨 물에 1주일가량 담가 떫은맛을 우려낸 뒤 말려서 가루를 내는데 떡을 할 땐 쌀가루와 도토리 가루를 섞어서 해 먹는다. 곡물이 귀한 산간지방에서는 도토리가 많이 나는 가을에 가루로 만들어두었다가 주로 겨울에서 이른 봄 사이에 떡(상자병)으로 만들어 먹었다. 도토리향과 쫄깃한 맛이 아주 좋다.

2) 종실류(種實類)

종자를 식용으로 섭취할 수 있는 식물의 종류이다.

(1) 아몬드

① 주 생산지는 미국 캘리포니아주, 호주, 남아프리카 등이며, 지방과 '비타민 E'가 풍부하게 들어 있다.

② 다른 음식의 냄새를 잘 흡수하기 때문에 반드시 밀봉하여 보관한다.

③ 통째로 사용하는 '블랜치(blanch) 아몬드', 얇게 자른 '슬라이스 아몬드', 잘게 다진 '아몬드 다이스', 가루로 만든 '파우더 아몬드' 등 여러 형태로 가공되어 간식으로 그냥 먹거나 다양한 퓨전떡에 활용된다.

(2) 잣

① 잣나무의 열매로 백자(柏子), 송자(松子), 해송자(海松子)라고 한다.

② 칼로리가 높고, 비타민 B군이 풍부하다.

③ 호두나 땅콩에 비해 철분 함유량이 많아 빈혈 예방에도 좋다.

④ 고깔을 떼고 얇은 칼로 반으로 갈라 비늘잣을 만들어 편편한 면이 쌀가루에 닿도록 무늬를 놓아 떡을 찐다.

(3) 땅콩

① 콩과의 한해살이풀로 줄기는 높이가 60cm 정도이고, 7~9월에 나비 모양의 노란 꽃이 잎겨드랑이에서 핀다. 브라질이 원산지로 주로 모래땅에서 잘 자란다.

② 대표적인 고지방, 고단백질의 건강식품으로 지방 45% 이상, 단백질 35%, 탄수화물 20~30% 정도가 들어 있다.

③ 알이 꽉 차고 표피가 매끈하면서 윤기가 있는 것이 좋으며, 볶을 때 껍질이 잘 벗겨지지 않고 다 볶은 후에 벗겨지는 것이 좋다.

(4) 해바라기씨

① '인' 성분의 비율이 45%로 많이 함유되어 있다.

② 필수아미노산 '메티오닌'과 '트립토판'을 함유하고 있어 영양적으로 매우 우수하다.

③ 저장성이 좋으며 칼슘, 칼륨, 철분 등의 무기질도 풍부하게 들어 있다.

(5) 호박씨

① 최근 건강식품으로 불포화지방산이 풍부한 씨앗들이 인기다.

② '비타민 E'가 풍부하고, 정서적 안정과 피로회복에도 좋다.

③ 불포화지방산이 풍부하여 성장기 아동이나 임산부, 청소년기에 섭취하면 좋다.

7 두류의 종류 및 특성

부재료는 주로 콩인데 대두, 팥, 동부, 녹두, 완두콩, 강낭콩 등이 있다. 팥과 녹두, 완두콩, 강낭콩 등은 50% 이상의 탄수화물 함유로 전분 함량이 높아 떡고물로 많이 사용한다. 이러한 콩에는 쌀에 부족한 단백질이 풍부해 떡의 맛과 영양가를 높이는 데 중요한 역할을 한다.

1) 두류의 종류

(1) 대두

① 콩의 한 종류로 희고 단단하고, 쓰임새가 다양해서 재배량이 많아 흔한 콩이다.

② 백태, 메주콩, 노란콩이라고도 부른다.

③ 다른 콩보다 단백질과 지방산, 수분이 풍부하다.

④ 단백질 함량이 40%로 매우 높아 양질의 단백질과 지질의 급원이다.

⑤ 두부, 된장, 청국장, 두유, 콩기름의 원료가 된다.

⑥ 항암, 항노화, 심혈관계 질환 예방에 도움이 된다.

(2) 흑태

① 흑대두, 서목태(쥐눈이콩), 서리태(속청) 등과 같이 검은빛을 띠는 콩을 통틀어 말한다.

② 대표적인 블랙푸드 식품으로 단백질, 지방, '안토시안' 성분이 풍부하고 '에스트로 겐'과 유사한 '이소플라본'이 많이 함유되어 있다.

③ '안토시안' 성분을 오랫동안 섭취하면 노화를 예방하는 효과가 있다.

④ 낟알의 굵기가 고르고, 껍질이 검은색을 띠며 윤기가 나는 것이 좋다.

⑤ 몸속의 독소를 배출해 주는 해독작용을 하고, 저밀도 콜레스테롤(LDL) 수치를 낮 춰준다.

(3) 팥

① 줄기로 보통 팥, 넝쿨 팥으로 구분하고, 계절에 따라 여름 팥, 가을 팥으로 구분한다. 또한 껍질 색깔에 따라 적두(붉은팥), 검은팥(검정팥, 흑두, 소두), 얼룩팥, 푸른팥 등으로 구분한다.

② 붉은색과 하얀 띠가 선명하고 껍질이 얇으면서 손상된 낟알이 없는 팥이 좋다.

③ 이뇨 작용이 뛰어나 체내의 불필요한 수분을 배출시키고 변비, 성인병 예방, 신장 염 및 부기 제거에 효과가 있다.

④ 비타민 B_1이 풍부해 탄수화물 대사에 도움을 주며, 각기병 예방에 좋다.

⑤ 떡의 고물, 팥죽, 아이스크림, 팥빙수, 빵 등에 많이 사용된다.

(4) 녹두

① 원산지는 인도이고 한국, 중국 등 아시아 지역에서 주로 재배한다.

② 탄수화물 60.1%, 단백질 24.5%, 전분 34% 정도를 함유하고 있어 영양가가 매우 우수하다.

③ 몸을 차갑게 하는 성질이 있어 열이 많은 사람에게 좋고, 혈압 안정에 도움을 준다.

④ 엽산과 칼륨, 마그네슘의 공급원이다.

(5) 동부

① 강두(豇豆), 장두(長豆), 동부콩, 동부의 방언인 돈부라고도 한다.

② 껍질이 얇고 깨끗하며 윤기가 나는 것이 좋다.

③ 떡의 소, 묵, 빈대떡, 떡고물, 죽 등을 끓일 때 사용하며, 외국에서는 수프, 스튜, 페이스트 등으로도 사용한다.

④ 식이섬유가 풍부하여 포만감을 주고 칼로리가 낮아 다이어트할 때 섭취하면 좋다.

⑤ 잘 익은 콩은 맛이 달고 고소하며, 식감이 아삭한 것이 특징이다.

(6) 완두콩

① 전분이 풍부하고 칼륨, 엽산, 비타민 B_1이 우수한 식재료이다.

② 색이 곱고 단맛이 있어 밥에 넣어 먹거나, 떡 속에 넣는 소, 고물로 많이 사용한다.

③ 설탕에 조린 완두배기를 만들어 떡이나 빵 만들 때 사용한다.

④ 색을 파랗게 유지시킨 통조림으로 만들어 많이 사용하고 있다.

(7) 강낭콩

① 콩류 중에서 재배 면적이 가장 넓다.

② 강낭콩을 데치면 효소가 불활성화되어 장기간 보존할 수 있다.

③ 칼슘과 칼륨, 아연과 미네랄이 풍부하다.

④ 강낭콩은 탄수화물 63.9%, 단백질 21% 정도로 대부분이 전분이다.

⑤ 붉은색, 검은색, 흰색, 붉은 바탕에 흰색 무늬가 있는 것 등 다양한 빛깔이다.

8 떡류 재료의 영양학적 특성

1) 영양의 의의와 영양소

(1) 영양(營養)

생물체가 외부로부터 물질을 섭취하여 체성분(體成分)을 만들고, 체내에서 에너지를 발생시켜 생명현상(생명 유지·성장·건강 유지 등)을 유지할 수 있게 하는 것이다.

(2) 영양소(營養素)

성장을 촉진하고 생리적 과정에 필요한 에너지를 공급하는 물질로 탄수화물, 지방, 단백질, 무기질, 비타민의 5대 영양소와 물이 있다.

2) 영양소의 분류

영양소는 체내의 작용에 따라 열량소, 구성소, 조절소로 분류할 수 있다.

(1) 열량 영양소

① 에너지 공급원으로 사용된다.
② 탄수화물, 단백질, 지방은 1g당 4kcal, 4kcal, 9kcal의 열량을 낸다.

(2) 구성 영양소

① 인체조직을 구성하고, 체액 성분과 영양소로 작용한다.
② 단백질, 무기질 등이다.

(3) 조절 영양소

① 인체의 생리기능을 조절하는 영양소이다.
② 비타민, 무기질 등이다.

3) 떡류 재료의 영양소 종류와 기능

(1) 탄수화물(Carbohydrates)

① 탄수화물의 성질

㉠ 구성 : C(탄소), H(수소), O(산소)의 화합물이다.

ⓛ 성질

- 단맛이 있고 부드럽다.
- 다른 화합물을 환원시킨다.
- 캐러멜화(Caramelization) 반응이 일어난다.

ⓒ 최종 분해 산물은 포도당이다.

ⓔ 권장량 : 1일 총열량의 60~65% 정도이다.

② 탄수화물의 분류

㉠ 단당류(monosaccharides)

더이상 분해되지 않는 가장 단순한 탄수화물로 탄소수에 따라 3탄당, 4탄당, 5탄당, 6탄당 등으로 분류된다.

- 포도당(glucose)
  - 탄수화물의 최종 분해 산물이며, 에너지원이 된다.
  - 포유류의 혈액 중에 0.1%가량 포함된다.
  - 전분의 가수분해로 얻을 수 있다.
  - 간에 글리코겐으로 저장된다.

- 과당(fructose)
  - 꿀, 과즙에 들어 있고, 포도당으로 흡수된다.
  - 당류 중 가장 단맛이 강해 포도당의 2배이고, 흡습성이 있다.

- 갈락토오스(galactose)
  - 포도당과 결합해서 유즙에 존재한다.
  - 단당류 중 가장 빨리 흡수된다.
  - 지질과 결합된 당지질로 뇌와 신경조직의 성분이 되므로 특히 유아에게 필요한 성분이다.

㉡ 이당류(disaccharides)

수용성이고, 포도당 2분자가 결합된 당류로 단맛이 있으며 결정형이다.

- 맥아당(엿당)

  엿기름에 많이 들어 있으며, 소화기가 약한 사람에게 좋다.

- 서당(설탕)

  포도당과 과당의 2분자로 이루어진 당으로, 장액의 '수크라아제'나 묽은 염산에 의해 가수분해되면 포도당과 과당의 결합이 끊어지면서 전화당이 된다.

ⓒ 다당류(polysaccharides)

한 분자에서 두 개 이상의 단당류를 생성하는 탄수화물을 통틀어 이르는 말이다.

- 전분(starch)

  곡류나 감자의 주성분으로 열량 섭취원이며, 단맛이 없고 찬물에 녹지 않는다. 요오드 정색반응을 하면 청(남)색을 띤다.

- 글리코겐(glycogen)

  동물의 근육과 간에서 발견되는 동물성 전분이며, 체내에서 포도당으로 전환되어 이용된다. 요오드 정색반응을 하면 적갈색 또는 붉은색이 나타난다.

- 섬유소(cellulose)

  전분과 마찬가지로 포도당의 화합물로 체내에서 소화되지 않고 배설되며, 변비 예방에 효과적이다.

- 펙틴(pectin)

  과일류에 많이 들어 있는 다당류의 하나로 세포를 결합하는 작용을 하며, 우리 몸에는 분해효소가 없어 영양적 가치는 없다.

- 이눌린(inulin)

  - 무색의 고체로, 달리아, 돼지감자(뚱딴지), 우엉 뿌리에 많이 들어 있다.
  - 뜨거운 물에는 녹으나, 알코올에는 녹지 않는다.
  - 천연 인슐린이라고 불리며, 당뇨병에 효능이 있다.

③ 탄수화물의 기능

    ㉠ 에너지의 급원이며, 1g당 4kcal의 에너지를 생성한다.

    ㉡ 중추신경계 활동에 필수적이다.

    ㉢ 간장보호와 단백질 절약작용을 한다.

    ㉣ 과잉 섭취 시 비만과 당뇨의 원인이 된다.

    ㉤ 총에너지의 60~70%가 필요량이다.

④ 탄수화물의 대사

    ㉠ 단당류는 그대로 흡수되고, 이당류와 다당류는 포도당으로 분해되어 흡수된다.

    ㉡ 포도당은 혈액에 혼합되어 각 조직으로 운반되며, 세포 내에서 해당 경로를 거쳐 '피루브산'으로 분해되어 활성아세트산이 되어 다시 'TCA(tricarboxylic acid) 회로'를 거쳐서 완전 산화되어 물과 이산화탄소로 분해된다.

    ㉢ 에너지로 사용 후 남은 포도당은 간과 근육에 글리코겐으로 저장되었다가 혈액 내 포도당이 부족하면 다시 분해되어 포도당이 된다. 혈액 내로 보내져서 0.1%의 혈당을 유지한다.

(2) 단백질(Proteins)

탄소(C), 수소(H), 산소(O), 질소(N)를 함유하는 고분자 화합물로써, 기본단위는 아미노산으로 신체의 기본 구성단위이다. 탄수화물, 지방과 같이 에너지원이며, 몸의 근육과 여러 조직을 형성한다.

① 단백질의 성질

    ㉠ 탄소(C), 수소(H), 산소(O) 외에 질소(N) 등을 함유하는 유기화합물이다.

    ㉡ 신체의 구성성분으로 몸의 근육을 비롯해 여러 조직을 형성하는 성분으로 생명 유지에 필수적인 영양소이다.

ⓒ 기본 구성은 아미노산으로, 여러 가지 아미노산 '펩티드(Peptide)' 결합으로 이루어졌다.

ⓛ 현재까지 알려진 아미노산의 종류는 약 20여 가지이다.

- 필수 아미노산 : 체내 합성이 되지 않아 반드시 음식물로 섭취해야 하며, 주로 동물성 단백질에 많이 들어 있다.
- 비필수 아미노산 : 체내 합성이 가능한 아미노산이다.

필수 아미노산(10개)	비필수 아미노산(11개)
이소루이신 루신 리신 메티오닌 페닐알라닌 트레오닌 트립토판 발린 히스티딘 ┐ 아르기닌 ┘ 어린이에게 필수	알라닌 글리신 세린 아스파르트산 아스파라긴산 아르기닌 글루타민 프롤린 타이로신 글루탐산 시스틴

② 단백질의 분류

㉠ 화학적 분류

- 단순단백질
  - 아미노산으로 구성된 단백질이다.
  - 알부민, 글루텔린, 글로불린, 프로타민, 프롤라민, 히스톤, 알부미노이드 등이 있다.

- 복합단백질
  아미노산으로 이루어진 단순단백질로 당질, 지질, 인산, 색소가 결합된 것이다.

- 유도단백질

  천연 단백질이 물리적 작용이나 열에 의해 분해되는 정도에 따라 1차 유도 단백질과 2차 유도단백질로 나누어진다.
    - 1차 유도단백질 : 젤라틴
    - 2차 유도단백질 : 펩톤, 프로테오스

ⓒ 영양학적 분류

함유된 아미노산의 종류와 양에 따라 완전단백질, 부분적 완전단백질, 불완전 단백질로 나누어진다.

- 완전단백질

  생명 유지, 성장 발육, 생식에 필요한 필수 아미노산을 고루 갖춘 단백질로 카세인, 락토알부민(우유), 미오신(육류), 글리시닌(콩), 오보알부민(달걀흰 자)과 오보비텔린(난황) 등이 있다.

- 부분적 완전단백질

  생명은 유지시키지만 성장 발육은 못 시키는 단백질로써 글리아딘(밀), 호르 데인(보리), 오리제닌(쌀) 등이 있다.

- 불완전단백질

  생명 유지와 성장에 모두 관계가 없는 단백질이며 제인(수수), 젤라틴(육류) 이 있다.

ⓒ 단백질의 기능

- 체조직과 혈액의 단백질, 호르몬, 효소 등을 구성한다.
- 에너지의 급원이며, 1g당 4kcal의 에너지를 생성한다.
- γ-글로불린은 병에 저항하는 면역체 역할을 한다.
- 체내 삼투압을 조절하여 수분함량을 조절하고, 체액의 pH를 유지한다.

(3) 지방(fat)

지방산을 포함하고 있거나 지방산과 결합하고 있는 물질을 말하며, 유지의 유도체 총칭인 지질과 같은 뜻이다. 탄소(C), 수소(H), 산소(O)의 3원소로 구성되어 있으며, 물에는 녹지 않고 유기용매에 녹는다. 체내 합성이 불가능해서 외부로부터 섭취해야만 하고, 단백질과 탄수화물에 비해서 산소 함유량이 적고 탄소와 수소가 많아 산화 분해될 때는 에너지가 더 많다. 1일 권장량은 1일 에너지 필요량의 20% 정도가 적당하고, 필수지방산은 2%의 섭취가 권장된다.

① 지방의 종류

구성성분과 구조에 따라 단순지질, 복합지질, 유도지질로 분류하고, 지방이 가수분해되면 생기는 포화지방산, 불포화지방산, 필수지방산, 트랜스지방산이 있다.

ⓖ 단순지질
- 고급 지방산과 알코올의 결합체로 알코올 종류에 따라 3분자의 지방산과 1분자의 글리세롤이 결합된 중성지방과 고급 지방산, 고급 1가 알코올이 결합되어 있는 납(왁스)으로 나눈다.
- 납(왁스)은 식물의 줄기, 잎, 종자, 동물의 체표부, 뇌, 뼈 등에 분포되어 있고, 영양적 가치는 없다.
- 중성지방은 3분자의 지방산과 1분자의 글리세롤, 3가의 알코올이 결합되어 있다.

ⓛ 복합지질
지방산과 알코올 이외에 다른 분자를 함유한 지방이며, 친수성이 있어서 유화제로 이용된다.
- 인지질
  뇌와 신경조직의 구성성분이고, 중성지방과 인산이 결합되어 있으며, 동물의 내장과 달걀노른자에 많이 함유되어 있다(레시틴, 세팔린).
- 당지질
  뇌와 신경조직의 구성성분이며, 중성지방과 당류가 결합된 것이다.

• 단백지질

중성지방과 단백질이 결합된 것이다.

ⓒ 유도지질

중성지방과 복합지방을 가수분해할 때 유도되는 지방으로 지방산과 고급 알코
올, 스테로이드 등이 있다.

• 콜레스테롤(cholesterol)

    – LDL(저밀도 콜레스테롤)

    동물체의 모든 세포, 신경조직, 뇌조직에 들어 있으며, 과잉 섭취하면 혈
    관 내부에 축적되어 고혈압, 동맥경화의 원인이 된다.

    – HDL(고밀도 콜레스테롤)

    혈액 내 콜레스테롤을 운반하는 지단백 중 하나이다. 흔히 '좋은 콜레스
    테롤'이라고 부르는데, 이는 혈중의 과다한 콜레스테롤을 간으로 이동하
    는 역할을 하기 때문이다. 혈중 HDL은 혈관벽에 침착되어 쌓이는 플라크
    (plaque)의 생성을 억제시켜 동맥경화나 심장질환 위험을 감소시켜 준다.

• 에르고스테롤(ergosterol)

효모, 표고버섯, 맥각 등에 함유되어 있으며, 자외선에 의해 비타민 D_2로 전
환되어 '프로비타민 D'라고 부르기도 한다.

ⓔ 포화지방산

• 지방은 탄소(C), 수소(H), 산소(O)로 구성되고, 탄소 사이에 이중결합 없이
단일결합으로 이루어진 지방산이다.

• 상온에서는 고체로 존재하며, 동물성 유지(소기름, 돼지기름, 버터 등)에 함
유되어 있다.

ⓜ 불포화지방산

• 탄소(C) 사이에 이중결합이 있는 지방산을 말하며, 이중결합이 많을수록 산
화되기 쉽다.

• 상온에서 액체 상태이며 식물성 유지(참기름, 콩기름, 옥수수기름 등)에 많이

함유되어 있다.

    ⓧ 트랜스지방산(trans fatty acid)

- 액체의 유지를 고체의 유지로 가공할 때 생성되는 트랜스형 지방을 말한다.
- 식물성유에 수소를 첨가하여 고체 유지로 가공하고, 이 과정에서 분자구조가 변이되어 트랜스지방이 생성된다.
- 혈관을 청소해 주는 'HDL(고밀도 콜레스테롤)' 수치를 낮추고, 'LDL(저밀도 콜레스테롤)' 수치를 높여 심혈관계질환의 발병률을 높일 수 있다.
- 세포막을 경화시켜 면역력 저하를 초래하고, 인체에 유해하다는 연구 결과에 따라 세계 각국에서 사용을 규제 중이다.

    ⓗ 필수지방산

- 신체의 성장·유지·정상적인 기능을 위해 반드시 필요한 지방산이다.
- 체내에서 합성되지 않아 반드시 식품으로 공급받아야 한다.
- 식물성유에 많이 함유되어 있다.
- 결핍되면 피부병이 생기고 성장이 지연된다.
- 리놀레산, 리놀렌산, 아라키돈산 등이다.

② 지방의 기능

    ㉠ 에너지의 급원이며, 1g당 9kcal의 에너지를 생성한다.
    ㉡ 피하지방이 체온의 발산을 막아서 체온을 조절한다.
    ㉢ 복강(내장)지방은 내장기관을 외부 충격으로부터 보호한다.
    ㉣ 지용성 비타민의 흡수와 운반을 돕는다.
    ㉤ 위에서 포만감을 주며 장내 윤활제 역할로 변비를 예방해 준다.

(4) 무기질(mineral)

인체의 96% 정도가 탄소(C), 수소(H), 산소(O), 질소(N)로 구성되고 나머지 4%가 무기질로 구성되어 있으며, 열량원이 되지는 않지만 경조직과 연조직을 구성하고 생체기능을 조절하는 역할을 한다. 체내에서 합성되지 않아 반드시 음식으로 섭취해야 한다.

① 무기질의 종류

　㉠ 칼슘(ca)

　　• 기능

　　　– 무기질 중 가장 많은 양을 차지하며 99%는 뼈와 치아를 형성하고, 1%가량은 혈액과 근육에 존재한다.

　　　– 혈액 응고에 관여하고, 백혈구의 활력 증진에 기여한다.

　　　– 체액을 중성으로 조절한다.

　　　– 심장의 근육 수축과 이완을 조절하고, 근육의 흥분을 억제한다.

　　　– 중추신경을 통해 외부 자극을 뇌에 전달한다.

　　• 결핍증 : 구루병(새가슴, 안짱다리), 골연화증, 골다공증 등이 생긴다.

　　• 급원식품 : 우유 및 유제품, 뼈째 먹는 생선, 달걀 등이다.

　㉡ 인(p)

　　• 기능

　　　– 칼슘, 마그네슘과 결합하여 뼈와 치아를 구성한다.

　　　– 뇌, 신경, 간장, 폐, 근육, 혈액 등에 각종 화합물로 존재하며 인지질, 핵단백질의 주요 성분이다.

　　　– 각종 비타민과 결합하여 '조효소(coenzyme)'를 형성한다.

　　　– 탄수화물과 지방의 연소과정에 관여한다.

　　　– 결핍증 : 거의 없다(흡수율이 70% 이상).

　　　– 급원식품 : 우유, 치즈, 육류, 콩류, 어패류, 난황 등이다.

　㉢ 철(Fe)

　　• 기능

　　　– 적혈구 중 헤모글로빈의 구성성분으로 조혈작용을 한다.

　　　– 간장, 근육, 골수에 함유되어 있다.

　　　– 근육 색소인 '미오글로빈'의 성분이기도 하다.

　　　– '아스코르브산'의 흡수를 돕고 피트산, 탄닌은 흡수를 방해한다.

- 결핍증 : 빈혈을 일으킨다.
- 급원식품 : 녹황색 채소, 난황, 살코기, 콩류, 동물의 간 등이다.

 ㉣ 구리(cu)
- 기능
  - 헤모글로빈, '시토크롬(cytochrome)' 형성에 촉매작용을 한다.
  - 철의 흡수와 운반을 돕는다.
- 결핍 시 악성빈혈이 발생한다.
- 급원식품 : 동물의 내장, 해산물, 견과류, 콩류 등이다.

 ㉤ 요오드(아이오딘, Iodine)
- 기능
  - 갑상선 호르몬인 '티록신'의 구성성분이다.
  - 에너지 대사에 관여한다.
  - 성장, 지능 발달, 유즙 분비를 돕는다.
- 결핍증 : 갑상선종, 부종, 성장 부진, 피로 등이다.
- 과잉증 : '바세도우씨병'을 일으킨다.
- 급원식품 : 해조류, 어패류 등이다.

(5) 비타민(vitamin)

생리작용 조절과 성장·유지에 절대적으로 필요한 유기 영양소이며, 체내에 극히 미량으로 존재하여 탄수화물, 지방, 단백질의 조효소 역할을 한다. 호르몬은 내분비기관에서 체내 합성되는 반면, 비타민은 체내에서 합성되지 않아 반드시 음식물로 섭취해야 한다. 용해성에 따라 수용성과 지용성으로 구분된다.

① 지용성 비타민
 ㉠ A, D, E, K이다.
 ㉡ 지방을 녹이는 유기용매에 녹는다.

ⓒ 과잉 섭취 시 체내에 축적된다.

ⓔ 결핍증은 서서히 나타난다. 조직, 혈액, 세포 순으로 비타민이 부족해지면 잠재
적 결핍상태에서 임상적 결핍증으로 서서히 진행한다.

ⓜ 열에 강하고 조리에 의한 손실이 적다.

② 수용성 비타민

ㄱ 비타민, 비타민(B)복합체, 비타민 C로 구분하며 니아신, 엽산, 판토텐산 등이
있다.

ㄴ 물에 녹는다.

ㄷ 과잉 섭취 시 체외로 배설된다.

ㄹ 결핍증이 빨리 나타난다.

ㅁ 지용성 비타민과 다르게 전구체가 존재하지 않는다.

(6) 물(water)

인체에 중요한 구성성분으로 체중의 약 2/3를 차지한다.

① 기능

ㄱ 적당량의 물은 장기능을 원활하게 하고, 체액 균형, 노폐물 제거, 피로 회복,
혈액 순환을 돕는다.

ㄴ 성인 하루 권장량은 1.5~2.5L이다.

ㄷ 과잉섭취 시 부종, 피로를 느끼고 간, 위, 신장 기능이 떨어진다.

ㄹ 외부 자극으로부터 내장기관을 보호한다.

출제예상문제

01 쌀의 종류 중에서 찰기가 가장 많은 품종은?

① 중립종 ② 단립종
③ 장립종 ④ 미립종

해설▶ 쌀의 품종은 단립종, 중립종, 장립종으로 구분되며, 그중에서 가장 찰기가 많은 품종은 단립종이다.

02 수수에 대한 설명 중 옳지 않은 것은?

① 탄닌성분을 함유하고 있어 떫은맛이 강하다.
② 메수수는 오곡밥, 수수경단, 수수부꾸미 등에 이용한다.
③ 수수를 불릴 때 자주 물을 갈아준다.
④ 다른 곡류에 비하여 소화율이 떨어진다.

해설▶ 메수수는 공업용 원료, 고량주 제조에 이용되며, 차수수는 오곡밥, 수수경단, 수수부꾸미 등에 이용한다.

03 떡의 주재료인 곡류의 역할은?

① 혈액구성 ② 대사작용
③ 골격형성 ④ 에너지원

해설▶ 곡류의 주성분인 탄수화물은 에너지원으로 주로 사용된다.

04 쌀에서 섭취한 전분이 체내에서 에너지를 발생하기 위해서 반드시 필요한 것은?

① 비타민 B_1 ② 비타민 C
③ 비타민 D ④ 비타민 A

해설▶ 비타민 B_1은 에너지 대사와 핵산 합성에 관여하고, 신경과 근육 활동에 필요하다.

05 다음 중 쌀을 고를 때 좋은 품질이라고 할 수 없는 것은?

① 광택이 있으면서 투명한 것
② 알맹이가 고른 것
③ 앞니로 씹었을 때 딱딱한 것
④ 구수한 냄새가 나는 것

해설▶ 앞니로 씹었을 때 딱딱한 것은 도정한 지 오래된 쌀일 수 있다.

06 다음 중 묵은쌀에 해당하는 것이 아닌 것은?

① 쌀눈 자리가 갈색으로 변한 것
② 외관상 색깔이 맑고 투명한 것
③ 산도가 높은 쌀
④ 색이 탁한 것

해설▶ 묵은쌀은 산도가 높고, 쌀눈 자리가 갈색으로 변하며, 색이 탁하면서 냄새가 나는 것이 특징이다.

07 곡류 및 콩류의 위생상 문제점으로 가장 관계가 적은 것은?

① 잔류농약 ② 기생충 오염
③ 곰팡이 번식 ④ 쥐의 침입

해설▶ 기생충 오염은 오염된 물이나 익히지 않은 고기 등에서 생기는 오염이다.

08 곡류 및 콩류의 보관법 설명이 잘못된 것은?

① 13℃ 정도로 유지되는 저온창고에 보관한다.

② 포장하여 쌓아두는 경우는 호흡생성물인 이산화탄소가 날아가기 쉽도록 벽과 바닥에 판목을 받치도록 한다.

③ 곰팡이 증식과 독소 생성 방지를 위해 온도와 수분 관리가 특히 중요하다.

④ 식품창고 내에 쥐약을 사용하여 쥐의 접근을 막는다.

해설 식품창고에 쥐약을 사용하는 것은 매우 위험한 일이다.

09 우리나라와 일본, 중국의 중·북부 등지에서 많이 재배되는 쌀 품종은?

① 자바니카형　② 인디카형

③ 아프리카 벼　④ 자포니카형

해설 자포니카형은 한국, 일본, 중국의 중·북부 등지에서 재배되며 단립종, 원립종으로 길이가 짧고 둥글게 생겼다.

10 쌀의 주된 단백질 성분은?

① 오르제닌　② 글루시닌

③ 호르데인　④ 글루테닌

해설 백미(白眉) 단백질의 80%는 오르제닌이다.

11 현미의 주성분은?

① 지방　② 당질

③ 단백질　④ 비타민

해설 현미는 벼에서 왕겨층을 벗겨낸 쌀로 주성분은 당질이다.

12 다음 중 식품과 단백질 성분의 연결이 옳지 않은 것은?

① 밀-알부민

② 쌀-오르제닌

③ 보리-호르데인

④ 대두-글리시닌

해설 밀의 단백질은 글루테닌(glutenin)이다.

13 곡류에 비타민과 무기질의 함량이 낮은 이유는?

① 셀룰로오스 함량이 높아서

② 조리과정에 손실되어서

③ 도정이나 제분으로 거의 제거되기 때문에

④ 물에 용해되지 않는 형태로 존재하기 때문에

해설 곡류는 제분율이 높을수록 비타민과 무기질 함량이 낮아진다.

14 쌀에 대한 설명 중 옳은 것은?

① 현미로부터 겨층을 6% 제거한 쌀은 '7분 도미'라고 한다.

② 쌀은 아밀로오스 함량이 높을수록 밥을 지었을 때 점도가 커지고 색도 좋다.

③ 쌀의 주된 단백질은 글루테닌(glutenin)이다.

④ 일본형 쌀은 인도형 쌀보다 아밀로오스의 함량이 더 높다.

해설
- 아밀로오스 함량이 낮은 쌀이 밥을 하면 점도가 크고, 색이 좋다.
- 일본형 쌀이 인도형 쌀보다 아밀로오스의 함량이 더 낮다.
- 쌀의 주된 단백질은 오르제닌이다.

15 쌀의 도정 공정에 대한 설명으로 옳지 않은 것은?

① 10분 도미-현미로부터 8% 겨층 제거
② 5분 도미-현미로부터 3% 겨층 제거
③ 7분 도미-현미로부터 5% 겨층 제거
④ 파 보일링-쌀의 저장성을 높이기 위해 벼를 도정 전에 수증기로 찐 다음 도정하는 방법

해설 7분 도미는 현미로부터 6%의 겨층을 제거한 쌀이다.

16 찹쌀로 떡을 하면 물을 더 주지 않아도 쉽게 떡이 만들어지지만 멥쌀의 경우는 수분을 보충해 주어야 한다. 이와 같이 찹쌀과 멥쌀의 수분 흡수율이 차이가 나는 이유는?

① 분쇄했을 때 찹쌀과 멥쌀의 입자 크기가 다르기 때문이다.
② 아밀로펙틴 함량 차이 때문이다.
③ 찹쌀에 아밀로오스 함량이 많기 때문이다.
④ 멥쌀에 아밀로펙틴 함량이 많기 때문이다.

해설
- 찹쌀로 떡을 할 경우 침지과정 중 멥쌀에 비해 10% 이상 높은 수분 흡수율을 보인다.

- 찹쌀가루는 스팀 과정 중에 전체 중량의 7% 이상의 수분을 더 흡수하여 떡을 할 때 물을 더 주지 않아도 쉽게 떡이 만들어진다.
- 멥쌀가루는 물을 주지 않고 찌면 수분 흡수가 거의 이루어지지 않아 수분을 보충해야 한다.

17 쌀의 구조는 부피, 과피, 종피, 배젖, 배아 등으로 되어 있는데 다음 설명으로 옳지 않은 것은?

① 부피-왕겨층으로 제일 바깥의 층이다.
② 과피-내과피, 외과피로 구성되어 있다.
③ 배젖-쌀의 70~80%를 차지하고 대부분 전분질과 단백질이다.
④ 배아-쌀의 작은 부분으로 20~30%를 차지한다.

해설 배아는 전체 곡립의 2~3%를 차지한다.

18 다음 중 콩류에 대한 설명으로 옳지 않은 것은?

① 두부를 형성하는 주된 단백질은 글리시닌(glycinin)이다.
② 콩류의 지방은 불포화도가 높고 인지질 함량이 높다.
③ 콩류의 칼슘은 피트산과 결합되어 있어 이용률이 떨어진다.
④ 대두는 단백질보다 전분 함량이 높다.

해설 콩류는 단백질과 지방 함량은 높고, 탄수화물 함량은 낮다.

19 다음의 건조 두류들을 동일한 조건에서 수침하면 가장 빨리 수분을 흡수하는 것은?

① 녹두　　　　② 대두

③ 검은팥　　　④ 붉은팥

해설 ▶ 건조 두류의 수분 흡수성은 대두 > 검은콩 > 흰 강낭콩 > 얼룩 강낭콩 > 묵은 팥 순이다.

20 참깨 속에 들어 있는 천연 항산화 물질은?

① 세사몰

② 고시폴

③ 레시틴

④ 토코페롤

해설 ▶ 항산화 물질 : 참깨는 세사몰, 토코페롤은 비타민 E이다.

21 다음 중 지방 함량이 가장 많은 두류는?

① 대두류　　　② 녹두

③ 땅콩　　　　④ 팥

해설 ▶ 땅콩은 고단백질, 고지방, 비타민 B군이 풍부하게 들어 있는 고칼로리 식품이다.

22 완두콩 통조림을 가열하여도 녹색이 유지되는 것은 어떤 색소 때문인가?

① chlorophyll(클로로필)

② Cu-chlorophyll(구리-클로로필)

③ Fe-chlorophyll(철-클로로필)

④ chlorophylline(클로로필린)

해설 ▶ 완두콩의 엽록소는 구리와 같은 염과 함께 가열하면 구리 클로로필을 형성하게 된다.

23 전분의 노화가 가장 천천히 일어나는 것은?

① 빵　　　　　② 멥쌀밥

③ 죽　　　　　④ 찰밥

해설 ▶ 찹쌀은 아밀로펙틴 100%로 이루어져 노화가 천천히 일어난다.

24 다음 중 콩류에 들어 있는 식물성 단백질 함량은?

① 약 40%　　　② 약 30%

③ 약 20%　　　④ 약 10%

해설 ▶ 콩류에 들어 있는 단백질은 약 40% 정도이다.

25 다음 중 서류에 대한 설명이 잘못된 것은?

① 탄수화물의 급원식품이다.

② 열량의 공급원이다.

③ 무기질 중 칼륨(K) 함량이 비교적 높다.

④ 수분함량과 환경온도의 적응성이 커서 저장성이 우수하다.

해설 ▶ 서류는 고구마, 감자, 토란 등으로 덩이줄기나 뿌리를 이용하는 작물이며, 수분함량은 많고 온도의 적응성이 떨어져 저장성이 나쁘다.

26 다음 중 곡류가 아닌 것은?

① 보리

② 벼

③ 옥수수

④ 콩

해설 ▶ 콩은 두류이며, 세계적으로 생산량이 많은 보리, 벼, 옥수수를 3대 곡류라고 한다.

27 다음 중 곡물의 전분입자 크기가 가장 작은 것은?

① 고구마 전분

② 소맥전분

③ 쌀 전분

④ 감자 전분

> **해설** 밀을 뜻하는 소맥(小麥), 서류(감자, 고구마)는 전분입자가 쌀 전분보다 크다.

28 다음 중 맥류(麥類)가 아닌 것은?

① 귀리　　　② 밀

③ 보리　　　④ 메밀

> **해설** 맥류는 보리, 쌀보리, 밀, 호밀, 귀리 등이다.

29 다음 중 두류가 아닌 것은?

① 검은콩　　② 녹두

③ 완두콩　　④ 잣

> **해설** 잣은 풍부한 영양과 고소한 맛으로 널리 사랑받고 있는 견과류이다.

30 쑥이나 수리취 등을 넣어 만든 절편이 일반 절편보다 더 천천히 굳는 이유는?

① 아밀로펙틴 함량이 많아지기 때문이다.

② 아밀로오스 함량이 많아지기 때문이다.

③ 쑥이나 수리취 특유의 향 때문이다.

④ 쑥이나 수리취 등에 포함된 식이섬유는 수분 결합력이 커져 수분함량이 많아지기 때문이다.

> **해설** 수리취는 떡취라고도 하며, 질기고 억세서 떡밖에 못 해 먹지만, 식이섬유가 풍부해서 수분 결합력이 커져 절편을 만들었을 때 굳는 속도가 느리다.

31 늙은 호박고지를 사용하는 방법 중 가장 옳은 것은?

① 물에 불려 사용한다.

② 물에 빠르게 씻은 후 스팀에 쪄서 사용한다.

③ 마른 상태로 사용한다.

④ 씻은 후 탈수기에 탈수하여 사용한다.

> **해설** 늙은 호박고지는 스팀에 쪄서 사용하면 물컹하지 않고 쫄깃하면서 맛있다.

32 서여향병에서 서여는 어떤 재료인가?

① 수수　　　② 조

③ 마　　　　④ 감자

> **해설** 서여향병은 마를 썰어 쪄낸 다음 꿀에 담갔다가 찹쌀가루를 묻혀 기름에 지진 뒤 잣가루를 입힌 것으로 바삭하면서도 쫄깃하고 고소한 맛이 일품이다.

33 대추에 대한 설명으로 옳지 않은 것은?

① 혼인에서는 자손 번창을 의미한다.

② 대추의 붉은색은 양, 즉 남자를 의미한다.

③ 붉은색은 액을 쫓는 주술적 의미가 있어서 대추를 액막이로 하여 부부의 평안을 기원하였다.

④ 한자로 율자(栗子)이다.

> **해설** 율자(栗子)는 밤나무의 열매인 밤이다.

34 물에 녹지 않고, 알코올이나 기름에 녹아 화전이나 쌀강정 제조 시 쌀을 튀길 때 사용하는 천연 색소의 이름이 아닌 것은?

① 자초
② 지초
③ 자근
④ 둥굴레

해설 한자어로는 자초, 지초, 자근이라고 하며 진도에서는 홍주의 원료로 사용한다.

35 떡 제조 시 노화가 더디게 일어나는 쌀은?

① 찹쌀만을 사용한다.
② 아밀로펙틴 함량이 적은 쌀 품종을 사용한다.
③ 찹쌀과 멥쌀 혼합제품 제조 시 찹쌀보다 멥쌀의 비중을 높인다.
④ 찹쌀과 멥쌀을 반반 사용한다.

해설 찹쌀의 주성분은 아밀로펙틴으로만 이루어져 노화가 더디게 일어난다.

36 아밀로오스, 아밀로펙틴이 호화와 노화에 미치는 영향으로 맞는 것은?

① 아밀로오스는 호화되기 쉽지만 노화되기는 어렵다.
② 아밀로펙틴은 호화되기 쉽고 노화되기 어렵다.
③ 아밀로펙틴은 호화되기도 쉽고 노화되기도 쉽다.
④ 아밀로오스는 호화되기도 쉽지만 노화되기도 쉽다.

해설 멥쌀가루는 아밀로오스 함량이 높아 호화도 쉽지만, 아밀로펙틴 함량이 낮아 노화속도도 빠르다.

37 일반적으로 떡의 노화방지에 가장 적합한 수분 함량은?

① 15% 이하
② 20~30%
③ 30~40%
④ 40~60%

해설 떡의 노화방지에 적당한 수분 함량은 15% 이하이다.

38 떡의 노화 속도에 대한 설명으로 옳지 않은 것은?

① 냉장 > 실온 > 냉동 순이다.
② 노화가 가장 잘 일어나는 온도는 0~5℃이다.
③ 60℃ 이상의 온도에서는 거의 노화가 일어나지 않는다.
④ 온도가 낮을수록 노화 속도가 반드시 증가한다.

해설 온도가 아주 낮은 냉동상태에서는 노화가 일어나지 않는다.

39 다음 중 떡의 노화를 억제하는 방법이 아닌 것은?

① 수분함량을 10~15% 이하로 감소시킨다.
② 급랭시킨다.
③ 설탕이나 유화제를 첨가한다.
④ 황산마그네슘과 같은 황산 염류를 첨가한다.

해설 황산마그네슘은 종이의 충전제, 매염제 외에 의약품으로 하제(下劑)에 사용된다.

40 떡의 노화 방지책으로 적당하지 않은 것은?

① 알파형 전분상태를 60℃ 이상으로 유지시킨다.
② 급속 냉동시킨다.
③ 설탕이나 유화제를 첨가한다.
④ 냉장고에 보관한다.

해설 ▶ 떡은 냉장상태(0~5℃)에서 노화속도가 가장 빠르다.

41 다음은 쌀의 온도와 수침(水浸) 시간이 호화에 미치는 영향을 설명한 것인데 옳지 않은 것은?

① 수침 시간이 1시간 정도면 호화 개시 온도는 73.2℃ 정도이다.
② 수침 시간이 12시간 정도면 호화 개시 온도는 66℃ 정도이다.
③ 일반적으로 쌀이 수분을 흡수하는 속도는 온도가 높을수록 빠르다.
④ 온도와 수분 흡수의 속도는 관계가 없다.

해설 ▶ 쌀 수침 시 미지근한 물에서는 수분 흡수가 빨라진다.

42 멥쌀을 씻어서 5시간 담갔다 건졌을 때 수분 흡수율은?

① 약 0~10%
② 약 10~20%
③ 약 20~30%
④ 약 30~40%

해설 ▶ 멥쌀을 5시간 정도 물에 불리면, 수분 흡수율은 약 20~30%이다.

43 고량주의 원료로 사용되며, 종피에 탄닌과 색소가 함유되어 있어 불릴 때 물을 계속 갈아주어야 하며, 찰기가 부족하여 주식으로 적합하지 않은 것은?

① 수수
② 콩
③ 옥수수
④ 쌀

해설 ▶ 수수가 중국에서는 고량(高粱)이라고 불리며, 고량주의 원료로 사용된다. 우리나라에서는 문배주의 원료로 수수와 조가 사용된다.

44 찹쌀가루를 분쇄할 때는 아주 고운 것보다 어느 정도 입자가 있는 것이 떡을 만들 때 좋다. 그 이유로 타당하지 않은 것은?

① 수분의 함량이 높아 호화도가 더 좋다.
② 가루가 약간 굵은 것이 아주 고운 가루보다 빨리 굳지 않는다.
③ 찌는 시간이 적게 소요된다.
④ 큰 입자나 작은 입자는 붕괴의 정도가 같다.

해설 ▶ 아밀로펙틴의 작은 입자는 익힐 때 붕괴속도가 빨라 수증기를 막게 되어 호화도가 떨어진다. 찹쌀가루를 체에 한 번만 내리는 이유이기도 하다.

45 다음에서 요오드 정색반응을 하면 청남색을 띠는 것은?

① 아밀로펙틴
② 맥아당
③ 아밀로오스
④ 덱스트린

해설 ▶ 멥쌀의 아밀로오스 성분은 요오드 정색반응을 하면 청남색을 띤다.

46 도토리에 함유된 성분으로 체내의 중금속을 배출시켜 주는 것은?

① 상자　　　　② 상실

③ 아콘산　　　④ 알긴산

해설 ▶ 도토리 속에 들어 있는 아콘산은 인체 내의 중금속과 유해물질을 배출한다.

47 감자나 고구마가 쌀보다 더 빨리 호화되는 이유는?

① 아밀로오스 함량이 감자, 고구마가 쌀보다 더 많기 때문이다.

② 아밀로펙틴 함량이 감자, 고구마가 쌀보다 많기 때문이다.

③ 감자나 고구마가 쌀보다 전분입자가 크기 때문이다.

④ 수송 이온농도가 높기 때문이다.

해설 ▶ 감자나 고구마는 쌀보다 전분입자가 크기 때문에 더 빨리 호화된다.

48 현미에 대한 설명으로 맞는 것은?

① 현미의 도정률이 증가할수록 영양성분은 높아진다.

② 지방을 함유한 배아가 있으므로 냉장보관이 안전하다.

③ 곰팡이가 생기는 것을 방지하기 위해 햇볕이 들어오는 곳에 보관한다.

④ 현미는 백미보다 영양가도 높고 소화율도 높다.

해설 ▶ 현미는 왕겨층만 제거되어 거의 모든 영양성분이 함유되어 있으나, 소화율은 백미보다 낮다. 도정률이 증가할수록 영양성분은 낮아진다.

49 탄수화물 중에서 분자량이 가장 큰 것은?

① 과당　　　　② 포도당

③ 맥아당　　　④ 전분

해설 ▶ 분자량이 가장 작은 단위는 단당류 : 포도당, 과당, 이당류 : 맥아당, 젖당 등이다.

50 당류의 용해도는 단맛의 크기와 일치한다. 다음 중 단맛의 강도 순서가 옳은 것은?

① 포도당 > 설탕 > 과당 > 맥아당

② 설탕 > 과당 > 포도당 > 맥아당

③ 맥아당 > 과당 > 설탕 > 포도당

④ 과당 > 설탕 > 포도당 > 맥아당

해설 ▶ 단맛의 강도는 과당 > 설탕 > 포도당 > 맥아당 > 유당 > 갈락토오스 순이다.

51 다음은 율무에 대한 설명이다. 옳지 않은 것은?

① 의이인은 율무의 껍질을 벗겨낸 것이다.

② 벼과의 한해살이풀로 입자가 크고 통통한 것이 특징이다.

③ 류머티즘 관절염 치료에 사용하고 있다.

④ 이뇨효과가 없다.

해설 ▶ 율무는 이뇨효과가 있어 부종을 억제한다.

52 찹쌀에 대한 설명으로 옳지 않은 것은?

① 아밀로펙틴만으로 구성되어 찰지고 소화가 잘 된다.

② 비타민 E의 함량이 백미보다 6배가량 많다.

③ 식이섬유가 풍부하여 장 건강에 도움이 된다.

④ 아밀로오스 20%, 아밀로펙틴이 80%이다.

해설 찹쌀은 아밀로펙틴 100%로 이루어져 있다.

53 보리에 대한 설명으로 옳지 않은 것은?

① 쌀보다 비타민 B, 단백질, 지질의 함량이 많으나 섬유질이 많아서 소화율이 떨어진다.

② 할맥은 보리 골의 섬유소를 제거해서 소화율이 좋고 조리가 간편하다.

③ 보리의 주 단백질인 호르데인은 글루텐 형성력이 떨어져 같은 부피의 떡을 만들기 위해서는 분할무게를 증가시킨다.

④ 장 맥아 : 싹의 길이가 보리의 3/4~4/5 정도로 맥주 양조용으로 사용한다.

해설 장 맥아는 저온에서 발아시킨 것으로 싹의 길이가 보리알의 1.5~2배이며, 식혜나 물엿 제조에 사용한다.

54 쌀을 주식으로 하는 사람에게 결핍되기 쉬운 비타민은?

① 비타민 B
② 비타민 B₁
③ 비타민 D
④ 비타민 C

해설 쌀을 주식으로 하는 사람들에게는 비타민 B₁이 부족하기 쉬운데 비타민 B₁이 풍부한 팥과 함께 섭취하면 영양소가 보완될 수 있다.

55 강화미란 주로 어떤 성분을 보충한 쌀인가?

① 비타민 A
② 비타민 B₁
③ 비타민 D
④ 비타민 C

해설 강화미란 비타민 B₁을 보강한 쌀이다.

56 현미 도정률의 증가에 따른 영양성분의 변화 중 옳지 않은 것은?

① 비타민의 손실이 커진다.
② 소화율이 증가한다.
③ 수분 흡수시간이 점차 빨라진다.
④ 탄수화물의 비율이 감소한다.

해설 현미의 도정률이 증가하면 탄수화물의 비율이 증가한다.

57 다음 중 수수벙거지에 적합한 콩은?

① 풋콩
② 서리태
③ 강낭콩
④ 밤콩

해설 수수벙거지는 수수도가니 또는 수수 옴팡떡이라고 하는데 수수 가루를 익반죽한 후 벙거지처럼 빚어서 풋콩을 깔고 시루에 찐 떡이다.

58 대두에 대한 설명으로 옳지 않은 것은?

① 백태, 메주콩, 콩나물콩이라고도 부른다.

② 된장, 청국장, 두유, 대두유(콩기름)의 원료가 된다.

③ 항암, 항노화, 심혈관계 질환 예방, 이뇨·해독 작용의 효능이 있다.

④ 비타민 A가 풍부하게 함유되어 있다.

해설 대두는 다른 콩보다 단백질과 지방함량이 풍부하다.

59 팥에 대한 설명으로 옳지 않은 것은?

① 원산지는 중국 일대로 소두, 적소두(赤小豆)라고 한다.

② 탄수화물이 50%이고 이 중 전분이 34%를 차지한다. 단백질이 20%, 비타민 B군과 사포닌, 섬유소가 풍부하게 들어 있다.

③ 이뇨작용이 뛰어나 수분 배출, 성인병 예방, 과식 방지, 변비, 신장염, 부기 제거에 효과가 있다.

④ 다른 콩에 없는 비타민 A가 풍부하게 함유되어 있다.

해설 팥은 쌀에 부족한 비타민 B_1이 두류 중 가장 많다.

60 팥과 대두를 비교한 설명 중 옳지 않은 것은?

① 팥은 대두보다 같은 조건에서 침지 시간이 길게 요구된다.

② 대두는 팥보다 같은 조건에서 수분 흡수 속도가 빠르다.

③ 팥은 대두보다 전분 함량이 높다.

④ 대두는 팥보다 지방과 단백질 함량이 낮다.

해설 대두는 팥보다 지방과 단백질 함량이 높다.

61 떡 부재료 중 곡물가루에 대한 설명으로 옳지 않은 것은?

① 땅콩가루-단백질 함량이 높고 필수 아미노산 함량도 높아 영양 강화식품이다.

② 감자가루-구황식품으로 향미(香味), 노화지연제, 이스트의 성장을 촉진시키는 영양제로 사용된다.

③ 옥수수가루-식물 조리의 농후화제로 사용하거나 포도당 물엿의 원료이며, 리신과 트립토판이 결핍된 불완전 단백질이다.

④ 밀-제분하면 소화율이 떨어진다.

해설 밀을 제분하면 소화율이 높아진다.

62 다음 떡 부재료에 대한 설명 중 옳지 않은 것은?

① 잣-예로부터 불로장생의 식품이며, 풍부한 영양과 고소한 맛으로 널리 사랑받고 있다.

② 호두-주 생산지는 미국, 프랑스, 인도, 이탈리아 등이고 양질의 단백질, 지방 등 칼로리가 높다.

③ 땅콩-산화되기 쉬워 보관에 주의해야 하며, 향신료와 함께 사용하는 것도 좋다.

④ 아몬드-비타민 C가 풍부해 피부 미용, 피로 회복, 감기 예방 등에 좋고 위장 강화효소도 들어 있다.

해설 아몬드는 불포화지방산, 비타민 E가 풍부하여 피부 미용에 좋으며, 철분이나 칼슘도 풍부해 건강식품이다.

63 떡의 기본 재료 중 물에 대한 설명으로 옳지 않은 것은?

① 산소와 수소의 화합물이다.
② 물의 여과에서 유기물을 걸러내는 데는 활성탄소를 사용한다.
③ 일시적 경수란 가열에 의해 탄산염이 침전되는 물이다.
④ 연수의 범위는 60~120ppm이다.

해설 연수의 범위는 60ppm 미만이다.

64 멥쌀과 찹쌀에 있어 노화속도 차이의 원인 성분은?

① 아밀로펙틴(Amylopection)
② 아밀라아제(Amylase)
③ 글리코겐((glycogen)
④ 글루텐(gluten)

해설 끈끈한 성질의 아밀로펙틴은 노화속도가 느려 쫄깃함이 오래 보존된다.

65 일반 식염의 구성요소는?

① 나트륨, 염소
② 칼슘, 탄소
③ 마그네슘, 염소
④ 칼륨, 탄소

해설 일반 식염은 소금을 말하며, 화학식은 NaCl이다.

66 불린 쌀을 분쇄할 때 주로 사용하는 소금은?

① 꽃소금   ② 죽염
③ 천일염   ④ 암염

해설 천일염은 바닷물을 햇볕과 바람에 증발시켜 만든 소금으로, 해수(海水)를 염전의 저수지, 증발지, 결정지(結晶池)로 옮겨서 태양열, 풍력으로 수분을 증발·결정시켜 만든다.

67 떡 제조 시 소금의 사용량은?

① 쌀가루 대비 5%
② 쌀가루 대비 4%
③ 쌀가루 대비 3%
④ 쌀가루 대비 1%

해설 떡 제조 시 소금 사용량은 쌀가루 대비 1~1.2%이다.

68 떡 만들기 중에서 소금 사용법에 대한 설명으로 옳지 않은 것은?

① 연수일 경우 경수보다 사용량을 약간 증가시킨다.
② 여름에는 식염을 약간 줄이고 겨울에는 약간 늘려준다.
③ 쌀가루 대비 1% 정도가 소금 양이다.
④ 나트륨과 염소의 화합물로 염화나트륨(NaCl)이다.

해설 여름에는 식염을 약간 늘려주고, 겨울에는 약간 줄인다.

69 다음 중 감미료의 기준이 되는 것은?

① 포도당   ② 과당
③ 설탕   ④ 맥아당

> **해설** 단맛을 비교하는 감미도는 일반적으로 설탕을 기준으로 삼고 있으나, 그 값은 측정조건에 따라 약간씩 달라진다.

70 감미료의 기능이 아닌 것은?

① 향료 역할　　② 영양소
③ 안정제　　　④ 발색제

> **해설** 발색제는 색깔을 내게 하는 물질이다.

71 사탕수수 줄기에 당분이 많이 함유되어 있어 그 즙을 가공해 만든 것이 설탕이다. 다음 중 설명으로 옳지 않은 것은?

① 당밀을 분리하지 않고 굳힌 설탕은 흑설탕이다.
② 분당은 설탕을 곱게 분쇄하여 가루로 만든 가공 당으로 옥수수가루가 3% 정도 혼합되어 있다.
③ 전화당은 자당을 산이나 효소로 가수분해하면 포도당과 과당이 생성된 이온 화합물이다.
④ 액당의 농도는 설탕물에 녹아 있는 물의 양이다.

> **해설** 액당의 농도는 설탕물에 녹아 있는 설탕의 양이다.

72 개성경단과 개성주악을 집청할 때 적합한 것은?

① 꿀
② 조청
③ 물엿
④ 캐러멜 소스

> **해설** 조청은 곡식을 엿기름으로 삭혀서 조린 뒤 꿀처럼 만든 감미료로, 빚어서 기름에 튀긴 음식을 집청할 때 사용한다.

73 떡을 더디 굳게 하고 촉촉하게 유지시키는 점조성 있는 당은?

① 꿀　　　　　② 설탕
③ 조청　　　　④ 물엿

> **해설** 점조성은 찰기 있고 밀도(密度)가 높은 성질을 말하는데 꿀이 점조성 있는 당이다.

74 향신료를 사용하는 목적으로 옳지 않은 것은?

① 제품에 식욕을 돋우는 색을 부여한다.
② 육류나 생선의 냄새를 완화시킨다.
③ 향을 부여하여 식욕을 증진시킨다.
④ 품질이 낮은 제품을 돋보이게 하기 위해 사용한다.

> **해설** 향신료는 음식에 풍미를 주어 식욕을 돋우는 식물성 물질로 향을 부여하고, 좋지 않은 냄새를 완화시킨다. 영어로는 스파이스(spice)이다.

75 천연 발색제로 색을 내는 이유는?

① 많은 제품을 생산하는 생산성을 높이기 위해서
② 비용절감을 위해서
③ 자연스러운 색상을 얻기 위해서
④ 고품질로 보이기 위해서

> **해설** 천연 발색제는 사람의 힘으로 움직이거나 변화시킬 수 없는 상태의 자연스러운 색상을 얻을 수 있어 많이 이용한다.

76 다음의 천연 발색제 중 노란색을 내는 재료는?

① 송홧가루　　② 석이
③ 자미 고구마　④ 승검초 가루

해설 노란색을 내는 천연 발색제는 봄철 소나무 꽃가루인 송홧가루이다.

77 부재료 첨가 과정에 대한 설명으로 옳지 않은 것은?

① 콩, 팥, 깨, 대추, 잣, 녹두 등의 부재료를 고물로 사용하여 켜켜이 안치기도 한다.
② 경단이나 단자는 고물 묻히는 과정에서 사용한다.
③ 부재료는 초기과정이나 마무리과정에서만 사용할 수 있다.
④ 쑥이나 수리취 등이 들어가면 섬유소가 첨가되어 수분 보유량이 많아져 떡의 노화속도가 느려진다.

해설 부재료는 떡을 찌는 도중에도 상황에 따라 넣을 수도 있다.

78 떡 제조 시 쌀을 침지하는 과정과 특징으로 옳지 않은 것은?

① 찹쌀을 물에 불리면 무게가 2배 정도 된다.
② 찹쌀의 최대 수분 흡수율은 37~40%이다.
③ 멥쌀의 최대 수분 흡수율은 25%이다.
④ 쌀을 침지할 때 여름에는 3~4시간, 겨울에는 7~8시간 불리는 것이 일반적

이지만, 곡류의 종류에 따라 12~24시간을 불리기도 한다.

해설 찹쌀을 물에 불리면, 무게가 약 1.4배 정도 된다.

79 늙은 호박으로 떡을 할 때 적합한 고물이 아닌 것은?

① 붉은 팥고물　　② 거피팥 고물
③ 녹두 고물　　　④ 노란 콩고물

해설 늙은 호박으로 떡을 할 때는 거피팥, 녹두, 노란 콩고물 등을 주로 사용한다.

80 늙은 호박을 이용하여 떡을 만들 때 옳지 않은 것은?

① 백설기와 같은 방법으로 가루를 분쇄한다.
② 호박은 얇게 채 썰어 사용한다.
③ 백설기 가루보다 물을 많이 주어야 한다.
④ 시루를 이용해서 켜켜이 안친다.

해설 호박에도 수분이 있어 백설기 만들 때보다 물을 적게 넣어야 한다.

81 쑥을 삶는 방법으로 알맞은 것은?

① 소금만 넣어서 삶는다.
② 소금과 식소다를 사용하여 무르게 삶는다.
③ 끓는 물에 살짝 데친다.
④ 끓는 물에 오래오래 삶는다.

해설 쑥을 삶을 때는 소금만 넣고 삶는 것이 가장 좋다. 식소다를 넣으면 색은 안정되고 부드러워지지만 비타민이 파괴된다.

82 말린 고구마 가루와 찹쌀가루를 섞어 시루에 찐 떡은?

① 나복병 ② 남방 감저병
③ 서속떡 ④ 석탄병

해설 감저(甘藷)는 즉, 고구마 가루를 찹쌀가루와 섞어서 시루에 찌는 떡이다.

83 서리태를 불리는 방법으로 옳은 것은?

① 겨울에는 10시간, 여름에는 6시간 이상 불린다.
② 뜨거운 물에 불린다.
③ 미지근한 물에 불린다.
④ 다 불린 서리태는 미지근한 물을 뿌려 물기를 제거하고 사용한다.

해설 콩을 불릴 때는 찬물에 불려야 삶을 때 골고루 잘익는다. 빨리 불린다고 뜨거운 물에 불리는 것은 좋지 않은 방법이다.

84 천연색소성분의 연결이 잘못된 것은?

① 미색-플라보노이드
② 갈색-카로티노이드
③ 초록색-클로로필
④ 붉은색, 보라색-안토시안

해설 갈색은 타닌(탄닌) 성분이다.

85 호화전분을 급속히 냉각시키면 단단하게 굳는 현상은?

① 냉동화 ② 노화
③ 겔(gel)화 ④ 호정화

해설 냉각 시 반고체의 겔을 형성하는 과정이다.

정답

01 ②	02 ②	03 ④	04 ①	05 ③	06 ②	07 ②	08 ④	09 ④	10 ①
11 ②	12 ①	13 ③	14 ①	15 ③	16 ②	17 ④	18 ④	19 ②	20 ①
21 ③	22 ②	23 ④	24 ①	25 ④	26 ④	27 ③	28 ④	29 ④	30 ④
31 ②	32 ③	33 ④	34 ④	35 ①	36 ④	37 ①	38 ④	39 ④	40 ④
41 ④	42 ③	43 ①	44 ④	45 ③	46 ③	47 ③	48 ②	49 ④	50 ④
51 ④	52 ④	53 ④	54 ②	55 ②	56 ④	57 ①	58 ④	59 ④	60 ④
61 ④	62 ④	63 ④	64 ①	65 ①	66 ④	67 ④	68 ②	69 ④	70 ④
71 ④	72 ②	73 ①	74 ④	75 ③	76 ①	77 ③	78 ①	79 ①	80 ③
81 ①	82 ②	83 ①	84 ②	85 ③					

제2절 떡의 분류 및 제조 도구

1 떡의 종류

1) 떡의 제조원리

(1) 떡 제조 기본공정

① 쌀 세척과 수침

ㄱ 멥쌀이나 찹쌀을 깨끗이 씻어 물에 불린다.

ㄴ 물에 충분히 불리면, 쌀에 수분 함유량이 30~40% 정도 된다.

ㄷ 수침하면 쌀의 무게가 늘어나는데, 1kg을 담갔을 때 멥쌀은 1.2~1.3kg, 찹쌀은 1.3~1.4kg 정도로 증가한다.

② 쌀가루 1차 분쇄

ㄱ 불린 쌀 1kg을 기준으로 10~13g의 소금을 넣어 1차 분쇄한다.

ㄴ 멥쌀은 입자가 고와도 잘 쪄지기 때문에 곱게 내리고, 찹쌀은 입자를 너무 곱게 빻으면 잘 쪄지지 않기 때문에 굵게 내린다.

③ 물 주기

ㄱ 쌀가루를 호화가 잘 되게 하기 위해서는 적당량의 수분이 필요하다.

ㄴ 수침한 쌀의 수분 함유량은 대략 30~40% 정도인데, 전분이 호화가 잘 되기 위해서는 50% 정도의 수분이 필요하므로 쌀가루에 적당량의 수분을 첨가한다.

ㄷ 물 주는 양은 쌀가루의 종류, 만드는 떡의 종류에 따라 다르며, 찹쌀가루보다 멥쌀가루에 물을 더 많이 주고, 찌는 떡보다 치는 떡에 물을 더 많이 준다.

④ 쌀가루 2차 분쇄

1차 분쇄를 끝낸 멥쌀가루에 물을 첨가하여 고루 섞은 후 2차 분쇄를 한다.

⑤ 반죽하기

   ㉠ 송편이나 경단, 화전이나 부꾸미 등의 떡을 만들 때는 분쇄 후 익반죽 과정을
     거쳐야 한다.
   ㉡ 치는 반죽은 많이 치댈수록 쌀가루 반죽에 기포가 많이 함유되어 떡의 보존기
     간도 늘어나고 식감도 쫄깃하다.
   ㉢ 쌀가루 반죽을 할 때는 날반죽보다 익반죽을 하는 경우가 더 많은데, 이는 쌀
     의 전분을 일부 호화시켜 반죽에 끈기를 주어 빚을 때 용이하게 하기 위해서
     이다.

⑥ 부재료 첨가하기

   ㉠ 백설기에 콩, 건포도 등을 넣거나, 쌀가루 사이에 켜켜이 고물을 깔거나, 송편
     이나 부꾸미 속에 소를 넣는 과정이다.
   ㉡ 다양한 부재료를 첨가하여 떡의 맛을 더해주고, 부족한 영양소를 채워준다.

⑦ 찌기

   시루에 시루밑을 깔고 쌀가루를 넣어 수증기로 찌는 과정이며, 수증기가 골고루
   올라야 잘 익는다.
   ㉠ 켜떡 : 멥쌀가루는 두께가 고르게 평평히 안쳐서 화력이 일정한 상태에서 찌는
     게 좋으며, 뚜껑을 덮고 찐다. 수증기가 너무 세면 떡이 갈라질 수 있다.
   ㉡ 찰떡 : 찹쌀가루는 수증기가 쌀가루 사이로 잘 오르지 못하면 중간에 익지 않을
     수 있으므로 얇게 해서 찌거나 한 켜씩 번갈아 찐다.
   ㉢ 찌는 시간은 쌀가루의 양이나 화력의 세기 정도에 따라 차이가 날 수 있다.

⑧ 치기

인절미나 절편을 만들 때 쌀의 아밀로펙틴 성분을 이용해서 점성을 증가시키는 과정이다. 오래 치댈수록 점성이 좋아져서 식감이 좋아지고 노화도 더뎌진다.

⑨ 냉각과 포장

뜸들이기 후에 식히는 과정을 거쳐서 떡 제조가 완성되면, 칼로 썰거나 모양을 내서 적당한 크기로 포장한다. 떡을 포장할 때는 마르지 않게 식품용 포장재나 용기를 사용한다.

2) 제조법에 따른 떡의 분류

(1) 찌는 떡(증병, 甑餠)

물에 불린 곡물을 '롤러밀(roller mill, 롤밀)'에 분쇄하여 곱게 가루를 낸 뒤 시루에 안쳐 수증기로 찌는 형태의 떡류로 가장 기본이 되는 설기떡류와 켜떡류, 빚어 찌는 떡류, 찌는 찰떡류 등이 있다. 멥쌀, 찹쌀, 팥, 녹두, 콩, 깨, 호박, 밤, 대추, 감, 호두, 무, 쑥 등의 곡류와 두류, 과일류, 채소류, 견과류가 다양하게 사용된다.

① 설기떡

　　㉠ 곱게 분쇄한 멥쌀가루에 물이나 꿀물, 막걸리 등으로 수분을 첨가하고 체에 내려 입자를 고르게 한 다음, 콩이나 견과류 등을 섞어 한덩어리가 되게 찐 떡이다.

　　㉡ 멥쌀가루만으로 만든 흰색의 떡을 '백설기'라 하며 밤, 콩, 건포도, 쑥, 감 등의 부재료 첨가에 따라 밤설기, 콩설기, 건포도설기, 쑥설기라고 부른다.

② 켜떡

　　㉠ 멥쌀가루와 찹쌀가루를 시루에 안칠 때 한 번에 다 안치지 않고, 쌀가루를 나누어 중간켜와 켜 사이에 고물을 얹어가며 찌는 떡이다.

ⓛ 보통 시루떡이라고도 하는데, 사용되는 쌀 종류에 따라 메시루떡과 찰시루떡으로 나뉜다.

ⓒ 켜떡의 고물로는 주로 콩고물, 팥고물, 녹두고물이 사용되며, 대표적인 켜떡으로는 메(찰)시루떡, 거피팥 시루떡, 녹두 시루떡, 콩찰편, 깨찰편 등이 있다.

③ 빚어 찌는 떡

ㄱ 빚어 찌는 대표적인 떡에는 송편이 있다.

ⓛ 송편은 곱게 분쇄한 멥쌀가루를 익반죽한 후 다양한 부재료를 소로 넣고 성형하여 찌는 떡이다.

④ 발효해서 찌는 떡

ㄱ 증편

- 발효시켜 찌는 떡에는 증편이 대표적이다.
- 멥쌀가루를 고운체에 내려 생막걸리를 넣고 발효시켜서 찌는 떡이다.
- 생막걸리에 들어 있는 효모가 포도당을 분해해 이산화탄소와 알코올을 생성하는데, 이산화탄소는 쌀 반죽을 부풀게 하는 역할을 하고, 알코올은 증편 특유의 냄새를 내는 역할을 한다.
- 발효된 반죽을 증편틀에 담고 대추, 잣, 석이버섯 등으로 고명을 얹어 찐다.
- 기주떡, 기지떡, 기정떡, 술떡, 벙거지떡 등으로 지방마다 부르는 이름이 다르며, 생막걸리를 사용하므로 빨리 쉬지 않아 여름철에 주로 해 먹는다.

ⓛ 상화병(霜花餠)

'상애병', '상외병'이라고도 하며, 유둣날 만들어 먹는 밀가루떡이다. 밀가루를 누룩이나 생막걸리로 반죽해 발효되게 하여 팥소, 채소, 볶은 고기 등의 소를 넣어 빚은 다음 시루에 찐 떡이다.

⑤ 기타

㉠ 두텁떡

거피팥을 쪄서 체에 내려 간장, 설탕, 후춧가루, 계핏가루를 넣고 볶아서 고물을 만들고 찹쌀가루에도 간장을 넣어 체에 내린 후 꿀, 대추, 잣, 밤, 유자 등의 다양한 부재료들을 넣어 만드는 떡이다. 고물을 안치고 찹쌀가루를 한 수저씩 떠서 올린 후 중앙에 소를 놓고, 다시 찹쌀가루, 고물 순으로 덮어 봉우리 모양으로 안쳐서 찌는 떡이다.

(2) 치는 떡(도병, 搗餅)

시루에 찐 메떡이나 찰떡을 안반이나 절구에 쳐서 끈기가 나게 한 떡이며, 멥쌀가루를 쪄서 치는 가래떡과 절편, 찹쌀 또는 찹쌀가루로 쪄서 치는 인절미 등이 있다.

① 가래떡

㉠ 멥쌀가루에 물을 첨가하여 찐 후 끈기나게 쳐서 길게 만든 떡이다.

㉡ 먹기 좋은 크기로 잘라 그냥 먹기도 하고, 굳혀서 얇게 썰어 떡국으로 끓여 먹기도 한다.

㉢ 새해를 맞이하는 설날, 나이를 한 살 더하는 떡이라 하여 '첨세병(添歲餅)'이라고도 불렀다.

② 절편

㉠ 가래떡을 떡살로 눌러 다양한 모양을 낸 떡이다. 떡살 문양의 크기대로 잘라냈기 때문에 절편이라는 이름이 붙었다.

㉡ 쑥절편, 수리취절편, 송기절편 등이 있으며, 부재료 첨가에 따른 절편의 종류가 다양하다.

③ 인절미

㉠ 찹쌀을 불려 시루에 찐 후 뜨거울 때 안반에 올려 절굿공이로 끈기나게 친다.

ⓒ 적당한 크기로 잘라 콩고물, 거피팥 고물, 깨고물 등을 묻혀 만든다.

ⓒ 익힌 찹쌀이나 찹쌀가루를 절구나 펀칭기에 칠 때 데친 쑥이나 찐 호박 등을 넣어 쑥인절미, 호박인절미 등을 만들기도 한다.

④ 개피떡

ⓐ 찍어낼 때 공기가 들어가 부푼 모양이 되어서 바람떡이라고 한다.

ⓒ 곱게 분쇄한 멥쌀가루에 물을 넉넉히 첨가하여 버무려 찐 후 끈기 나게 친다.

ⓒ 친 떡 덩어리를 얇게 밀어 콩이나 팥소를 넣고 반달 모양으로 찍는다.

ⓔ 절구나 펀칭기에 칠 때 삶은 쑥을 넣어 쑥개피떡을 만들기도 한다.

⑤ 단자류

ⓐ 찹쌀가루에 물을 첨가하여 찜기에 시루밑을 깔고 찐다.

ⓒ 쪄낸 반죽은 절구나, 스텐볼에 담아 절굿공이로 꽈리가 일도록 치댄다.

ⓒ 친 반죽에 소를 넣고 둥글게 빚어 고물을 묻힌다.

ⓔ 대추단자, 밤단자, 잣단자, 유자단자 등이 있다.

(3) 빚는 떡

쌀가루를 익반죽하여 손으로 모양 있게 빚어 만드는 떡으로 송편이나 경단, 단자류가 이에 속한다.

① 송편

멥쌀가루를 익반죽하여 콩, 깨, 밤 등을 소로 넣고, 반달이나 모시조개 모양으로 빚어서 시루에 솔잎을 켜켜로 깔아 쪄낸 떡이다.

② 경단

찹쌀가루나 수수 가루 등을 익반죽하여 동그랗게 빚어서 끓는 물에 삶아 콩고물이나 깨고물을 묻힌 떡이다.

③ 단자

찹쌀가루에 물을 첨가하여 찌거나, 익반죽을 한 다음 반대기를 만들어 끓는 물에 삶아 꽈리가 일도록 쳐서 적당한 크기로 빚거나 썰어서 고물을 묻힌 떡이다. 석이단자, 쑥구리단자, 대추단자, 유자단자, 밤단자, 색단자 등이 있다.

(4) 지지는 떡

찹쌀가루를 익반죽하여 모양을 만들어 기름에 지져 만든 떡으로 화전, 부꾸미, 주악 등이 있다.

① 화전

ㄱ 봄에는 진달래꽃, 여름은 장미, 가을에는 국화꽃, 꽃이 흔하지 않은 겨울에는 대추로 꽃을 만들어 반죽 위에 올려 기름에 지진 떡이다.

ㄴ 올린 꽃에 따라 '진달래화전', '장미화전', '국화전' 등으로 이름이 달라지며, '꽃전'이라고도 한다.

ㄷ 국화전은 주로 음력 9월 9일에 해 먹었다.

② 부꾸미

ㄱ 찹쌀가루나 차수수 가루를 익반죽하여 납작하게 빚어서, 프라이팬에 지지면서 소를 넣고 반을 접어 붙여 모양을 낸 떡이다.

ㄴ 주로 찰수수 가루로 만드는데, 찰수수 대신 찹쌀가루로 만들면 찹쌀부꾸미가 된다.

③ 주악

ㄱ 웃기떡의 하나로 찹쌀가루를 익반죽한 후 깨, 대추, 유자 등을 다져서 소를 넣고 송편처럼 빚어 기름에 지져서 집청한 떡이다.

ㄴ 후추 주악, 계피 주악, 은행 주악, 감태 주악 등이 있다.

(5) 삶는 떡

주로 경단류를 말하며, 찹쌀가루를 익반죽하여 빚어 끓는 물에 넣고 삶아서 고물을 묻힌 떡이다. 가장 만들기 쉬운 떡으로 묻히는 고물에 따라 이름이 달라진다. 각색경단, 수수 경단, 두텁경단 등이 있다.

① 각색경단

ㄱ. 각양각색의 고물을 묻혀서 맛과 색을 다양하게 내는 떡이다.
ㄴ. 고물로는 깨, 콩가루, 팥가루, 흑임자가루나 밤, 대추, 곶감 등을 채로 썰어 사용한다.

② 수수경단

ㄱ. 찰수수 가루를 익반죽한 후 빚어 끓는 물에 넣고 삶아서 찬물에 헹군 후 팥고물을 묻힌 떡이다.
ㄴ. 팥의 붉은색이 액을 면하게 한다고 하여 백일상이나 돌상에 빠지지 않고 올렸다.

❷ 제조기기(롤밀, 제병기, 펀칭기 등)의 종류 및 용도

떡 제조공정은 쌀을 세척기에 투입하여 세척한 다음, 물에 담가서 쌀에 물이 충분히 침투하면 건져서 물기를 제거한다. 물기가 제거된 쌀에 소금을 첨가하여 1차 분쇄를 하고, 다시 물을 첨가하여 골고루 잘 섞어서 2차 분쇄를 한 다음, 시루에 안쳐 스팀으로 찌기공정을 하여 그대로 또는 성형하여 고물을 묻힌다.

1) 떡 가공장치 및 설비

(1) 세척기(rice washer)

전동 펌프 모터의 힘에 의해 쌀을 깨끗이 세척하는 기계로 통에 쌀을 부으면 수압에 의해 쌀과 물을 상부 파이프에서 회전시켜 쌀이 씻긴다. 5~7회 정도 회전되면 쌀은 걸러내고 물은 자동으로 배수된다.

① 장점

- 많은 양의 쌀을 단시간에 세척할 수 있으므로 인력 및 물이 절약되고, 전기료도 절약되어 경제적이며, 좁은 공간에서도 사용이 가능하다.
- 각종 이물질을 제거해 주고, 소음과 진동이 없다.
- 조작이 편리하고 간단하여 쌀을 연속으로 투입하여 씻더라도 쌀의 연속 배출 및 부분 배출이 가능하다.
- 쌀의 영양분을 파괴하지 않으며, 이물질이나 잡티 및 잔류 토분층을 균일하게 제거하므로 떡의 좋은 식감을 느낄 수 있다.

② 단점

온도가 영하로 떨어져 펌프가 얼면 파손될 우려가 있다.

(2) 롤밀(roll mill)

수침된 쌀을 롤러를 이용하여 분쇄하는 기계이다. 과거에는 롤러의 재질이 철(SS41)이었지만 지금은 돌(화강암), 세라믹, 스테인리스의 재질로 되어 있어 쌀가루의 품질이 향상되었다. 현재 사용되는 롤러는 특수 베어링식 체인으로 진동과 소음이 전혀 없고, 오일 주입이 필요 없어 반영구적으로 사용할 수 있도록 개발하여 품질 면에서 많이 발전하였다. 특징은 롤러를 자연석(화강암)으로 제작하여 분쇄 시 쇳가루나 녹물이 전혀 나오지 않고, 롤러 프레임을 철판으로 용접하므로 정밀하고 견고하다.

또한 롤러 표면을 특수 연마하여 쌀가루가 곱게 분쇄되고, 각 구동 부위에 베어링을 사용하여 소음이 적고 패킹을 장치하여 오일이 유출되지 않으며, 부드럽게 회전한다.

(3) 쌀가루 분쇄기

롤밀에서 분쇄된 쌀가루를 풀어주는 기계로 곡물의 덩어리진 분말의 분리에 좋으며, 분쇄방식에 따라 체 분쇄기와 진공식 분쇄기가 있다.

(4) 작업대 및 시루 세트

스팀 작업대에 시루 세트를 올려서 떡을 찌는 기구로 스팀 작업대는 사용 장소에 따라 소형, 중형, 대형으로 설치 가능하며, 시루는 한 말 시루, 반말 시루, 미니 시루, 원형 시루, 떡케이크 시루 등이 있다.

(5) 스팀 보일러

떡을 제조할 때 가장 기본적이고 중요한 것은 높은 수증기 발생으로 단시간 내에 열효율을 최대로 높여 지속적인 열교환 성능을 유지하고, 연료비가 절약되는 경제적인 보일러를 선택하는 것이다. 보일러의 종류에는 일반적인 수직형 관류 보일러와 스팀 다이식 보일러가 있다. 최근에는 전기 스팀 보일러가 각광받고 있다.

2) 떡 종류별 설비 명칭

(1) 떡 제병기

시루에서 쪄진 떡을 호퍼(큰 통) 안에 넣으면 스크루(screw)가 반죽을 밀어내면서 일반적인 가래떡, 떡볶이떡, 절편 등을 만들어내는 기계이다. 성형 틀 모양에 따라 제품이 다르게 만들어진다.

(2) 펀칭기

시루에서 찐 떡이나 롤밀(롤러밀)에서 분쇄한 쌀가루를 반죽하는 기계로 속도는 일정하고 빠른 시간 내에 많은 양을 반죽할 수 있는 기계이다. 알루미늄과 스테인리스 펀칭기가 있으며, 특징은 대량생산에 적합하고 시간이 단축되어 치는 떡 반죽의 품질이 향상

된다는 것이다. 특히, 찰떡종류는 대부분 쳐서 만드는데 이는 반죽을 많이 칠수록 점성이 늘어나 떡이 쫄깃하고 맛이 좋기 때문이다.

(3) 인절미 절단기

기존에 인절미를 만들 때 뜨거운 반죽을 손으로 바로 만들기 때문에 모양이 없고 불편한 점을 보완하기 위해 만들어진 것으로 펀칭기에서 만든 반죽을 상자에 담아 식힌 후 인절미 절단기에 넣어 인절미를 만드는 기계이다. 인절미의 모양에 따라 타원형 타입과 사각형 타입으로 나눌 수 있으며, 조작이 간편하고 두께 조정이 가능하다. 기계가 소형이므로 작업을 쉽게 할 수 있어 경제적이다.

(4) 개피떡 기계(반자동, 자동)

펀칭기에서 나온 반죽을 호퍼에 넣어 반자동 및 자동으로 개피떡을 만드는 기계로 떡의 반죽이 되거나 질 경우에는 성형이 잘 되지 않으므로 반죽할 때 주의해야 한다.

① 반자동 개피떡 기계

떡의 크기를 대, 중, 소로 자유롭게 찍을 수 있으며, 속도 조절이 가능하다.

② 자동 개피떡 기계

짧은 시간에 떡을 많이 만들 수 있어 대량생산에 적합하며 경제적이다.

(5) 절편 절단기

① 반자동 절편 절단기

제병기에서 성형되어 나온 절편을 반자동으로 잘라주는 기계로, 만들 수 있는 떡의 종류는 절편, 떡볶이떡 등이다.

② 자동 절편 절단기

　　제병기에서 나온 떡을 자동으로 절편 모양으로 잘라주는 기계로, 만들 수 있는 떡의 종류는 절편이며, 떡에 꽃무늬를 찍어주어 '꽃무늬 절편기'라고도 한다.

(6) 떡볶이(조랭이)떡 절단기

　　멥쌀가루로 찐 반죽을 제병기에 투입하여 일반적인 성형틀에 기계를 삽입하여 나온 떡을 떡볶이 모양으로 잘라주는 자동 기계로, 만들 수 있는 떡의 종류는 떡볶이떡, 조랭이 떡이다.

(7) 증편기

　　증편 전용 틀이나 방울증편 틀을 이용하여 생송편을 찌기도 하는 기계로 내부에는 소량에서 대량 생산할 수 있는 칸이 설치되어 한번에 떡을 4말 또는 5말 정도를 찔 수 있는 실용적인 기계이다.

　　증편기는 보일러의 스팀 라인 연결로 발생된 수증기를 이용하여 떡을 찌는 기계로 조작이 간편하고 편리하여 좁은 장소에서도 쉽게 사용할 수 있는 특징이 있다.

(8) 가래떡 절단기

　　제병기에서 나온 가래떡을 길게 절단하여 1~2일 정도 말린 뒤 절단하는 기계로, 절단이 매끄럽고 속도가 빠르며 떡의 두께 조절이 자유로워 실용적이며 위험성이 없다. 현재 시중에 나오는 기계들은 식용유 사용이 불필요하여 매우 청결하다. 기계의 수명이 반영구적으로 내구성이 뛰어나고, 특수 재질로 제작하여 작동이 유연해서 장시간 가동해도 무리가 없다.

(9) 떡 성형기

　　떡의 수요가 점점 늘어나고 수작업에서 대량생산에 적합한 기계의 필요성이 대두되면서 떡 성형기가 제작되었다. 소비자 및 지역의 선호도에 따라 떡의 모양과 크기를 자동조절할 수 있으며, 숙련도에 따라 작업량을 증가시킬 수도 있고, 기계의 분해 조립이 간편하며 누구나 손쉽게 사용할 수 있다. 만들 수 있는 떡의 종류는 송편, 꿀떡, 경단, 찹쌀떡 등이다.

3) 기타 설비

볶음솥

부재료(콩, 참깨, 검은깨 등)를 볶는 기계로 떡의 고물 또는 소(filling)를 볶을 때 사용한다. 볶는 온도에 따라 맛에 차이가 나므로 숙련된 기술이 필요하다. 현재는 자동 볶음솥제품이 나오므로 특별한 기술력을 요하지는 않는다.

❸ 전통 도구의 종류 및 용도

1) 도정 도구

(1) **키** : 곡식을 까불어 티끌을 제거하는 도구이다.

(2) **절구** : 쌀을 가루로 내거나 쪄진 떡을 칠 때 사용한다.

(3) **방아** : 곡물을 절구에 넣고 빻는 기구나 도구이다.

(4) **디딜방아** : 곡식을 빻거나 찧는 데 사용되는 기구이다. Y자 모양으로 자란 자연목의 뿌리에 공이를 끼운 형태이다. 두 갈래로 된 목부분에는 아귀진 나무 둘을 양쪽에 세우고(볼씨), 그 사이에 굵은 나무를 가로 대어 방아의 받침을 만들었다.

(5) **돌확(확돌)** : 곡물을 찧거나 가는 데 사용하는 도구이다.

(6) **맷돌** : 곡물을 가는 데 사용하는 도구이다.

2) 익히는 도구

(1) **시루** : 떡이나 쌀 따위를 찌는 데 사용하는 질그릇으로 바닥에 구멍이 여러 개 있다.

(2) **물솥** : 높이가 높은 스텐통을 물솥 대신 사용한다. 스텐통이 깊어 물을 많이 넣을 수 있으며, 질 시루처럼 시룻번을 붙이지 않아 도중에 물이 부족하면 보충할 수 있고, 떡 밑에 물이 차지 않아서 좋다.

(3) **번철** : 화전, 부꾸미, 주악 등 기름에 지지는 떡을 만들 때 사용하는 철판이다. 번철은 무쇠로 만들었는데, 옛날에는 가마솥 뚜껑을 뒤집어 번철 대신 사용하기도 하였다.

3) 떡을 만드는 도구

(1) 떡살

'떡본' 또는 '떡손'이라고도 하며, 절편에 찍으면 문양이 예쁘게 찍힌다. 문양은 주로 '부귀수복(富貴壽福)'을 기원하는 뜻을 담고 있는 길상무늬를 비롯해 장수와 해로(偕老)를 뜻하는 국수무늬나 태극무늬, 빗살무늬 등 그 종류가 다양하다.

① **재료** : 나무, 도자기류로 주로 만든다.
② **형태** : 사각, 육각, 팔각 등이 있고, 장방형(長方形)은 나무가 대부분이다.

(2) 안반

치는 떡을 만들 때 사용하는 도구로, 두껍고 넓은 통나무로 반반하게 다듬어서 한쪽, 또는 중앙을 파서 흰떡이나 인절미 반죽을 떡메로 쳤을 때 흩어지지 않게 하는 받침이다.

(3) 떡메

흰 떡이나 인절미 반죽 따위를 만들기 위해 익힌 쌀이나 쌀가루를 치는 메이다. 굵고 짧은 나무토막의 중간에 구멍을 뚫어 긴 자루를 박아 사용한다.

(4) 밀방망이

가루 반죽을 밀어서 얇고, 넓게 펴는 데 사용하는 나무로 만든 민구(民具)이다. 개피떡, 강정, 유밀과 등을 만들 때 반죽을 일정한 두께로 미는 데 사용했다.

(5) 맷방석

짚으로 만든 방석으로 매통이나 맷돌 아래 깔아서 갈려 나오는 곡물을 받는 데 사용되며 콩, 팥 등의 곡물을 말리거나, 담아두기도 하고 방석으로도 사용한다.

(6) 체

절구나 맷돌에서 낸 가루를 용도에 맞게 사용하기 위한 도구로 고운체, 도드미, 깁체, 어레미 등 메시(mesh)의 굵기에 따라 여러 가지로 나뉜다. 흔히 얇은 송판을 휘어서 만든 것을 '쳇바퀴'라 하는데 이 쳇바퀴 안쪽에 '쳇불'을 끼운다.

쳇불은 말총, 명주실, 철사 등으로 그물처럼 엮어 만든 것인데 어떤 재료를 어떻게 짜느냐에 따라 체의 종류가 달라진다.

① **고운체** : 말총이나 나일론으로 올이 가늘고 구멍이 작은 체이다.
② **깁　체** : 명주실(깁)로 쳇불을 메운 체(고운 가루를 치는 데 사용)이다.
③ **도드미** : 고운 철사로 올이 성기게 짠 것
④ **어레미** : 고운 철사로 발이 굵게 나오도록 설피게 만든 것

(7) 남방애

나무로 만든 방아로 제주도 방언이다. 노목(老木)을 적당한 크기로 잘라내고 넓은 면을 위로 가게 해서 가운데 부분에 현무암으로 돌확을 박아서 곡식을 갈았다. 가장자리가 넓어서 곡식이 밖으로 나가는 것을 방지해 준다.

(8) 절구 · 절굿공이

① 절구

곡식을 빻거나 찧으며 반죽을 치기도 하는 도구이다. 우묵하게 판 돌확 속에 재료를 넣어 절굿공이로 찧을 수 있는 도구로 주로 나무나 돌로 만든다. 나무절구는 오래 쓰는 동안 바닥이 닳기 때문에 미리 굵은 쇠징을 빈틈없이 박아서 바닥을 보호하기도 하였다.

② 절굿공이

나무절구에는 나무로 만든 절굿공이, 돌절구에는 무쇠나 돌로 만든 절굿공이가 사용된다. 절굿공이의 모양은 위·아래가 둥글게 되어 손잡이 부분인 가운데가 잘록하여 잡기가 편하게 되어 있다.

(9) 이남박

안쪽에 여러 줄의 골이 파여 있어서 쌀을 씻을 때나 쌀의 이물질을 골라낼 수 있도록 하는 도구이며, 안쪽 면에 층계식 턱이 있어 곡물을 비벼 가며 씻기에 편리하다.

(10) 채반

껍질을 벗긴 싸릿개비나 버들가지를 울이나 춤이 거의 없이 둥글넓적하게 결어 만든 채그릇으로 빈대떡, 또는 화전을 만들어 식히고, 기름 빼는 역할을 하는 도구이다.

(11) 쳇다리

건더기와 액체가 섞인 것을 체에 거를 때, 그릇 따위에 걸쳐 그 위에 체를 올려놓는 데 사용하는 기구로, 삼각형이나 사다리 형태이다.

(12) 떡보

흰떡 반죽이나 인절미 반죽 등을 안반에 놓고 처음으로 칠 때 흩어지는 것을 막기 위해 싸는 보자기를 말한다. 잠시 떡메로 눌러 놓았다가 엉기게 한 후에 벗긴다.

출제예상문제

01 다음 중 치는 떡이 아닌 것은?

① 차륜병 　　② 인절미
③ 고치떡 　　④ 석이병

해설 석이병은 멥쌀가루에 석이가루를 섞어 찐 떡이다.

02 다음 떡 종류 중 제조방법이 다른 것은?

① 설기떡 　　② 무리떡
③ 켜떡 　　　④ 버무리

해설 찌는 떡에는 설기떡(무리떡)과 켜를 지어 만든 켜떡이 있다.

03 증병(蒸餠)에 대한 설명으로 옳지 않은 것은?

① 곡물을 가루 내어 시루에 안치고 물솥 위에 얹어 수증기로 쪄내는 떡이다.
② 일명 시루떡이다.
③ 떡의 모양에 따라 설기떡과 켜떡이 있다.
④ 켜떡을 무리떡이라고도 한다.

해설 증병은 찌는 떡을 말하는데, 켜떡은 무리떡이 아닌 켜를 지어 만든 떡이다.

04 다음 중 도병(搗餠)이 아닌 것은?

① 가래떡 　　② 경단
③ 인절미 　　④ 개피떡

해설 도병은 치는 떡을 일컬으며, 시루에 쪄낸 찹쌀가루나 멥쌀가루를 뜨거울 때 절구나 안반에 쳐서 끈기가 나게 하는 떡이다.

05 다음의 찌는 떡 중 증병(蒸餠)이 아닌 것은?

① 상화병 　　② 증편
③ 석이병 　　④ 좁쌀인절미

해설 좁쌀인절미는 차조로 떡을 만들어 콩가루나 거피 팥가루에 묻혀 먹는 인절미로 황해도, 강원도, 제주도에서 즐겨 먹었으며, 이들 지역에서는 쌀이 귀하고 보리, 차조 등의 잡곡이 흔하여 쌀 대신 차조로 떡을 만들어 먹었다.

06 진달래화전을 만들 때 사용하는 진달래의 또 다른 이름이 아닌 것은?

① 진달래 　　② 두견화
③ 황매화 　　④ 참꽃

해설 진달래는 두견화(杜鵑花), 참꽃이라고도 한다. 두견화는 중국 이름으로 두견새가 울 때 핀다고 해서 붙여진 이름이라고 한다.

07 지지는 떡에 꿀이나 시럽을 바르는 이유가 아닌 것은?

① 꿀을 바르면 떡이 잘 상하지 않는다.
② 기름에 지진 떡이 먹음직스러워 보이도록 하는 것이다.
③ 지진 후에도 떡이 덜 굳고 부드러운 상태를 유지할 수 있다.
④ 지진 떡과 함께 꽃의 향을 더 진하게 하기 위해서 바른다.

해설 지지는 떡에 꿀이나 시럽을 발라도 꽃의 향을 더 진하게 하지는 않는다.

08 쑥인절미를 만드는 과정에서 올바른 쑥의 사용법은?

① 쑥을 무르게 삶아 그냥 섞어서 사용한다.
② 생쑥을 사용한다.
③ 말린 쑥을 그대로 사용한다.
④ 잘 삶은 쑥을 기계에 두 번 내린다.

해설 ▶ 생쑥은 소금을 넣고 데쳐서 찬물에 담가 쓴맛을 제거한 후 물기를 빼서 롤러밀(롤밀)에 두세 번은 내려야 쌀가루와 잘 섞인다.

09 쑥인절미를 만드는 과정 중 옳지 않은 것은?

① 주먹으로 쥐어서 안친다.
② 한꺼번에 부어서 안친다.
③ 찹쌀은 곱게 한 번만 빻는다.
④ 찹쌀가루에 쑥을 섞어 내린다.

해설 ▶ 찹쌀가루를 시루에 한꺼번에 부어서 안치면, 시루 바닥에 펼쳐진 쌀가루의 전분이 빨리 호화되어 수증기를 막아 잘 익지 않는다.

10 떡의 어원에 대한 설명으로 올바르지 않은 것은?

① 약편은 멥쌀가루에 한약재를 넣고 쪄서 붙여진 이름이다.
② 석탄병은 '맛이 삼키기 아까울 정도로 맛이 있다' 해서 붙여진 이름이다.
③ 차륜병은 수리취절편에 수레바퀴 모양의 문양을 내어 붙여진 이름이다.
④ 첨세병은 떡국을 먹음으로써 나이를 하나 더하게 된다는 뜻에서 붙여진 이름이다.

해설 ▶ 약편은 충청도 향토음식으로 멥쌀가루에 막걸리, 대추고를 섞어 체에 내려 시루에 안친 다음 대추채, 석이채, 밤채 등을 고명으로 올려 찐 떡으로 대추편이라고도 한다.

11 송편을 빚을 때 소가 질어지면 생기는 현상은?

① 송편이 딱딱해진다.
② 송편이 갈라진다.
③ 송편이 크게 만들어진다.
④ 송편 소는 질어도 떡과는 관계가 없다.

해설 ▶ 송편 소는 참깨와 같이 수분이 부족해도, 반대로 질어도 익혔을 때 갈라진다.

12 쌀 세척 및 수침 과정에 대한 설명으로 옳지 않은 것은?

① 멥쌀이나 찹쌀을 씻어서 이물질을 제거할 때 물의 온도는 40℃ 전후이다.
② 불린 쌀은 소쿠리에 건져서 물기를 제거하고 소금을 넣어 분쇄한다.
③ 수침 시 멥쌀은 1.2~1.25kg, 찹쌀은 1.35~1.4kg 정도로 무게가 증가한다.
④ 수침된 쌀의 수분량은 30% 정도이다.

해설 ▶ 멥쌀이나 찹쌀을 씻어서 이물질을 제거할 때 물의 온도는 약 20℃ 전후이다.

13 쌀가루 분쇄과정에 대한 설명으로 옳지 않은 것은?

① 쌀을 분쇄할 때 소금양은 1kg 기준 10~15g이 적당하다.
② 물은 멥쌀이 1kg일 때 기준량보다 20~40g의 물을 더 주고 가루로 만들어 손

에 쥐어 뭉쳐지는 정도면 적당하다.

③ 찹쌀가루를 만들 때는 멥쌀가루를 만들 때보다 물을 적게 준다.

④ 찹쌀은 물을 내리고 멥쌀은 물을 내리지 않는다.

해설 ▶ 쌀가루를 분쇄할 때 멥쌀은 물을 내리고, 찹쌀은 물을 내리지 않는다.

14 떡 반죽과정에 대한 설명으로 옳지 않은 것은?

① 빚어서 만드는 송편, 경단을 만들 때 필요한 과정이다.

② 떡 반죽은 많이 치댈수록 떡이 완성되었을 때 부드럽고 식감이 좋다.

③ 치는 횟수가 많아지면 반죽에 기포가 많이 생겨 균일한 망상구조가 되어 떡의 보존기간이 늘어난다.

④ 송편 반죽 시 연한 소금물을 넣으면 탄력이 상승해서 잘 굳지 않는다.

해설 ▶ 송편 제조 시 소금은 쌀을 분쇄할 때 넣어야 한다.

15 쌀가루를 익반죽하는 이유는?

① 끓는 물은 노화를 빨리 시키기 때문이다.

② 끓는 물로 인해 호화되어 점성이 생기기 때문이다.

③ 끓는 물이 들어가면 빨리 익을 수 있어서

④ 설탕을 빨리 녹이기 위해서이다.

해설 ▶ 쌀가루에는 밀가루같이 글루텐이 없으므로, 뜨거운 물로 익반죽하면 쌀의 전분을 호화시켜 반죽에 끈기가 생겨 쫄깃한 식감을 준다.

16 백년초 가루를 섞어 인절미를 만들 때 수증기에 너무 오래 찌면 생기는 현상으로 옳은 것은?

① 떡이 부드러워진다.

② 색상이 연해진다.

③ 떡이 빨리 굳어진다.

④ 떡이 쫄깃해진다.

해설 ▶ 선인장의 열매인 백년초는 천연 발색제여서 수증기에 오래 찌면 색상이 연해진다.

17 찹쌀가루를 사용해서 찜기로 떡을 찔 때 뚜껑을 덮어주는 시점은?

① 수증기가 올라오면 바로 덮는다.

② 아무 때나 덮는다.

③ 다 익은 것을 확인한 뒤 덮는다.

④ 무조건 10분 뒤에 덮는다.

해설 ▶ 찹쌀가루는 주먹을 살짝 쥐고 안쳐서, 그 사이로 수증기가 올라오면 바로 뚜껑을 덮는다.

18 찹쌀가루로 떡을 만들 때의 설명으로 옳지 않은 것은?

① 익반죽은 가루를 끓는 물로 반죽하는 것이다.

② 익반죽에 반대되는 말은 날반죽이다.

③ 경단은 찹쌀가루나 찰수수 가루로 익반죽한다.

④ 찰시루떡은 끓는 물로 물을 주면 쉽게 익는다.

해설 ▶ 찹쌀가루는 익반죽으로 미리 익혀버리면 호화된 전분이 수증기를 막아 잘 익지 않는다.

19 멥쌀가루를 이용하는 떡보다 찹쌀가루를 이용하는 떡에 물을 적게 줘도 되는 이유는?

① 찹쌀이 멥쌀보다 아밀로펙틴이 적게 들어 있기 때문이다.

② 물기를 뺄 때 멥쌀이 찹쌀보다 물기가 더 빨리 빠지기 때문이다.

③ 찹쌀은 멥쌀보다 아밀로펙틴이 더 들어 있기 때문이다.

④ 멥쌀가루가 찹쌀가루보다 수분을 적게 필요로 하기 때문이다

해설 찹쌀은 수침 시 수분 흡수량이 멥쌀보다 약 10% 정도 많고, 익히는 도중에도 전체 중량의 약 7% 이상의 수분을 멥쌀보다 더 흡수하게 되어 찰떡을 할 때는 물을 많이 주지 않아도 된다.

20 당류가 전분의 호화에 미치는 영향에 대한 설명으로 옳지 않은 것은?

① 농도가 매우 낮을 때는 전분의 호화에 거의 영향을 미치지 않는다.

② 20% 이상, 특히 50% 이상의 당은 혼합물 속의 물분자와 설탕의 수화로 팽윤을 억제하여 호화를 지연시킨다.

③ 조리 후 설탕을 첨가하면 호화에 영향을 미치지 않는다.

④ 조리 후 설탕을 첨가하여도 호화에 영향을 미친다.

해설 전분의 호화는 조리 후에 설탕을 더 첨가해도 영향을 미치지 않는다.

21 전분의 노화를 억제하기 위한 방법이 아닌 것은?

① 수분함량을 30~60% 범위로 유지한다.

② 수분함량을 15% 이하나 제품을 빙점 이하로 보관한다.

③ 설탕을 첨가한다.

④ 유화제를 사용한다.

해설 수분함량 30~60%가 노화하기 쉬운 조건이다.

22 전분에 대한 설명으로 옳지 않은 것은?

① 쌀의 주성분이다.

② 100g당 4kcal의 에너지를 낸다.

③ 단당류, 이당류, 다당류로 구분된다.

④ 물을 넣고 가열하면 점성을 가진다.

해설 1g당 4kcal의 에너지를 낸다.

23 전분의 호화 개시온도는?

① 80℃   ② 100℃

③ 36.5℃   ④ 60℃

해설 전분의 호화개시 온도는 60℃이다.

24 다음 중 노화가 가장 촉진되는 온도는?

① 0~5℃이다.

② -18℃ 이하이다.

③ 60℃ 이상의 고온이다.

④ 온도와 무관하다.

해설 노화가 가장 촉진되는 온도는 0~5℃의 냉장상태이다.

25 팽윤된 전분이 수축되는 과정 즉 응집, 조직화되는 현상을 무엇이라 하는가?

① 호화   ② 노화

③ 승화   ④ 팽화

해설 물질이 액체를 흡수하여 부피가 늘어났다가 시간이 지나면서 한 군데로 엉겨서 뭉치는 것은 노화이다.

26 알파전분과 베타전분의 차이에 관한 설명 중 옳은 것은?

① 찹쌀과 멥쌀의 차이

② 호화전분과 생전분의 차이

③ 떡과 밥의 차이

④ 아밀로오스와 아밀로펙틴의 차이

해설 알파전분은 전분이 가열 호화된 상태, 베타전분은 성분의 일부가 결정(結晶)을 이룬 녹말이다.

27 전분에 대한 설명으로 적절한 것은?

① 전분은 아밀로오스, 아밀로펙틴으로 이루어져 있다.

② 전분은 50℃에서 호화한다.

③ 전분은 이당류이다.

④ 디아스타아제의 작용을 받지 않는다.

해설 전분은 매우 부드러운 분말로 이루어져 있고, 옥수수, 감자, 고구마 등 여러 종류가 있으며 아밀로오스, 아밀로펙틴으로 이루어져 있다.

28 pH가 노화에 미치는 영향을 말한 것 중 옳은 것은?

① 산성에서는 노화가 잘 일어나지 않는다.

② 다량의 H 이온은 전분의 수화를 촉진시키므로 노화를 방지시켜 준다.

③ 알칼리 상태는 전분의 호화를 강하게 촉진시켜 주고 노화도 잘 일어난다.

④ pH 7 이상인 알칼리성 용액에서는 노화가 잘 일어나지 않는 것으로 알려져 있고, H_2SO_4, HCl 등의 강한 산성은 그 농도가 낮은 경우에도 노화속도를 증가시킨다.

해설 수소이온농도(pH)는 물질의 산성이나 알칼리성의 정도를 나타내는 수치로 알칼리 용액에서는 노화가 잘 일어나지 않는 것으로 알려져 있고, 강한 산성은 노화를 촉진시킨다.

29 전분의 노화에 영향을 주는 요인으로 옳지 않은 것은?

① 전분의 종류

② 전분의 농도

③ 당의 종류

④ 온도

해설 당의 종류는 전분의 노화에는 영향을 미치지 않는다.

30 곡물과 전분에 대한 설명 중 옳은 것은?

① 전분의 호화는 100℃ 이상에서만 시작된다.

② 일반적으로 60℃ 이상의 온도에서 노화는 거의 일어나지 않는다.

③ 곡물의 주성분은 지방질이다.

④ 전분은 상온에서 물에 완전히 녹는다.

해설 전분의 노화는 60℃ 이상의 온도에서는 거의 일어나지 않는다.

31 노화 억제에 대한 설명으로 옳지 않은 것은?

① 당류는 수분 유지를 도와 노화를 늦출 수 있다.

② 전분 분해효소인 아밀라아제를 제거하면 노화를 늦출 수 있다.

③ 유화제 사용은 전분 분자의 침전과 결성 형성을 억제하여 노화를 늦출 수 있다.

④ 수분의 증발을 막는 포장으로 노화를 늦출 수 있다.

해설 전분 분해효소인 아밀라아제를 첨가하면 노화를 늦출 수 있다.

32 다음 전분에 대한 설명으로 옳지 않은 것은?

① 전분은 날것 상태로는 물에 녹지 않는다.

② 호화된 전분은 생전분보다 소화율이 높다.

③ 전분은 무미, 무취의 백색 분말이다.

④ 전분은 물보다 가벼워 물 위에 뜬다.

해설 전분을 채취하기 위해 원료 식물체를 분쇄하여 냉수에 담그면 전분입자는 아래로 침전하게 된다.

33 다음에서 알파전분이 베타전분으로 되돌아가는 현상은?

① 호화   ② 호정화

③ 노화   ④ 산화

해설 알파전분은 생녹말에 물을 넣고 70℃ 이상으로 가열한 전분이고 베타전분은 자연상태의 생녹말이다. 노화(老化, aging)란 늙어간다는 의미이다.

34 전분의 노화에 대한 설명으로 옳지 않은 것은?

① 노화는 18℃에서 잘 일어나지 않는다.

② 노화된 전분은 소화가 잘 되지 않는다.

③ 노화란 베타전분이 알파전분으로 되는 것을 말한다.

④ 노화는 전분 분자끼리의 결합이 전분과 물 분자의 결합보다 크기 때문에 일어난다.

해설 알파전분이 베타전분으로 되돌아가는 것은 노화이다.

35 떡을 찔 때 마지막으로 전분입자를 호화시키는 과정은?

① 뜸들이기

② 포장하기

③ 분쇄하기

④ 가열하기

해설 뜸들이는 과정은 미처 호화되지 못한 전분입자의 호화를 촉진하는 과정이다.

36 전분의 팽윤과 호화가 촉진되는 조건이 아닌 것은?

① 전분입자가 크다.

② 수분이 많다.

③ 가열온도가 높다.

④ 산성물질을 첨가한다.

해설 팽윤은 물질이 용매를 흡수하여 부푸는 현상으로 산성물질 첨가는 팽윤을 저지시킨다.

37 떡 제조공정에 사용되는 기계가 맞게 연결된 것은?

① 쌀 분쇄 – 롤러밀
② 성형 – 펀칭기
③ 쌀 씻기 – 쌀가루 분리기
④ 치기 – 제병기

해설 쌀 씻기-쌀 세척기, 쌀 분쇄-롤러밀(돌로라), 찌기-떡시루, 치기-펀칭기, 성형-제병기이다.

38 가래떡을 성형할 때 사용되는 기구는?

① 펀칭기　　② 제병기
③ 떡살　　　④ 롤러밀

해설 제병기는 가래떡, 절편, 떡볶이떡 등을 만드는 성형기이다.

39 떡 제조 시 기계와 설비의 사용 요건으로 바르지 못한 것은?

① 도구와 용기는 일반작업 구역용과 청결작업 구역용, 채소류용, 가공식품용 등 용도별로 구분하여 사용·보관한다.
② 기계와 설비는 파손된 상태가 없어야 한다.
③ 기계와 설비는 고장 나지 않고, 항상 작동할 수 있는 상태를 유지하도록 관리한다.
④ 도구와 용기는 바닥에 놓고 사용한다.

해설 도구와 용기는 바닥에서 60cm 이상 떨어진 높이에서 사용하여야 한다.

40 떡 장비의 설명으로 올바르지 않은 것은?

① 쌀 세척기는 다량의 쌀을 단시간에 세척할 수 있으며 소음과 진동이 없다.
② 롤러밀은 쇳가루나 녹물이 나오지 않는 화강암 재질로 많이 제작한다.
③ 메시(mesh)는 체망의 가로와 세로 각각 5cm의 면적에 들어 있는 체눈의 수를 의미한다.
④ 체 재질은 강철, 스테인리스, 청동, 구리, 니켈 등을 사용한다.

해설 체 단위는 메시로 표시하며 체망의 가로와 세로 각각 2.54cm에 들어 있는 체눈의 수를 뜻한다.

41 떡 제조 시 도구와 장비를 사용하는 방법이 바르지 못한 것은?

① 장비의 정비 시간이 짧은 경우에도 반드시 전원 스위치를 끈다.
② 원·부재를 투입할 때는 손이 아닌 투입봉 등의 기구를 활용한다.
③ 젖은 손으로 장비 스위치 조작을 금지한다.
④ 이물질 제거 시에는 동력을 정지시키지 않는다.

해설 이물질 제거 시에는 반드시 동력을 정지시킨 후 제거한다.

42 떡 제조작업장에 기계와 설비의 재질 및 구비요건으로 바르지 못한 것은?

① 수분이나 미생물이 내부로 침투하기 쉬운 목재는 가급적 사용하지 않는다.

② 기계와 설비의 표면은 평활하지 않고 각진 곳이 있어도 된다.

③ 기계와 설비가 식품위생법상 적법한 신고업체에서 생산한 것이어야 하며, 기구 · 용기 · 포장의 재질 및 용출 규격에 적합한 것이어야 한다.

④ 식품과 접촉하는 기계와 설비는 인체에 무해한 내수성 · 내부식성 재질로 열탕, 증기, 살균제 등으로 소독 · 살균이 가능하여야 한다.

해설 기계와 설비의 표면은 매끄럽고 평평하며, 세척 · 소독이 어려운 각진 곳이 없어야 관리하기가 좋다.

43 다음 중 떡을 할 때 모양을 내는 도구인 떡가위의 설명으로 옳지 않은 것은?

① 떡이나 엿, 약과 등을 자를 때 쓰는 가위이다.

② 놋쇠로 되어 있다.

③ 가위 날의 두께가 1cm가량으로 무딘 편이다.

④ 마치 엿장수 가위 같다.

해설 떡이나 엿, 약과 등을 자를 때 사용하는 가위로 놋쇠로 되어 있으며, 마치 엿장수 가위처럼 날의 두께가 1mm가량으로 무딘 편이다.

44 빈대떡이나 화전을 부칠 때 사용하며, 양쪽에 쪽자리가 달려 있는 도구는?

① 채반　　　　② 번철

③ 냄비　　　　④ 겅그레

해설 번철은 전을 부치거나 고기 등을 볶을 때 사용하는 무쇠 도구이다.

45 안쪽 면에 여러 줄의 골이 파여 있어서 쌀을 씻을 때 쌀 속의 돌, 뉘 등의 이물질을 골라내는 데 매우 편리한 도구는?

① 채반　　　　② 동구리

③ 이남박　　　④ 소쿠리

해설 이남박은 굵은 통나무를 파서 만드는데 지름이 넓고 높이가 15cm 정도로 완만한 곡선을 이룬다. 바닥을 둥글게 판 다음, 내면에 여러 줄의 요철(오목함과 볼록함)을 내어 쌀을 일 때 돌이 걸려 바닥으로 내려가도록 만든 도구이다.

46 치는 떡을 만들 때 사용하는 조리도구로 떡메로 치기 전 떡 반죽을 올려놓는 곳은?

① 떡판　　　　② 안반

③ 절구　　　　④ 떡틀

해설 흰떡이나 인절미 등을 치는 데 쓰이는 받침대로, 이를 안반(案盤) 또는 병안(餠案)이라 부르기도 한다.

47 다음 떡살의 종류 중 부귀수복(富貴壽福)을 기원하는 뜻의 문양은?

① 국수무늬　　② 태극무늬

③ 길상무늬　　④ 빗살무늬

해설 상서롭고 운이 좋은 것을 상징하며, 예로부터 사용해 오던 무늬의 대부분은 길상의 염원을 깃들인 것이었다.

48 둥글고 넓적한 돌판 위에 그보다 작고 둥근 돌을 세로로 세워서 이를 말이나 소가 돌리게 하는 방아는?

① 디딜방아　　② 연자방아

③ 물레방아　　④ 물방아

해설 연자방아는 연자매라고도 하며, 곡식을 탈곡 또는 제분하는 방아로 소나 말이 끌고 돌린다.

49 통나무로 만든 농기구로 주로 벼의 겉껍질만 벗기는 데 사용된 도정 도구는?

① 매통　　　　　② 절구
③ 떡구유　　　　④ 용저

해설 『해동농서』에서는 매통을 목마라고 기록하고 있다. 매통은 곡물의 껍질을 벗기는 농기구로 크기가 같은 굵고 단단한 통나무 두 짝을 만들어 위짝의 구멍에 맞도록 아래짝의 윗부분을 깎아 연결해서 만들었다.

50 통나무를 구유처럼 깊게 파 떡을 치는 데 쓰는 그릇으로, 떡구유라고도 부르는 도구는?

① 도구통　　　　② 절구통
③ 떡망판　　　　④ 절구

해설 떡망판은 통나무를 구유처럼 깊게 파 떡을 치는 데 쓰는 도구로 떡구유라고도 한다. 구유는 가축의 먹이를 담아주는 그릇이다.

51 매통이나 맷돌 아래 깔아 갈려 나오는 곡물을 받는 데 사용하는 것으로, 콩이나 팥 등의 곡물을 널어 말리거나 담아두기도 하는 도구는?

① 맷방석
② 물맷돌
③ 멍석
④ 떡구유

해설 맷방석은 도래방석보다 작으면서 주위에 전을 달아 짚으로 짠 둥근 방석이다.

52 고운 돌로 조그맣게 만든 맷돌로 밑짝을 매판에 붙여 만들어 보통 맷돌보다 더 곱게 갈 수 있는 도구는?

① 고석매　　　　② 물맷돌
③ 풀매　　　　　④ 구멍맷돌

해설 풀매는 풀쌀을 가는 작은 맷돌이다. 집안의 우물가나 부엌문 근처, 또는 마당가에 두고 옷이나 이불, 기타 모시, 명주 등에 풀을 먹일 때 물에 불린 쌀을 곱게 갈아 체로 걸러서 풀을 쑤거나 말려두고 썼다.

53 불린 콩이나 곡식을 맷돌에 넣고 갈 때 맷돌을 올려놓는 도구는?

① 맷지개　　　　② 매판
③ 풀맷돌　　　　④ 고석매

해설 매판은 물에 불린 콩이나 곡식을 맷돌에 넣고 갈 때 갈려서 흘러내리는 재료들을 한곳으로 모이게 한 나무그릇으로 맷돌을 올려놓는 기구이다. Y자 모양으로 갈라진 넓고 두툼한 나무에 세 개의 발을 달고 가랑이 부분에 맷돌 크기만 한 홈을 파놓았다.

54 맷돌을 손으로 돌릴 때 쓰는 손잡이의 옛 명칭인 어처구니의 다른 말은?

① 맷손　　　　　② 매통
③ 맷지개　　　　④ 풀매

해설 맷손은 맷돌이나 매통을 돌리는 손잡이의 옛 명칭이다. 매통은 벼를 넣고 갈아서 겉겨를 벗기는 데 쓰는 기구이다.

55 다음 중 쳇불이 가장 넓은 체는?

① 겹체　　　　　② 깁체
③ 중간체　　　　④ 어레미

해설 어레미는 고운 철사로 체의 구멍을 크게 만든 것이다.

56 올이 가늘고 구멍이 작은 체로 술이나 간장 등을 거를 때 쓰는 체로 쳇불을 말총 혹은 나일론으로 만드는 것은?

① 김체 ② 고운체
③ 겹체 ④ 가루체

해설 고운체는 지방에 따라 곰방체(보성), 술체(거문도), 풀체(경기), 접체(경기)라고도 한다. 올이 가늘고 구멍이 작은 체로 술 등을 거를 때 쓴다.

57 체에 관한 설명으로 옳지 않은 것은?

① 어레미-쳇불 구멍이 가장 큰 체이고, 떡고물이나 메밀가루를 내리는 데 썼다.
② 도드미-고운 철사로 올을 성기게 짠 구멍이 굵은 체지만, 어레미보다 쳇불구멍이 크고 좁쌀이나 쌀의 뉘를 고르는 데 썼다.
③ 중게리-지방에 따라 반체, 중게리, 중체라고도 부른다. 시루편을 만들 때와 떡가루를 물에 섞어 비벼 내릴 때 쓰며, 쳇불은 천으로 되었다.
④ 가루체-가루를 치는 데 쓰는 체로 지방에 따라 접체, 벤체, 참체, 도시미리, 설된체, 신체라고도 한다. 쳇불은 말총 혹은 나일론 천으로 만들며 송편가루 등을 내리는 데 썼다.

해설 고운 철사로 올이 성기게 짜면 도드미가 되고 그보다 발이 굵게 나오도록 설피게 만든 것을 어레미라고 한다.

58 맷돌 아래 받쳐서 갈려 나오는 재료들이 떨어지게 하거나, 국물이 있는 재료를 체로 거를 때 받는 그릇 위에 걸쳐서 체를 올려놓을 수 있도록 만든 도구는?

① 쳇다리 ② 맷지게
③ 채반 ④ 채 받침

해설 쳇다리는 술이나 기름 등 국물이 있는 것을 체로 거를 때 받는 그릇 위에 걸쳐서 체를 올려놓는 기구이다. 술이나 장을 거를 때 외에도 콩나물 시루를 얹어 둔다거나, 빨래를 할 때 잿물을 내릴 때도 체 밑에 받치는 데 이용되곤 했다.

59 시루에 관한 설명으로 옳지 않은 것은?

① 옹달시루-일명 '옹시루'라고도 하고 떡이나 쌀 따위를 찌는 데 쓰는 작고 오목한 질그릇이다.
② 시룻반-시루를 물솥에 안칠 때 그 틈에서 김이 새지 않도록 바르는 반죽이다.
③ 시룻방석-짚으로 두껍고 둥글게 틀어 방석처럼 만들어 시루를 덮는 덮개이다.
④ 시루밑-시루의 구멍을 막는 깔개로 시루 바닥에 깔아서 쌀가루 등의 곡물이 시루 구멍을 통하여 밑으로 새지 않도록 하는 도구이다.

해설 시룻번은 시루를 안칠 때, 물솥과 시루의 이음새 사이로 김이 새어 나가지 못하도록 멥쌀가루나 밀가루를 반죽하여 바른 것으로 술을 빚거나 떡을 찔 때 많이 사용한다.

60 다음 도구에 대한 설명으로 옳지 않은 것은?

① 안반–일명 떡판이라 하고, 떡을 칠 때 쓰는 두껍고 넓은 나무판이다.

② 떡메–쌀이나 쌀가루를 치는 메로 굵고 짧은 나무토막에 구멍을 뚫어 긴 자루를 박아 쓴다.

③ 떡가위–떡이나 엿, 약과 등을 자를 때 쓰는 가위로 놋쇠로 되어 있고, 마치 엿장수 가위처럼 날의 두께가 1mm 가량으로 무딘 편이다.

④ 밀판–반죽 따위를 밀어서 얇고 넓게 펴는 데 쓰는 판이다.

> **해설** 떡메는 치는 떡을 만들 때 사용하는 도구로 인절미나 흰떡 따위를 만들기 위하여 익히 쌀이나 쌀가루를 치는 메이다.

61 싸릿개비나 버들가지 등으로 둥글넓적하게 결어 만든 것으로 기름에 지진 떡을 펼쳐 기름이 빠지게 하거나 재료를 넣어 물기를 제거할 때 사용하는 도구는?

① 광주리   ② 채반

③ 오합   ④ 소쿠리

> **해설** 채반은 싸릿개비나 버들가지를 꺾어다가 찍개로 껍질을 훑어 둥글넓적하게 결어 만든 채그릇이다.

62 버들가지를 촘촘히 엮어서 만든 상자로 음식을 담아 나르거나 떡이나 강정 등을 담을 때 사용하는 것은?

① 동구리   ② 석작

③ 멱동구리   ④ 멱서리

> **해설** • 동구리 : 대나무 줄기나 버들가지를 촘촘히 엮어서 만든 상자, 음식을 담아 나를 때 사용하며, 아래·위 두 짝으로 되어 있다.
> • 석작 : 댓가지를 결어 만든 것이다.
> • 멱동구리 : 짚으로 둥글고 울이 깊게 씨와 날이 서로 어긋매끼게 엮어 짜 만든 그릇으로 곡식이나 채소 따위를 담는 데 사용된다.
> • 멱서리 : 곡식을 운반하거나 저장하는 데 사용하는 도구이다.

63 직사각형의 굵은 통나무 바가지로 버무릴 때 사용하며, 양쪽에 넓은 전이 달려 있어 손잡이로 쓸 수 있어 편리한 도구는?

① 모함지   ② 도래함지

③ 귀함지   ④ 목판

> **해설** 귀함지는 굵은 통나무를 길이로 켜서 외부를 거의 직사각형으로 갸름하게 파고, 내부는 장방형의 형태로 파서 큰 바가지같이 만든 그릇이다. 안팎을 칠하여 물기를 막아 버무리는 데 사용하였으며, 바닥은 대체로 안쪽으로 구부러진 둥근 모양이며 양쪽에 전이 달려 있어 이것을 손잡이로 쓸 수 있어 편리하다.

64 찧어낸 곡식을 담아 까불려 겨나 티를 걸러내는 도구는?

① 조리   ② 체

③ 키   ④ 쳇다리

> **해설** 키는 찧어낸 곡식을 담아 까불려 겨나 티를 걸러내는 도구이다.

65 떡 제조에 필요한 도구로 쓰임새가 잘못 연결된 것은?

① 떡살–흰떡 등을 눌러 모양과 무늬를 찍어내는 도구

② 시루방석–떡 찌는 시루를 덮어 떡이 잘 익도록 하는 것

③ 떡판–떡을 처음 칠 때 흩어지는 것을 막기 위해 싸는 보자기

④ 안반과 떡메–흰떡이나 인절미를 칠 때 쓰는 도구

> **해설** 떡판은 흰떡이나 인절미 등을 치는 데 사용되는 받침, 안반 또는 병안이라 한다.

66 고추, 마늘, 생강 등의 양념이나 곡식을 가는 데 돌공이와 함께 쓰는 연장으로 자연석이나 도기로 만든 것은?

① 이남박   ② 돌확(확돌)
③ 맷돌   ④ 절구

> **해설** 돌확은 자연석을 우묵하게 파거나 도기로 자배기 형태의 그릇 안쪽에 우툴두툴하게 구워낸 것도 있다.

정답

01 ④	02 ③	03 ④	04 ②	05 ④	06 ③	07 ④	08 ④	09 ②	10 ①
11 ②	12 ①	13 ④	14 ④	15 ②	16 ②	17 ①	18 ④	19 ③	20 ④
21 ①	22 ②	23 ④	24 ①	25 ②	26 ②	27 ①	28 ④	29 ③	30 ②
31 ②	32 ④	33 ③	34 ③	35 ①	36 ④	37 ①	38 ②	39 ④	40 ③
41 ④	42 ②	43 ③	44 ②	45 ③	46 ②	47 ③	48 ②	49 ①	50 ③
51 ①	52 ③	53 ②	54 ①	55 ④	56 ②	57 ②	58 ①	59 ②	60 ②
61 ②	62 ①	63 ③	64 ③	65 ③	66 ②				

제 **2** 장

떡류 만들기

떡제조기능사
필기실기

제 2 장 떡류 만들기

제1절 재료 준비

1 재료의 관리

1) 계량 도구

(1) 저울

① **전자저울** : 중량(무게)을 측정하며, g과 kg으로 나타낸다. 저울의 눈금이 '0'인지 확인한 후에 계량한다.

② **수동저울** : 저울의 수평을 확인하고 정면에서 눈금을 읽는다.

(2) 계량컵

부피를 측정하는 데 사용한다. 미국 등 외국에서는 1컵을 240ml로 하고 있으나, 우리나라는 200ml를 1컵으로 사용한다.

(3) 계량스푼

양념 등의 부피를 측정하는 데 사용되며 큰술(Table spoon, 15ml), 작은술(tea spoon, 5ml), 1/2작은술(2.5ml), 1/4작은술(1ml)로 구분한다.

(4) 타이머(timer)

정해 놓은 시각에 맞추어 놓으면 자동으로 알려주는 장치로 시간 측정 시에 사용한다.

(5) 온도계

조리온도를 측정할 때 사용한다. 일반적으로 주방용 온도계는 비접촉식으로 표면 온도계를 잴 수 있는 적외선 온도계를 사용하며, 기름이나 당액 같은 액체의 온도를 잴 때는 200~300℃의 액체 '봉상 온도계((bar type liquid thermometer)'를 사용한다.

(6) 메스실린더(measuring cylinder)

'눈금 실린더'라고도 하며, 액체의 부피를 잴 수 있도록 눈금이 새겨진 원통형의 시험관이다.

2) 계량 방법

(1) 액체 상태의 식품

투명 계량컵에 담아 계량하는 게 좋으며, 눈높이와 수평을 맞춘 뒤 눈금을 읽는다.

(2) 가루 상태의 식품

곡류와 가루는 계량컵에 가득 담아 살짝 흔들어 윗면을 평평하게 한 상태로 계량한다. 계량컵보다는 저울이 더 정확하게 계량할 수 있다.

(3) 고체 식품

버터나 흑설탕 같은 고체 식품은 부피보다는 무게(g)를 재는 것이 정확하다. 계량컵이나 계량스푼으로 잴 때는 재료를 실온에 두어 약간 부드럽게 한 뒤에 담아 빈 공간이 없도록 채워서 표면을 평면이 되도록 깎아서 계량한다.

(4) 알갱이 상태의 식품

쌀, 팥, 콩, 깨 등의 알갱이 상태 식품은 계량컵이나 계량스푼에 가득 담아 살짝 흔들어서 표면을 평면이 되도록 깎아서 계량한다.

(5) 농도가 있는 양념

잼 등과 같이 농도가 있는 식품은 계량컵이나 계량스푼에 눌러 담아 평평하게 한 다음 깎아서 계량한다.

3) 계량의 단위

표기법 Ⅰ	표기법 Ⅱ	표기법 Ⅲ	계량스푼 양	ml(cc) 변환	g 변환
1컵	1Cup	1C	약 13큰술＋1작은술	물 200ml	물 200g
1큰술	1Table spoon	1Ts	3작은술	물 15ml	물 15g
1작은술	1tea spoon	1ts	1작은술	물 5ml	물 5g

4) 재료 준비

(1) 주재료

① 멥쌀 · 찹쌀

㉠ 맑은 물이 나올 때까지 깨끗이 씻어서 이물질을 제거하여 여름에는 3~4시간, 겨울에는 7~8시간 정도 불린다.

ⓛ 체에 밭쳐 30분간 물기를 제거한다.

ⓒ 롤밀의 조절 레버를 12시 방향으로 하고, 불린 쌀과 소금을 넣고 빻은 후 잘 혼합한다(찹쌀은 그냥 빻고, 멥쌀은 물을 내려서 빻는다).

② 현미 · 흑미

ⓐ 미강 부분이 남아 있어 멥쌀이나 찹쌀보다 오랜 시간 불려야 된다.

ⓛ 3~4시간에 한 번씩 물을 바꿔주면서 12~24시간 이상 불린 후 체에 밭쳐 30분 간 물기를 제거한다.

ⓒ 롤밀의 조절 레버를 12시 방향으로 하고, 불린 쌀과 소금을 넣고 빻은 후 잘 혼합한다.

(2) 부재료

천연 발색제, 두류, 견과류 등을 준비한다.

(3) 기타 도구

찜기, 물솥, 시루밑, 행주, 소창 등을 준비한다.

② 재료의 전처리

1) 주재료의 전처리

쌀은 여러 번 씻으면 비타민 B_1이 파괴될 수 있으므로 2~3번 가볍게 씻는다.

2) 부재료의 전처리

① 밤 : 겉껍질과 속껍질(보늬)을 제거한 후 용도에 맞게 슬라이스하거나 깍둑썰기 하여 사용한다.

② **호두** : 미지근한 물에 담가 속껍질을 이쑤시개로 벗겨 사용한다.

③ **늙은 호박고지** : 잘 마른 호박고지는 물로 한 번 헹궈내고 미지근한 물에 10분 정도 불려준 후 물기를 제거하고 설탕을 약간 버무려서 사용한다.

④ **대추** : 고물로 사용할 때는 끓는 물에 한 번 데친 후에 사용한다.

⑤ **석이버섯** : 미지근한 불에 불려 이끼와 돌기를 제거한다.

⑥ **치자** : 가볍게 씻어 반으로 자른 다음 치자 1개에 물 1/2C을 넣어 30분 정도 물에 불려서 사용한다.

⑦ **거피팥, 녹두** : 물에 씻어 4~5시간 이상 불려서 손으로 문질러 불린 제물에서 껍질을 제거하고 한 번 헹군 다음 찜기에 푹 쪄서 사용한다.

⑧ **팥** : 깨끗하게 씻어 삶아서 첫물은 버리고, 물을 넉넉히 넣고 푹 삶아서 사용한다.

⑨ **쑥** : 끓는 물에 소금을 넣고 삶아 찬물에 헹궈서 물기를 제거하고 사용한다(쑥설기는 데치지 않고 사용한다).

출제예상문제

01 계량컵과 계량스푼으로 계량하는 방법으로 옳지 않은 것은?

① 200cc-계량컵으로 곡물을 담아 윗부분을 깎아서 잰 한 컵이다.

② 15cc-계량스푼으로 1큰술이다.

③ 7.5cc-계량스푼으로 1작은술이다.

④ 계량컵 한 컵을 계량스푼으로 환산하면 13큰술＋1작은술 정도가 된다.

해설 계량스푼으로 1작은술은 5cc이다.

02 표준용량 표시법이 잘못 표기된 것은?

① 1C(컵) = 250ml

② 1ts(작은술) = 5ml

③ 1Ts(큰술) = 15ml

④ 1국자 = 100ml

해설 1컵은 200ml이다.

03 찹쌀 1C의 중량은 얼마인가?

① 180g
② 120g
③ 100g
④ 200g

해설 백미, 현미, 찹쌀, 보리쌀, 밀, 대두 등의 곡물류는 1C의 중량이 약 180g이다.

04 다음 되와 말의 연결이 잘못된 것은?

① 대두 1되-10홉

② 소두 1되-5홉

③ 한 말-18ℓ

④ 1섬-5말

해설 1섬은 10말이다.

05 다음 중 메스실린더는 무엇의 부피를 재는 기구인가?

① 액체

② 고체

③ 기체

④ 반도체

해설 메스실린더는 액체의 부피를 재는 데 쓰이는 기구로 길쭉하고 좁은 원통 모양이며, 표면에 ml 단위로 눈금이 새겨져 있다.

06 1되(대두)는 몇 홉인가?

① 10홉

② 7홉

③ 8홉

④ 5홉

해설 대두(1되 = ≒ 1.8039ℓ)는 10홉이고, 소두는 5홉이다.

07 좋은 떡을 만들기 위해 필요하지 않은 것은?

① 방부제 첨가

② 숙련된 기술

③ 정확한 계량

④ 좋은 재료

해설 방부제는 물질의 화학적, 생물학적 변질을 막기 위해 첨가하는 물질을 말한다.

08 계량컵을 사용하여 쌀가루를 계량할 때 가장 옳은 방법은?

① 계량컵에 그대로 담아 스크래퍼로 깎아서 계량한다.

② 계량컵에 눌러 담아 직선으로 된 스크래퍼로 깎아서 측정한다.

③ 체를 쳐서 수북하게 담아 스크래퍼로 깎아서 계량한다.

④ 계량컵을 가볍게 흔든 다음 스크래퍼로 깎아서 계량한다.

해설 쌀가루에 물을 내리고 체를 쳐서 수북하게 담아 스크래퍼 등으로 깎아서 계량한다.

09 쌀가루를 체에 칠 때 사용하는 체의 단위는?

① ml ② mesh

③ kg ④ mg

해설 체의 단위는 mesh이다.

10 재료를 계량하는 방법으로 옳지 않은 것은?

① 무게를 재기 전에 저울 위에 용기를 올려 '0'점을 맞춘 후 계량한다.

② 액체류는 표면장력이 있으므로 계량컵의 눈금과 계량하는 자의 눈이 수평이 되도록 하여 계량한다.

③ 쌀이나 콩 같은 낱알 재료는 계량컵에 수북이 담아 한 번 흔든 후 평평하게 만들어 분량을 잰다.

④ 쌀가루나 밀가루 등의 가루를 계량할 때는 계량컵에 재료를 넣은 후 계량컵을 충분히 흔들어서 계량해야 한다.

해설 쌀가루나 밀가루는 체에 내려 수북하게 담아 표면이 수평이 되도록 깎아서 계량한다.

11 재료 계량 시 주의사항으로 옳지 않은 것은?

① 저울을 평평하고 단단한 곳에 놓아 수평을 맞춰야 한다.

② 저울이 무게를 재고자 하는 범위에 맞는 것인지 확인한다.

③ 저울을 사용하지 않을 때는 저울 위에 무거운 물건을 올려두지 않는다.

④ 무게를 재기 전 저울 위에 용기를 먼저 올리고 전원을 켜서 '0'점을 맞춘다.

해설 전자저울은 먼저 전원을 켜고 용기를 올려 '0'점으로 맞춘 후 무게를 재야 정확하다.

12 고체 식품을 계량할 때 주의사항으로 옳은 것은?

① 버터나 마가린은 얼린 형태 그대로 잘라 계량컵에 담아 계량한다.

② 마가린은 실온에 두어 부드럽게 한 후 계량스푼으로 수북하게 담아 계량한다.

③ 흑설탕의 경우 끈적거리는 성질 때문에 계량컵에 빈 공간이 없도록 채워서 계량한다.

④ 고체 식품은 무게(g)보다 부피를 재는 것이 더 정확하다.

[해설] 버터나 마가린 같은 고체 식품은 부피보다 무게(g)를 재는 것이 정확하다. 계량컵이나 계량스푼으로 잴 때는 실온에 두어 약간 부드럽게 한 후 빈 공간이 없도록 채워서 표면을 평면이 되도록 깎아서 계량해야 한다.

13 떡 만드는 재료의 전처리 방법으로 옳지 않은 것은?

① 멥쌀은 물에 씻어 불린 후 체에 밭쳐 30분 정도 물기를 뺀다.

② 현미나 흑미는 멥쌀이나 찹쌀보다 오랜 시간 불려야 한다.

③ 붉은 팥고물을 만들 때는 팥을 물에 충분히 불려서 삶는다.

④ 잣은 고깔을 떼어내고 칼날로 곱게 다져 기름을 빼고 사용한다.

[해설] 붉은 팥고물을 만들 팥은 물에 불리지 않고 삶아야 한다. 불려서 삶으면 팥의 붉은색이 흐려진다.

14 부재료의 전처리 방법으로 적절하지 않은 것은?

① 늙은 호박고지는 끓는 물에 삶는다.

② 거피팥은 5시간 이상 불려서 깨끗이 씻으면서 껍질을 제거한다.

③ 호두는 끓는 물에 데쳐 속껍질을 제거한다.

④ 잣은 고깔을 떼고 마른 면포로 닦아 다져서 기름을 제거한다.

[해설] 늙은 호박고지는 미지근한 물에 불려서 수분을 제거하고 설탕에 살짝 버무려 사용한다.

15 떡 제조 시 쌀을 깨끗이 씻어야 하는 이유로 적당한 것은?

① 빨리 노화되는 것을 방지한다.

② 비타민 B_1이 손실되는 것을 방지한다.

③ 떡을 찌는 시간이 길어진다.

④ 쌀겨의 잡냄새가 제거되어야 떡이 맛이 있고 쉽게 변패되지 않는다.

[해설] 떡 제조 시 쌀을 깨끗이 씻지 않으면 떡을 만들었을 때 잡냄새가 나고 쉽게 변패된다.

16 다음 중 토란의 점질 물질인 갈락탄을 제거하는 방법으로 옳은 것은?

① 소금물이나 쌀뜨물에 넣고 데친다.

② 식초물로 씻어준다.

③ 얼음물에 담가둔다.

④ 토란 껍질을 벗겨 수세미로 문지른다.

[해설] 토란의 미끈거리는 갈락탄이라는 당질 물질은 소화가 잘 안 되므로 쌀뜨물이나 소금물에 살짝 데치면 독성이 사라지고 미끈거리는 점성이 줄어든다.

17 떡에 추가하는 채소류의 전처리 방법으로 틀린 것은?

① 호박고지는 물에 불렸다가 물기를 제거하고 설탕에 버무려 사용한다.

② 상추시루떡(와거병)의 주재료인 상추는 살짝 데쳐서 사용한다.

③ 대추는 물에 재빨리 씻어 물기를 제거하고 사용한다.

④ 쑥은 봄에 나오는 어린 쑥을 이용하며, 소금을 넣고 데쳐서 사용한다.

해설 상추는 씻어서 소쿠리에 건져 물기를 제거하고 손으로 두세 조각으로 뜯어서 사용한다.

18 채소를 전처리(blanching)하는 설명 중 옳지 않은 것은?

① 효소를 불활성화시키기 위하여 가열 처리하는 방법이다.

② 수증기 사용법은 수용성 성분의 손실이 적고 폐기물 발생량이 적어진다.

③ 전처리 전보다 색상이 흐려지고 부피가 늘어난다.

④ 열탕 사용법은 비용이 적고 에너지 효율이 높으나 수용성 성분의 손실이 많은 것이 단점이다.

해설 채소를 전처리하면 부피가 줄어들고, 색상이 선명해진다.

19 수수 가루를 만들기 위한 전처리 방법으로 맞는 것은?

① 불린 수수는 물을 빼고 다시 말려 빻아 수수 가루로 만든 뒤에 떡을 만들어야 한다.

② 수수는 살살 문질러 씻어 2시간 불린 후에 빻는다.

③ 수수는 탄닌의 떫은맛을 제거하기 위해 자주 물을 갈아주면서 불린다.

④ 수수는 뜨거운 물에 30분만 불려 빻아 수수 가루를 만든다.

해설 수수 가루는 여러 번 씻어 떫은맛의 탄닌(타닌)을 제거한 후 물기를 제거하고 소금을 넣고 곱게 빻아 수수 가루를 만들어 떡을 해야 한다.

20 떡의 부재료에 대한 설명으로 맞는 것은?

① 늙은 호박고지는 삶아서 사용한다.

② 볶은 땅콩은 지방을 많이 함유하고 있으므로 냉동실에 보관한다.

③ 붉은팥은 12시간 이상 불려서 삶아야 한다.

④ 쑥은 데친 후 찬물에 헹구지 말고 꼭 짜서 냉장실에 보관한다.

해설 늙은 호박고지는 미지근한 물에 불려서 사용해야 한다. 붉은팥은 불리지 않고 삶아서 사용한다. 쑥은 데친 후 찬물에 헹궈서 사용하며 오래 보관할 경우는 냉동 보관한다.

정답

NCS 떡제조기능사 필기실기

| 01 ③ | 02 ① | 03 ① | 04 ④ | 05 ① | 06 ① | 07 ① | 08 ③ | 09 ② | 10 ④ |
| 11 ④ | 12 ③ | 13 ③ | 14 ① | 15 ④ | 16 ① | 17 ② | 18 ③ | 19 ③ | 20 ② |

제2절 고물 만들기

고물은 떡의 맛을 좋게 하고, 노화를 지연시키며 팥, 콩, 녹두, 동부, 깨, 잣 등을 사용한다. 시루떡을 찔 때 켜켜로 안쳐 찌거나 송편이나 개피떡의 소로 사용하기도 하고, 경단에 묻히기도 한다.

① 찌는 고물 제조과정

1) 거피팥 고물

- 푸른빛이 나는 거피팥은 맷돌에 타서 미지근한 물에 담가 불린다. 여름에는 4~5시간, 겨울에는 7~8시간 물에 불려 껍질이 벗겨지도록 손으로 비빈다. 거피팥은 불렸던 제물에서 거피를 하여야 껍질이 잘 벗겨진다. 거피한 팥을 찜기에 시루밑을 깔고 푹 쪄낸 다음, 뜨거울 때 소금을 넣고 찧어서 중간체에 내려 거피팥 고물을 만든다.

2) 녹두 고물

녹두는 맷돌에 타서 4~5시간 정도 물에 불려 여러 번 문질러 불렸던 제물에서 껍질을 벗긴다. 깨끗이 헹군 뒤 찜기에 시루밑을 깔고 녹두를 안쳐 김이 오른 물솥에 올려 약 30분 정도 푹 쪄서 소금을 넣고 절굿공이로 찧은 다음 중간체에 내려 설탕을 골고루 섞는다(설탕을 미리 넣으면 질어지므로 떡을 안치기 직전에 섞음). 이렇게 만든 고물은 녹두 찰편, 메편 등에 사용하거나 송편이나 감떡 등의 소로 사용한다.

3) 동부 고물

동부를 맷돌에 타서 4~5시간 정도 물에 불려서 여러 번 문질러 불린 제물에 거피하여 한 번 헹군 뒤 푹 찐 다음, 소금간하여 절굿공이로 찧어 중간체에 내려 거피팥 대용으로 인절미나 개피떡의 소로 사용한다.

4) 밤 고물

밤을 깨끗이 씻어 물을 붓고 푹 찐 다음 반 갈라 속을 파내 체에 내린다. 밤단자나 율고, 각종 떡의 소나 고물로 사용한다.

② 삶는 고물 제조과정

1) 붉은팥 고물

붉은팥은 이물질을 제거하고 깨끗이 씻은 후 물을 붓고 한소끔 끓으면 그 물을 버리고 다시 팥의 2~3배 정도의 물을 부어 끓으면 중불에서 팥이 익을 때까지 삶는다. 팥이 거의 익었는데 물이 많을 경우에는 물을 따라 내고 낮은 불에서 뜸을 들인 후 볼에 쏟아 한 김 나가면 소금을 넣고 절구에 대강 찧어 고물을 만든다. 붉은팥 시루떡, 무시루떡, 수수경단, 해장떡 등의 고물로 사용한다. 해장떡은 붉은팥 고물을 묻히는 인절미로 술국과 함께 먹는 충주의 향토음식이다.

③ 볶는 고물 제조과정

1) 콩고물

• 고운 콩고물 : 메주콩을 젖은 행주로 닦고 프라이팬에 볶아 분쇄기에 살짝 갈아서 껍질은 버리고 소금을 넣고 다시 곱게 간다.

• 거친 콩고물 : 메주콩을 물에 30분 정도 삶거나 25분 정도 쪄서 프라이팬에 볶아 껍질을 벗기고 분쇄기에 소금을 넣고 거칠게 간다.

2) 참깨 고물

참깨는 깨끗이 씻어 2시간 이상 불려 물과 같이 믹서기에 넣어 순간 작동으로 껍질을 벗겨 실깨로 만든 다음, 물기를 제거한 후 볶아서 소금을 넣고 분쇄기로 갈아 떡의 고물이나 송편, 주악의 소로 사용한다. 또한 강정 고물이나 산자 고물로 사용할 때는 볶아낸 후 통째로 사용한다.

3) 흑임자 고물

검은깨를 씻어서 젖은 상태로 볶아 소금을 넣고 분쇄기로 갈아서 8~10분 정도 찜기에 찐 후, 절굿공이로 찧어서 중간체에 내리는데 많이 찧을수록 색은 진해진다.

출제예상문제

01 고물을 만드는 방법으로 옳지 않은 것은?

① 녹두 고물은 통으로 사용할 경우 찐 녹두 그대로 사용하고, 고운 녹두고물로 사용할 경우에는, 찐 녹두를 찧어서 체에 내려 사용한다.

② 거피팥 고물을 만들 때 거피팥은 8시간 이상 물에 불려 껍질을 벗긴 후에 찐다.

③ 붉은팥 고물을 만들 때 팥은 거피팥과 같이 물에 불려 사용한다.

④ 깨고물은 깨를 볶을 때 콩과 함께 볶아 콩알이 터지면 잘 익은 것이다.

<해설> 붉은팥 고물을 만들 팥은 물에 불리지 말고 삶아 첫물은 버린 뒤 다시 삶는다.

02 팥고물 시루떡을 만드는 방법으로 옳지 않은 것은?

① 켜 없이 하나의 무리떡으로 찌는 떡으로 미리 칼집을 넣어서 찌기도 한다.

② 찜기나 시루에 팥고물을 먼저 깔고, 쌀가루를 넣어 순서대로 켜켜이 안친다.

③ 팥고물 시루떡의 팥고물은 팥 알맹이가 살아 있게 대강 찧어 사용한다.

④ 팥고물 시루떡은 멥쌀과 찹쌀을 각각 찌거나, 멥쌀과 찹쌀을 섞어서 찌기도 한다.

<해설> 팥고물 시루떡은 멥쌀가루에 삶은 팥을 약간 빻아 고물로 만들어 켜켜이 안쳐 시루에 찌는 켜떡이다.

03 녹두 고물을 준비하는 과정으로 옳지 않은 것은?

① 미지근한 물에 4~5시간 정도 불린다.

② 껍질을 벗겨 깨끗하게 해서 조리질을 한다.

③ 스팀에 10분 정도 찐다.

④ 스팀에 30~40분 정도 찐다.

<해설> 녹두 고물을 스팀에 10분 정도 찌면 찌는 시간이 부족해서 충분히 익지 않는다.

04 다음 중 거피팥 대용의 고물로 가장 많이 쓰이는 것은?

① 팥   ② 동부

③ 돈부   ④ 강낭콩

<해설> 동부는 쌍떡잎식물 장미목 콩과의 한해살이 덩굴성 식물로 콩은 베이지색 바탕에 검은 반점이 특징적이며 따뜻한 지역에서 재배가 가능하다. 돈부는 동부의 방언이다.

05 다음 중 무거리를 맞게 설명한 것은?

① 쌀을 불려 물과 함께 갈아서 끓인 풀

② 여물지 않아서 물기가 많은 곡식알

③ 곡류를 빻아 체에 쳐서 가루를 내고 남은 찌꺼기

④ 불린 쌀을 물과 함께 갈아 앉힌 앙금

<해설> 무거리는 곡식 따위를 빻아 체에 내려 가루로 내고 남은 찌꺼기이다.

06 고물 저장 시 수분의 함량에 따라 미생물에 의한 변질이 쉬운데 이를 억제하기 위해 수분의 함량을 몇 %로 이내로 저장하여야 하는가?

① 19% 이하   ② 14% 이하

③ 24% 이하   ④ 29% 이하

해설 수분이 15% 이하가 되면 미생물 발육이 어려워져 변질을 방지할 수 있다.

07 고명을 만드는 방법으로 옳지 않은 것은?

① 석이채는 석이를 불리지 않고 차가운 물에 살짝 씻어 말린 후 곱게 채 썬다.

② 잣은 고깔을 떼어내고 마른 면포로 닦아서 한지나 키친타월 위에 올려놓고 다져서 사용한다.

③ 대추채는 대추를 면포로 닦은 후 돌려깎기하여 밀대로 밀어 채 썬다.

④ 밤채는 밤의 겉껍질과 속껍질을 벗겨낸 뒤 물에 담그지 않은 상태에서 살짝 시들면 곱게 채를 썬다.

해설 석이버섯은 뜨거운 물에 불려서 부드럽게 한 다음, 이끼와 돌기를 제거하고 곱게 채 썬 후 고명으로 사용한다.

08 거피팥 고물을 냉각시키는 방법으로 옳지 않은 것은?

① 찜기에 찐 거피팥은 그대로 실온에 5시간 이상 식혀준다.

② 선풍기를 틀어서 수분을 날려준다.

③ 수분을 날릴 때는 주걱으로 자주 뒤집으면서 식혀준다.

④ 냉장고에 넣어 재빨리 냉각한다.

해설 거피팥 고물은 잘 상하기 때문에 실온에 5시간 이상 식히면 맛이 변한다.

09 팥시루떡을 만들기 위해 팥 삶는 방법으로 옳은 것은?

① 처음부터 팥의 10배의 물을 넣고 푹 무르게 삶는다.

② 처음 2배의 물에 살짝 삶은 후 물을 버리고 새 물을 부어 삶는다.

③ 팥의 사포닌 성분을 제거하기 위해 물에 오래 불려준다.

④ 팥의 색을 보존하기 위해서 식초를 넣고 삶는다.

해설 팥의 사포닌 성분을 제거하기 위해 살짝 삶은 후 물을 버리고 새 물을 부어 삶는다.

10 녹두에 대한 설명으로 적절하지 않은 것은?

① 몸을 따뜻하게 하는 성질이 있다.

② 떡고물, 떡 소, 녹두죽, 빈대떡으로 많이 이용한다.

③ 청포묵은 녹두 전분으로 쑨 묵이다.

④ 녹두껍질을 벗길 때 불린 물에서 비벼가며 벗겨야 잘 벗겨진다.

해설 녹두는 성질이 서늘한 대표적인 곡물이다. 하지만 녹두의 성질은 껍질에 집중되어 있다고 한다.

정답   NCS 떡제조기능사 필기실기

01 ③   02 ①   03 ③   04 ②   05 ③   06 ②   07 ①   08 ①   09 ②   10 ①

제**3**절 **떡류 만들기**

1 찌는 떡류(설기떡, 켜떡 등) 제조과정

설기떡은 쌀가루에 물을 첨가하고 체에 내려 켜를 만들지 않고 쌀가루만으로 찌거나, 부재료를 넣어 하나의 무리로 찌는 떡을 말하며, '무리떡'이라고도 한다.

– 설기떡의 종류

구 분	떡의 종류
쌀가루로만 만든 떡	백설기
쌀가루에 부재료를 넣어 만든 떡	콩설기, 팥설기, 모듬설기, 호박설기, 쑥설기, 녹차설기, 무지개떡 등이다.

1) 찌는 떡류(설기, 편)

(1) 백설기

백설기는 '흰무리'라고도 불리며 『규합총서』에 '백설고'라고 부른 이후 계속 애용되어 온 떡으로 어린아이 '백일'이나 '돌' 때 많이 만드는데, 그 의미는 아무것도 섞지 않은 순수한 떡으로 순결과 축원의 뜻이 있다.

① 재료 및 분량

멥쌀 10C(가루 20C~2kg), 꿀 4T, 소금 2T, 설탕 1~$1\frac{1}{2}$C, 물 적당량

② 만드는 법

㉠ 멥쌀을 씻어 여름 3~4시간, 겨울 7~8시간 정도 불린 후 건져 체에 밭쳐 30분 정도 물기를 제거하여 분량의 소금을 넣고 분쇄하여 체에 내린다.

    ⓛ 체에 내린 쌀가루에 물을 첨가하여 골고루 섞은 다음, 살짝 쥐고 흔들어보아 깨지지 않으면 다시 체에 내린 후 설탕을 골고루 섞는다.

    ⓒ 찜기에 시루밑을 깔고 쌀가루를 평평하게 안친 다음, 뚜껑을 덮어서 김이 오른 물솥에 얹어 20분 정도 찌고, 불을 줄여 뜸을 들인다.

(2) 콩설기

멥쌀가루에 물을 첨가하여 체에 내린 후, 서리태나 여러 가지 콩을 섞어 찐 떡으로, 떡에 부족한 단백질을 보충할 수 있어 영양적으로도 매우 우수하다. 콩설기에 들어가는 콩은 달지 않아야 맛있다.

① 재료 및 분량

    ㉠ 멥쌀 10C(가루 20C~2kg), 소금 2T, 설탕 1~1½C, 물 적당량

    ㉡ 불린 서리태 4C, 소금 2/3T

② 만드는 법

    ㉠ 멥쌀을 씻어 여름에는 3~4시간, 겨울에는 7~8시간 정도 불린 후 건져서 체에 밭쳐 30분 정도 물기를 제거하여 분량의 소금을 넣고 분쇄하여 체에 내린다.

    ㉡ 서리태는 5~6시간 정도 불려 냄비에 물과 소금을 넣고 삶거나 찐다.

    ㉢ 체에 내린 쌀가루에 물을 첨가하여 골고루 섞은 다음 살짝 쥐고 흔들어보아 깨지지 않으면 다시 체에 내린 후 설탕을 골고루 섞는다.

    ㉣ 찜기에 시루밑을 깔고 익힌 서리태 1/2분량을 바닥에 골고루 펴 놓는다. 쌀가루에 나머지 서리태를 넣어 가볍게 섞은 후 평평하게 안쳐서 뚜껑을 덮고 김이 오른 물솥에 올려 20분 정도 찐 다음 불을 줄여 뜸을 들인다.

(3) 무지개떡

멥쌀가루를 물들이고자 하는 색을 종류대로 나누어, 여러 가지 색깔의 물을 들여 찌는 설기떡으로 백설기보다 화려해서 잔칫상에 많이 사용되는 떡이다.

① 재료 및 분량

　㉠ 멥쌀 10C(가루 20C~2kg), 소금 2T, 설탕 1~1$\frac{1}{2}$C, 물 적당량

　㉡ 쌀가루 물들이기
- 흰　색 : 멥쌀가루 3C
- 분홍색 : 멥쌀가루 3$\frac{1}{2}$C, 딸기물 2T(딸기 가루 2/3T, 물 1T)
- 노란색 : 멥쌀가루 4C, 치자물 2T
- 갈　색 : 멥쌀가루 4$\frac{1}{2}$C, 계핏가루 1$\frac{1}{2}$t
- 녹　색 : 멥쌀가루 5C, 쑥가루 1T, 물 1T

② 만드는 법

　㉠ 멥쌀을 씻어 여름에는 3~4시간, 겨울에는 7~8시간 정도 불린 후 건져서 체에 밭쳐 30분 정도 물기를 제거하여 분량의 소금을 넣고 분쇄하여 체에 내린다.

　㉡ 체에 내린 쌀가루를 5등분하여 색을 내는 재료를 각각 넣고 비벼서 골고루 섞는다. 물을 첨가하여 골고루 섞은 다음, 살짝 쥐고 흔들어보아 깨지지 않으면 다시 체에 내린 후 설탕을 골고루 섞는다.

　㉢ 찜기에 시루밑을 깔고 각각 색을 들인 쌀가루를 순서대로 평평하게 안쳐서 뚜껑을 덮고 김이 오른 물솥에 얹어 20분 정도 찐 다음 불을 줄여 뜸을 들인다.

(4) 잡과병(雜果餅)

　멥쌀가루에 여러 가지 과일을 섞는다는 뜻으로 '잡과병'이라는 이름이 붙었다. 상큼한 유자향에 여러 가지 건과일향이 잘 어우러져 맛으로도 영양적으로도 우수한 떡이다.

　대추, 곶감, 유자 등 과일과 잣, 밤, 호두 등의 견과류를 넣고 찌는 떡으로 경상도 지방에서 작물이 풍성한 가을철에 많이 해 먹던 떡이라 잡과(雜果)라는 이름이 붙었다.

① 재료 및 분량

　㉠ 멥쌀 10C(가루 20C~2kg), 소금 2T, 설탕 1~1$\frac{1}{2}$C, 물 적당량

ⓛ 깐 밤 50g, 곶감 50g, 대추, 호두, 잣, 유자 건지

② 만드는 법

㉠ 멥쌀을 씻어 여름에는 3~4시간, 겨울에는 7~8시간 정도 불린 후 건져서 체에
밭쳐 30분 정도 물기를 제거하여 분량의 소금을 넣고 분쇄한다.

㉡ 밤은 크기에 따라 4~6등분하고, 곶감은 씨를 제거한 후 4~6등분한다.

㉢ 대추는 돌려깎기하여 씨를 제거한 후 4~6등분하고, 호두도 껍질을 제거한 후
2~3등분한다.

㉣ 잣은 고깔을 떼고 유자건지는 다진다.

㉤ 분쇄한 쌀가루에 물을 첨가하여 골고루 섞은 다음, 살짝 쥐고 흔들어보아 깨지
지 않으면 중간체에 2~3번 내린다.

㉥ 찜기에 시루밑을 깔고 설탕과 손질해 놓은 부재료들을 골고루 섞어 놓은 쌀가
루를 평평하게 안쳐서 뚜껑을 덮고, 김이 오른 물솥에 올려 20분 정도 찐 다음
불을 줄여 뜸을 들인다.

(5) 쇠머리떡

굳은 다음 썰어 놓은 떡의 모양이 쇠머리편육 같아서 '쇠머리떡'이라고 하며, 충청도
에서 즐겨먹고 경상도에서는 '모두배기떡'이라고 한다. 찹쌀가루만 하면 더디게 익고 늘
어지므로 찹쌀가루의 1/5~1/4의 멥쌀가루를 섞기도 한다.

① 재료 및 분량

㉠ 찹쌀 10C(가루 20C~2kg), 소금 2T, 황설탕 1/2C

㉡ 밤 7개, 대추 10개, 늙은 호박고지 30g(불린 것 65g) 또는 곶감 2개, 황설탕
2T, 검은콩 1/2C, 붉은팥 1/2C

② 만드는 법

㉠ 멥쌀을 씻어 여름에는 3~4시간, 겨울에는 7~8시간 정도 불린 후 건져서 체에

받쳐 30분 정도 물기를 제거하여 분량의 소금을 넣고 분쇄하여 체에 한 번만 내린다.

ⓛ 밤은 껍질을 벗겨 6등분하고, 대추는 씨를 발라내고 4등분한다.

ⓒ 늙은 호박고지는 미지근한 물에 불려 2㎝ 길이로 썰어 황설탕으로 버무린다.

ⓔ 검은콩은 씻어 불려서 물을 적당히 붓고 삶아 건진다.

ⓜ 붉은팥은 씻어서 물을 붓고 끓어오르면 첫물을 따라 버리고, 다시 물을 넉넉히 부어 팥이 무르도록 삶는다.

ⓗ 쌀가루에 설탕을 고루 섞고 밤, 대추, 불린 호박고지, 검정콩, 팥을 넣어 골고루 섞는다.

ⓢ 찜기에 시루밑을 깔고 쌀가루를 안쳐 김이 오른 물솥에 올려 흰 쌀가루가 묻어 나지 않을 때까지 약 30분 정도 찐다.

ⓞ 틀에 식용유 바른 비닐을 깔고 쏟아 굳혀서 썬다.

(6) 두텁떡

거피팥을 쪄서 간장과 꿀을 넣고 볶아 만든 거피팥 고물로 만든 떡으로 조선시대 궁중에서 잔치 때 만들던 떡으로 합병(盒餠), 후병(厚餠), 봉우리 떡이라고도 한다. 시루에 안칠 때 떡의 모양을 작은 보시기 크기로 하나씩 떠낼 수 있게 소복하게 안치므로 봉우리 떡이라고도 하며, 소를 넣고 뚜껑을 덮어 안쳐 그 모양이 놋그릇 중의 '합(盒)'과 같다는 뜻으로 합병, 편편히 썰어 먹는 떡이 아니라 두툼하게 하나씩 먹는 떡이라는 뜻으로, 두터울 후(厚)자가 붙은 후병(厚餠)으로도 불렸음을 고조리서를 통해 알 수 있다.

① 재료 및 분량

ⓐ 찹쌀가루 10C, 진간장 1$\frac{1}{2}$T, 설탕 $\frac{1}{2}$C, 볶은 팥고물 11C(거피팥 5C), 진간장 2T, 설탕 1/2C, 계핏가루 1t, 후춧가루 약간

ⓛ 팥소 만들기
볶은 팥고물 1C, 밤 3개, 대추 6개, 계핏가루 1/4t, 설탕에 절인 유자 1/3개분, 유자청 1T, 꿀 1T, 잣 1T

② 만드는 법

   ㉠ 찹쌀을 물에 씻어 여름에는 3~4시간, 겨울에는 7~8시간 정도 불린 후 건져서 체에 밭쳐 30분 정도 물기를 제거한 뒤 소금을 넣지 않고 분쇄하여, 분량의 진간장을 넣고 비벼서 중간체에 내려 설탕을 섞는다.

   ㉡ 볶은 팥고물 만들기

     거피팥은 충분히 불려 거피하여 씻은 후 물기를 제거하고, 찜기에 시루밑을 깔고 푹 무르게 찐다. 손으로 비벼 심이 없이 으깨지면 된다.

   ㉢ 익은 팥은 큰 볼에 쏟아서 절굿공이로 찧어 중간체에 내린다.

   ㉣ 거피팥 고물에 간장, 설탕, 계핏가루, 후춧가루를 넣어 골고루 섞은 후 프라이 팬에 보슬하게 볶아 식혀서 다시 중간체(어레미)에 내린다. 이때 주걱으로 누르면서 뒤집어주어야 고물이 곱다.

   ㉤ 남은 팥 무거리는 분쇄기에 갈아서 고물에 섞어 사용한다.

③ 소 만들기

   ㉠ 밤은 껍질을 벗겨 잘게 썰고, 대추는 씨를 제거해서 밤과 같은 크기로 썬다.

   ㉡ 유자는 곱게 다지고 잣은 고깔을 제거한다.

   ㉢ 볶은 팥고물 1C에 밤, 대추, 계핏가루, 유자를 고루 섞은 후 유자청과 꿀을 넣고 반죽해서 통잣을 하나씩 넣고 직경 2cm 크기로 동글납작하게 빚는다.

④ 안쳐 찌기

   ㉠ 찜기에 시루밑을 깔고 고물을 한 켜 넉넉히 고르게 편 후 쌀가루를 한 수저씩 드문드문 놓고, 떡가루 가운데에 소를 하나씩 올려 다시 쌀가루를 덮고 거피팥 고물을 올린다. 우묵하게 들어간 자리에 같은 방법으로 안친다.

   ㉡ 쌀가루 위로 김이 오르면 뚜껑을 덮어 20분간 찐다. 시루에서 숟가락으로 하나씩 떠서 접시에 담는다.

   ㉢ 여분의 팥고물은 중간체에 내려서 다시 고물로 사용할 수 있고, 여러 번 사용한 고물은 수분이 많으므로 다시 볶아서 사용한다.

2) 찌는 떡류(켜떡류)

켜떡은 찹쌀과 멥쌀에 두류, 견과류, 채소류, 과일류 등 다양한 부재료를 켜켜이 놓고 안쳐서 찐 떡이다.

– 켜떡의 종류

구 분	떡의 종류
멥쌀가루 + 부재료로 만든 떡	각색편, 석이편, 물호박시루떡, 상추시루떡, 녹두 메편 등이다.
찹쌀가루 + 부재료로 만든 떡	봉치떡, 녹두찰편, 두텁편, 혼돈병, 콩찰편 등이다.

(1) 팥시루떡

붉은 팥시루떡은 찐다고 하여 '증병(甑餠)'이라고 하며, 멥쌀가루나 찹쌀가루로 떡을 안칠 때 켜를 만들고 켜와 켜 사이에 팥고물을 넣고 찐 떡이다.

① 재료 및 분량

　　㉠ 멥쌀 10C(가루 20C~2kg), 소금 2T, 설탕 1~1$\frac{1}{2}$C, 물 적당량

　　㉡ 고물 만들기

　　　붉은팥 4C, 소금 1T

② 만드는 법

　　㉠ 멥쌀을 씻어 여름에는 3~4시간, 겨울에는 7~8시간 정도 불린 후 건져서 체에 받쳐 30분 정도 물기를 제거하여 분량의 소금을 넣고 분쇄한다.

　　㉡ 쌀가루에 물을 첨가하여 골고루 섞은 다음, 살짝 쥐고 흔들어보아 깨지지 않으면 다시 체에 내려 설탕을 골고루 섞는다.

　　㉢ 팥은 물을 붓고 한소끔 끓으면 첫물은 버리고, 다시 팥의 2.5~3배 정도의 찬물을 부어 처음에는 센 불에서 끓이다가 중불로 낮춰서 팥이 완전히 익을 때까지 약 30~40분 정도 삶는다.

ⓔ 팥이 거의 익으면 약한 불에서 뜸을 들인 후, 쟁반에 쏟아 한 김 나가면 소금을 넣고 절굿공이로 대강 찧어 고물을 만든다.

ⓜ 찜기에 시루밑을 깔고 팥고물을 평평하게 안친 후 쌀가루, 팥고물 순으로 올린다.

ⓗ 김이 오른 물솥에 시루를 올리고 뚜껑을 덮어서 20분 정도 찐 다음 불을 끄고 뜸을 들인다.

(2) 단호박 시루떡

단호박 시루떡은 노랗게 잘 익은 호박의 속을 파내고 알맞게 썬 다음, 떡을 안칠 때 켜를 만들고 켜와 켜 사이에 거피팥 고물을 넣고 찐 떡이다.

① 재료 및 분량

ⓠ 멥쌀 10C(가루 20C~2kg), 단호박 1/3개(약 500g), 소금 2T, 설탕 1~1½C, 물 적당량

ⓛ 고물 만들기
거피팥 4C, 소금 1T

② 만드는 법

ⓠ 멥쌀을 씻어 여름에는 3~4시간, 겨울에는 7~8시간 정도 불린 후 건져서 체에 밭쳐 30분 정도 물기를 제거하여 분량의 소금을 넣고 분쇄한다.

ⓛ 쌀가루에 물을 첨가하여 골고루 섞은 다음, 살짝 쥐고 흔들어보아 깨지지 않으면 다시 체에 내려 설탕을 골고루 섞는다.

ⓒ 단호박은 속을 파내고 껍질을 벗겨 길이 2cm, 폭 1cm 크기로 납작하게 썰어 설탕에 버무려둔다.

ⓔ 거피팥은 하루 전에 물에 불려서 거피하여 찜기에 시루밑을 깔고 쪄낸 다음 뜨거울 때 소금을 넣고 대강 찧어서 체에 내려 거피팥 고물을 만든다.

ⓜ 찜기에 시루밑을 깔고 맨 밑에 거피팥 고물을 한 켜 놓고 그 위에 쌀가루를 1㎝ 정도 두께로 편 후 설탕에 절여둔 호박을 평평하게 놓고 다시 쌀가루를

4cm 두께로 안치고 거피팥 고물을 올린다. 2켜로 반복하여 안치되 맨 위에는 고물을 올린다.

ⓗ 김이 오른 물솥에 시루를 올려 뚜껑을 덮은 뒤 30분 정도 더 찐 다음 불을 줄여 뜸을 들인다.

(3) 녹두찰편

찹쌀가루에 녹두 고물을 올려 편으로 쪄내며, 의례상에 '고임 떡'으로 사용된다. 녹두 찰편 외에도 녹두편, 녹두 호박편 등이 있다. 찹쌀가루에 물을 내려 소금, 설탕을 고루 섞어 반으로 나눈 다음 참깨가루, 찹쌀가루, 검은깨가루 순으로 켜켜이 안쳐 찐 떡으로 '깨찰시루편'이라고도 한다.

① 재료 및 분량

ㄱ 찹쌀 10C(가루 20C~2kg), 소금 2T, 설탕 1~1½C, 물 적당량

ㄴ 고물 만들기

거피 녹두 4C, 소금 1T

② 만드는 법

ㄱ 찹쌀을 씻어 여름에는 3~4시간, 겨울에는 7~8시간 정도 불린 후 건져서 체에 밭쳐 30분 정도 물기를 제거하여 분량의 소금을 넣고 분쇄한다.

ㄴ 찹쌀가루에 물을 첨가하여 골고루 섞은 다음, 체에 한 번만 내려 설탕을 골고루 섞는다.

ㄷ 녹두는 하루 전에 물에 불려서 거피한 뒤 찜기에 시루밑을 깔고 쪄낸 다음 뜨거울 때 소금을 넣고 대강 찧어서 중간체에 내려 녹두고물을 만든다.

ㄹ 찜기에 시루밑을 깔고 맨 밑에 녹두 고물을 한 켜 놓고 그 위에 쌀가루를 4cm 두께로 안치고, 다시 고물을 올린다. 2켜로 반복하여 안치고 맨 위에는 고물을 올린다.

ㅁ 김이 오른 물솥에 찜기를 올리고, 쌀가루 위로 김이 오르기 시작하면 뚜껑을 덮어서 30분 정도 더 찐 다음, 불을 줄이고 뜸을 들인다.

(4) 깨찰편

깨고물을 찹쌀가루에 켜켜이 안쳐 찐 떡으로 고물이 잘 상하지 않아 여름철에 주로 해 먹는다.

① 재료 및 분량

- ㉠ 찹쌀 10C(가루 20C~2kg), 소금 2T, 설탕 1~1½C, 물 적당량
- ㉡ 깨고물 만들기

  참깨 또는 흑임자 3C, 소금 1T, 설탕 50g

② 만드는 법

- ㉠ 찹쌀을 씻어 여름에는 3~4시간, 겨울에는 7~8시간 정도 불린 후 건져서 체에 밭쳐 30분 정도 물기를 제거하여 분량의 소금을 넣고 분쇄한다.
- ㉡ 찹쌀가루에 물을 첨가하여 골고루 섞은 다음, 중간체에 한 번만 내려 설탕을 골고루 섞는다.
- ㉢ 참깨를 볶아 분쇄기에 갈아서 소금, 설탕을 넣어 섞어준다.
- ㉣ 시루에 시루밑을 깔고 맨 밑에 참깨 고물을 한 켜 놓고, 그 위에 쌀가루를 4㎝ 두께로 안쳐서 참깨 고물을 올린다. 2켜로 반복하여 안치고 맨 위에는 고물을 올린다.
- ㉤ 김이 오른 물솥에 시루를 올리고, 쌀가루 위로 김이 오르기 시작하면 뚜껑을 덮어서 30분 정도 찐 다음, 불을 줄이고 뜸을 들인다.

❷ 치는 떡류(인절미, 절편, 가래떡) 제조과정

치는 떡은 도병(搗餠)이라 하여 찹쌀가루나 멥쌀가루를 시루에 쪄낸 다음 뜨거울 때 안반이나 절구에 쳐서 끈기가 나게 한 떡으로 인절미, 가래떡, 절편, 개피떡 등이 있다.

1) 인절미

인절미는 충분히 불린 찹쌀을 밥처럼 쪄서 안반이나 절구에 넣어 떡메로 쳐서 모양을 만든 뒤 고물을 묻힌 떡이다.

(1) 재료 및 분량

① **현미 인절미** : 찰현미 가루 600g, 물 1~2T, 설탕 1/4C, 호박씨 10g, 대추 5개
② **호박 인절미** : 찹쌀가루 600g, 호박가루 30g, 치자물 1/4C, 설탕 1/3C, 호박씨 10g, 대추 5개
③ **쑥인절미** : 찹쌀가루 600g, 물 2T, 설탕 1/4C, 데친 쑥 100g, 호박씨 10g, 대추 5개
④ **고물** : 노란 콩고물, 파란 콩고물, 거피팥 고물 등을 사용한다.

(2) 만드는 법

① 찹쌀과 찰현미는 하룻밤 불린 후 건져 체에 밭쳐 30분 정도 물기를 제거하여 소금을 넣고 분쇄한다.
② 찹쌀가루에 호박가루와 치자물을 섞어 중간체에 내린다.
③ 찜기에 시루밑을 깔고 찹쌀가루를 손으로 살짝 쥐어 덩어리로 만들어 차곡차곡 안쳐 25~30분가량 찐다.
④ 쑥인절미는 쑥을 데쳐서 물기를 꼭 짜 곱게 다진 것을 뜸들일 때 넣고 김을 올린 후 펀칭기에 치면 쑥 색깔이 곱게 난다.
⑤ 쪄낸 떡을 펀칭기에 넣고 뜨거울 때 설탕을 넣고 잘 섞이게 한 후 어느 정도 쳐졌을 때 호박씨와 대추를 넣고 살짝 친다.
⑥ 기름 바른 비닐을 깔고 틀에 넣어 굳힌 후 썰어 포장한다.

2) 가래떡

가래떡은 멥쌀가루를 쪄서 안반에 놓고 세게 쳐서 둥글고 길게 늘여 만든 것으로 모

양이 길다고 해서 가래떡이라고 부른다.

(1) 재료 및 분량

멥쌀 10C(가루 20C~2kg), 소금 2T, 참기름 약간

(2) 만드는 법

① 멥쌀을 씻어 여름에는 3~4시간, 겨울에는 7~8시간 정도 불린 후 건져서 체에 밭쳐 30분 정도 물기를 제거하고 분량의 소금을 넣고 분쇄하여 물을 넣어 골고루 섞은 다음, 중간체에 내린다.

② 찜기에 시루밑을 깔고 쌀가루를 안쳐 충분히 찐다.

③ 쪄낸 떡 반죽을 안반이나 절구에서 소금물을 묻혀가며 차지게 될 때까지 친다.

④ 쫄깃할 정도로 떡이 쳐졌으면 손에 소금물을 묻혀가며 둥글고 길게 가래를 만들어 참기름을 바른다.

3) 절편

절편은 물편의 기본이 되는 떡으로 설날에 해 먹는 흰떡을 쳐서 잘라낸 떡이라는 뜻이다. 흰떡을 떡판에 놓고 굵게 비빈 다음 손을 세워 아래·위로 움직이면서 5cm쯤의 길이로 꼬리가 잘리도록 새끼손가락으로 자른다. 가운데에 세 가지 색으로 물들인 반죽을 콩알만 하게 빚어 얹고 떡살을 박아 납작하게 하면서 동시에 무늬가 새겨지도록 한다. 이것을 꽃절편이라고 부르며 웃기떡으로 사용한다. 쑥을 넣어 빚으면 쑥절편, 송기를 넣으면 송기절편이 된다. 물들인 색으로 빚은 모양에 따라 이름을 달리 부르기도 하며 동그랗게 빚으면 달떡, 용의 생김새를 본뜨면 용떡, 새나 꽃을 본뜨면 색떡, 고치를 본떠 빚으면 고치떡이라고 부른다. 절편은 지방마다 부르는 이름이 다르기도 한데 제주도에서는 '동고랑곤떡'이라고 부르며 강원도 백존 마을에서는 절떡, 함경도에서는 달떡이라 부르기도 한다. 상에 낼 때는 떡이 서로 들러붙지 않도록 참기름을 발라 나무 그릇(함지박)에 담아내고 꿀을 곁들인다.

(1) 재료 및 분량

멥쌀 10C, 소금 2T, 쑥 데친 것 100g, 참기름 적당량

(2) 만드는 법

① 멥쌀은 깨끗이 씻어 여름에는 3~4시간, 겨울에는 7~8시간 불려서 건져 소금을
넣고 가루로 빻아서 중간체에 내린다.

② 쌀가루에 물을 넉넉히 넣어 찜기에 시루밑을 깔고 안쳐서 충분히 찐다.
(이 떡을 '고시레떡'이라고 하며 보통 설기떡을 할 때보다 물양이 많아 쌀가루에
물을 주면 덩어리들이 뭉쳐지게 된다)

③ 쪄낸 반죽을 안반이나 절구에서 치는데, 떡이 절구에 묻지 않도록 소금물을 묻혀
가며 차지게 될 때까지 친다. 이때 쑥가래떡을 만들려면 데쳐서 다진 쑥잎을 넣고
쑥이 잘 섞일 때까지 치면 된다.

④ 쫄깃할 정도로 떡이 쳐졌으면 손에 소금물을 묻혀가며 막대 모양으로 밀어 떡살로
눌러 문양을 낸 다음 적당한 크기로 썰어 참기름을 바른다.

4) 개피떡

친 떡을 밀어 팥소를 놓고 반달 모양으로 눌러 찍을 때 바람이 들어가 흔히 '바람떡'이
라고도 하며, 팥소를 조금 넣어 가는 개피떡을 만들어 둘 또는 셋씩 붙인 것은 '둘붙이'
또는 '셋붙이'라고 한다. 곱장떡, 갑피병, 산병, 곱병, 가피병 등의 수많은 이름이 있는
조선시대 기록에 남아 있는 우리의 전통떡이다.

(1) 재료 및 분량

① 멥쌀 10C, 소금 2T, 데친 쑥 200g, 참기름 · 식용유 약간씩

② 거피팥 고물 10C, 설탕 1/2C, 꿀 5T, 계핏가루 1/2t, 참기름 약간

③ 붉은팥 1C, 소금 1t, 설탕 3T, 물엿 2T, 계핏가루 1/4t

(2) 만드는 법

① 멥쌀은 깨끗이 씻어 여름에는 3~4시간, 겨울에는 7~8시간 불려 건져서 소금을
넣고 가루로 빻아서 중간체에 내린다.

② 떡가루에 물을 넉넉히 넣어 찜기에 시루밑을 깔고 안쳐서 충분히 찐다.

③ 쪄낸 반죽을 둘로 나누어서 반은 안반이나 절구에서 차지게 될 때까지 치고 나머
지는 쑥 데친 것을 섞어 쳐서 색이 고루 들도록 친다.

④ 거피팥은 물에 불려서 거피하여 찐 다음 소금을 넣고 절굿공이로 찧어 중간체에
내려 고물을 만든다. 꿀과 계핏가루를 넣고 버무려서 밤톨만 하게 소를 빚는다.

⑤ 잘 친 반죽을 도마 위에 놓고 밀대로 밀어 한쪽으로 소를 놓고 반죽 자락으로 덮은
다음, 작은 보시기나 원형틀로 반달 모양이 되도록 찍는다.

⑥ 만든 떡에 참기름을 고루 바르고 목기 등의 그릇에 담는다.

❸ 빚어 찌는 떡류(찌는 떡, 삶는 떡) 제조과정

1) 찌는 떡

(1) 송편

멥쌀가루를 뜨거운 물로 익반죽하여 소를 넣고 모양을 만들어 솔잎을 깔아서 찐 떡이
다. 추석에 먹는 대표적인 음식으로 소의 종류에 따라 팥송편, 깨송편, 대추송편, 잣송편,
쑥을 넣어 만든 쑥송편, 소나무 속껍질을 넣어 만든 송기송편 등이 있다.

① 재료 및 분량

㉠ 멥쌀 10C(가루 20C~2kg), 소금 2T, 솔잎 약간, 뜨거운 물 적당량

㉡ 소 만들기

거피팥 4C(또는 참깨 또는 흑임자 3C, 소금 1T, 설탕 100g)

② 만드는 법

ㄱ 멥쌀을 씻어 여름에는 3~4시간, 겨울에는 7~8시간 정도 불린 후 건져서 체에 밭쳐 30분 정도 물기를 제거하여 분량의 소금을 넣고 분쇄하여 중간체에 내려 익반죽한다.

ㄴ 거피팥은 하루 전에 물에 불려서 거피하여 찜기에 시루밑을 깔고 쪄낸 다음 뜨거울 때 소금을 넣고 찧어서 중간체에 내려 소를 만든다.

ㄷ 반죽을 밤알 크기로 떼어 둥글게 빚은 다음 가운데를 우묵하게 파서 준비한 소를 넣고 아물려 빚는다.

ㄹ 찜기에 시루밑을 깔고 솔잎을 올려서 빚은 송편이 서로 닿지 않게 한 켜씩 놓은 다음, 위에 솔잎을 한 켜 더 놓는다. 그 위에 송편, 솔잎, 송편의 순으로 여러 켜를 반복하여 안쳐서 김이 오른 물솥에 찜기를 올려 30분 정도 찐다.

ㅁ 다 쪄지면 찬물에 냉각시켜서 솔잎을 뗀 다음 채반에 건져서 물기를 제거하고 참기름을 바른다.

(2) 쑥개떡(쑥갠떡)

멥쌀가루에 쑥을 넣고 익반죽하여 동글납작하게 빚어 만든 떡이다. 봄에 나오는 햇쑥을 넣고 간단하게 만드는 떡으로 옛날 어려운 시절에 배고픔을 달래기 위하여 많이 해 먹었던 떡이기도 하다.

① 재료 및 분량

멥쌀 5C(가루 10C~1kg), 소금 2T, 쑥 300g, 참기름 2T

② 만드는 법

ㄱ 멥쌀을 씻어 여름에는 3~4시간, 겨울에는 7~8시간 정도 불린 후 건져서 체에 밭쳐 30분 정도 물기를 제거한다.

ㄴ 쑥은 줄기를 떼고 잎만 소금을 넣고 삶아 찬물에 헹궈 물기를 꼭 짠다.

ⓒ 멥쌀과 쑥을 같이 섞어 소금을 넣고 분쇄하여 가루를 낸 다음, 익반죽하여 한참 치댄다(이때 많이 치대야 떡을 만들었을 때 쫄깃하게 된다).

ⓡ 치댄 반죽을 알맞은 크기로 떼어 동글납작하게 빚어서 떡살로 문양을 낸다.

ⓜ 찜기에 시루밑을 깔고 빚은 반죽이 서로 닿지 않게 놓은 다음, 김이 오른 물솥에 찜기를 올려 쪄서 익으면 참기름을 바른다.

(3) 오메기떡

오메기떡은 제주도의 특산품으로 제주도에서 생산되는 차조를 주재료로 한다. 차조를 가루로 만들어 익반죽하여 끓는 물에 삶아서 만드는 떡이다.

① 재료 및 분량

ⓐ 차좁쌀 5C(가루 10C), 소금 1T

ⓑ 고물 : 콩가루 3C, 소금 1/2t, 설탕 3T, 붉은팥 1C(가루 3C), 소금 1t, 설탕 2T

② 만드는 법

ⓐ 차좁쌀은 깨끗이 씻어 일어 물에 5~6시간 정도 담갔다가 건져 소금을 넣고 빻아 가루로 준비한다.

ⓑ 콩을 깨끗이 씻어 물기를 제거하고 큰 가마솥에 타지 않게 볶아서 맷돌에 굵게 갈아 키로 까불어 껍질과 싸라기를 버리고, 소금을 조금 넣어 고운체에 내려 콩가루를 만든다(요즘은 맷돌이 없어 방앗간에서 만들어 사용하며, 소금 대신 설탕을 넣기도 한다).

ⓒ 붉은팥은 물을 부어 끓으면 첫물은 버리고, 찬물을 붓고 푹 삶아 프라이팬에서 수분을 날린 후 소금을 넣고 중간체에 내린다.

ⓡ 차좁쌀 가루는 뜨거운 물에 익반죽하여 직경이 5~6㎝ 정도 되는 도넛 모양으로 빚은 다음, 끓는 물에 삶아 냉수에 헹군 뒤 물기가 제거되면 콩가루, 팥고물에 묻혀낸다(물기가 완전히 제거된 후에 고물을 묻혀야 표면이 보슬보슬하고 뜨거울 때 먹어야 제맛이다).

(4) 부편

경남 밀양을 비롯한 경상도 지방에서 즐겨 먹는 웃기떡이다.

① 재료 및 분량

　　㉠ 찹쌀 5C(소금 2/3T), 곶감 1개, 대추 5개, 거피팥 고물(팥고물) 3C

　　㉡ 소 : 콩가루(거피팥 고물) 5T, 계핏가루 1t, 꿀·설탕 적당량

② 만드는 법

　　㉠ 찹쌀은 깨끗이 씻어 일어서 불린 다음 건져 소금을 넣고, 곱게 빻아 뜨거운
　　　물로 익반죽한다.

　　㉡ 콩가루(거피팥 고물)에 꿀과 계핏가루, 꿀, 설탕을 넣고 소를 만든다.

　　㉢ 곶감은 씨를 제거하여 길쭉하게 썰고, 대추는 돌려깎기하여 길이 2cm×0.3mm
　　　로 썰어 놓는다.

　　㉣ 찹쌀가루 반죽에 콩가루 소를 넣어 경단(달걀모양)보다 크게 빚어 대추나 곶감
　　　을 박아 누른다.

　　㉤ 찜기에 시루밑을 깔고 거피팥 고물을 평평하게 안친 다음 다시 고물을 올려 찐다.

2) 삶는 떡

(1) 오그랑떡

함경도 지방에서 발달했는데, 고물을 묻히는 다른 떡과 달리 팥을 삶은 물에 반죽을
함께 삶아 익히는 것이 특징이다. 팥물이 배어 들어서 촉촉하여 쉽게 굳지 않으며 보기
에도 좋다.

① 재료 및 분량

　　㉠ 찹쌀 5C(가루 10C), 멥쌀 1C(가루 2C), 소금 1T, 끓는 물 2/3C

　　㉡ 붉은팥 2C, 소금 2t, 설탕 6큰술

② 만드는 법

　　㉠ 찹쌀과 멥쌀은 깨끗이 씻은 후 물에 여름에는 3~4시간, 겨울에는 7~8시간 담
　　　갔다가 소쿠리에 건져서 물기를 제거하고 분량의 소금을 넣어 가루로 빻는다.

　　㉡ 쌀가루를 중간체에 내려 뜨거운 물로 익반죽하여 직경 2.5cm로 동글동글하게
　　　빚는다.

　　㉢ 팥은 깨끗이 씻어 찬물을 넣어 삶다가 한소끔 끓으면 버리고, 다시 찬물을 넣고
　　　푹 삶아 팥물이 자작해지면 설탕과 소금을 넣어 간을 맞춘 다음 ㉡을 넣고 팥
　　　물이 스며들도록 은근히 끓인다.

　　㉣ 반죽이 익으면 주걱으로 고루 저어 팥물이 고루 잘 스며들도록 한다.

(2) 닭알떡

　멥쌀을 가루로 만든 다음, 익반죽하여 한가운데에 거피팥 소를 넣고 둥글고 갸름하게
빚어 끓는 물에 삶아 건져서 다시 녹두 고물을 입혀 만든 것으로 떡이 달걀처럼 생겼다고
해서 붙여진 이름이다. 황해도 지방의 토속성이 짙게 배어 있는 것으로 모양이 사치스럽
지도 않고 수더분하며, 구수한 맛으로 집안에 잔치가 있거나 명절에 시식으로 먹는 떡이
라기보다는 추수가 끝난 겨울의 농한기나 우기 때 한가함을 즐길 수 있는 소박한 떡이다.

① 재료 및 분량

　　멥쌀 5C, 소금 1큰술, 꿀 3큰술, 거피팥 고물 5C

② 만드는 법

　　㉠ 멥쌀은 깨끗이 씻어 하룻밤 정도 불린 후 건져 물기를 제거하고 소금간을 하여
　　　가루로 만든다. 거피팥 고물 2C은 꿀을 넣고 반죽하여 소를 만든다.

　　㉡ 멥쌀가루를 되게 익반죽하여 ㉠의 팥소를 넣어 둥글고 길쭉하게 달걀모양으로
　　　만든다.

　　㉢ 냄비에 물을 넉넉히 넣어 끓어오르면 소금을 약간 넣은 다음, 빚은 반죽을 넣고
　　　투명하게 익어 떠오르면 건져서 찬물에 헹구어낸 다음 녹두 고물을 묻힌다.

(3) 개성경단

붉은팥을 삶아 앙금을 내어 햇볕에 말린 경앗가루 고물을 묻혀 만든 경단으로 개성 지방의 향토음식이다. 특이한 맛이 나는 음식으로 다른 경단과 달리 숟가락으로 떠서 먹는다.

① 재료 및 분량

㉠ 찹쌀가루 3C, 멥쌀가루 3C, 소금 1/2T, 조청(물엿) 1C, 경앗가루 6C, 잣가루·참기름 약간씩

② 만드는 법

㉠ 팥은 씻어서 찬물을 부어 삶다가 한소끔 끓으면 버리고, 다시 찬물을 부어 푹 삶아 굵은체에 걸러 다시 고운체에 내려 면포에 넣고 물기를 꼭 짠다.

㉡ ㉠을 참기름에 고루 비벼 말리기를 서너 번 거듭하여 고운체에 내려 고운 가루를 만든다.

㉢ 찹쌀가루와 멥쌀가루는 섞어 중간체에 한 번 내린 다음, 뜨거운 물로 익반죽하여 직경 2cm 정도로 동그랗게 빚어 끓는 물에 삶아 익으면 찬물에 헹군다.

㉣ ㉢에 경앗가루 고물을 묻히고 조청에 집청한 후 잣가루를 뿌린다.

(4) 원소병

① 재료 및 분량

㉠ 찹쌀 3C, 맨드라미물·치자물·시금치물 약간씩, 끓는 물 2½~3T, 녹말가루 2T

㉡ 소 : 대추 3개, 계핏가루 약간, 꿀 1t, 유자 다진 것 1T

㉢ 화채 국물 : 물 6C, 설탕 1C

㉣ 고명 : 잣 1t

② 만드는 법

ㄱ 찹쌀은 충분히 불린 뒤 소금을 넣고 가루로 빻아서 중간체에 내려 넷으로 나눈다.

ㄴ 끓는 물에 맨드라미물, 치자물, 시금치물을 타서 각각의 찹쌀가루에 넣고 치대어 말랑하게 반죽한다(치자물은 물 1/4C에 치자 1개를 넣어서 우린 물이고, 시금치물은 물 1C에 시금치 100g을 믹서에 갈아 고운체에 밭친 것이다).

ㄷ 대추는 씨를 제거하고 곱게 다져서 계핏가루와 꿀을 넣어 고루 버무린다. 설탕에 재워두었던 유자는 곱게 다져서 각각 소를 만든다.

ㄹ 각각의 반죽을 떼어 직경 2㎝ 정도의 크기로 빚어 가운데에 소를 넣어 동그랗게 빚는다.

ㅁ 녹말가루를 고루 묻혀서 여분의 가루를 털어내고, 끓는 물에 넣어 삶아 떠오르면 찬물에 헹구어 건진다.

ㅂ 설탕과 물을 같이 끓여서 차게 식혀 화채 그릇에 사색(四色) 경단을 고루 담아 화채 국물을 붓고 잣을 서너 알씩 띄운다. 설탕 양을 줄이고 꿀을 넣어 꿀맛을 내도 좋다.

(5) 도행병(桃杏餠)

복숭아와 살구가 제철인 여름떡으로 고조리서에서 나오는 도행병은 복숭아를 섞은 쌀가루를 말려서 사용했다. 여름 한철만 나는 복숭아를 체에 걸러 찹쌀가루와 버무리는데 오래 보관하기 위한 조상들의 지혜가 담긴 떡이다. 생과일 복숭아나 살구를 사용할 때는 잘 익은 것을 껍질째 사용한다. 살구는 찌면 색이 더 예뻐진다.

① 재료 및 분량

ㄱ 찹쌀가루 2C, 소금 1t, 졸인 복숭아 50g

ㄴ 소 : 거피팥 고물 100g, 흰 팥앙금 50g, 설탕·꿀 약간씩

ㄷ 고물 : 잣 1/2C

② 만드는 법

　㉠ 거피팥 고물에 설탕과 꿀을 넣고 소를 만든다.

　㉡ 복숭아를 껍질째 곱게 갈아서 졸여준다.

　㉢ 찹쌀가루에 소금을 넣고 졸여둔 복숭아로 수분을 맞추어 중간체에 내린다.

　㉣ 쌀가루 반죽에 소를 넣고 동그랗게 모양을 빚는다.

　㉤ 끓는 물에 소금을 약간 넣고 빚은 반죽을 넣고 삶는다.

　㉥ 떠오르면 건져서 찬물에 헹군 뒤 물기를 제거하고 잣고물을 묻힌다.

4 지지는 떡류 제조과정

1) 배꽃화전

① 재료 및 분량

　흑찹쌀 4C, 소금 1/2T, 배꽃 30개, 꿀(또는 설탕) 1/2C

② 만드는 법

　㉠ 흑찹쌀은 깨끗이 씻어서 충분히 불린 다음, 건져서 소금을 넣고 가루로 빻아 중간체에 내린다.

　㉡ 배꽃은 물에 씻어 건져 물기를 제거한다.

　㉢ 뜨거운 물로 익반죽하여 많이 치댄 다음, 직경 5cm 정도로 동글납작하게 빚는다.

　㉣ 프라이팬을 달구어 기름을 두르고 ㉢이 서로 붙지 않게 놓고 숟가락으로 눌러가며 지진다.

　㉤ 익으면 뒤집어서 위에 배꽃을 얹어 마저 익힌다.

　㉥ 접시 위에 올려 꿀을 고루 묻혀서 그릇에 담아낸다.

2) 수수부꾸미

① 재료 및 분량

찰수수 가루 800g, 찹쌀가루 200g, 뜨거운 물, 통팥앙금 500g, 호두분태 50g, 식용유 약간

② 만드는 법

㉠ 찰수수 가루와 찹쌀가루를 섞어 중간체에 내린다.

㉡ 뜨거운 물로 익반죽한다(많이 치대어준다).

㉢ 비닐에 넣어 숙성시킨다.

㉣ 통팥앙금과 호두분태를 섞어 한입 크기로 소를 만든다.

㉤ 반죽을 떼어 동글납작하게 만든다.

㉥ 기름 두른 프라이팬에 올려 익힌다.

㉦ 뒤집어 익혀준 후 소를 올리고 반으로 접어준다.

3) 웃지지

지방에 따라 웃지지를 만드는 방법이 다른데 전라도 지방은 찹쌀가루에 여러 가지 색으로 반죽하여 지진 것에 꿀로 반죽한 녹두 소를 넣고 밤, 대추, 석이채를 고명으로 얹어 낸다.

① 재료 및 분량

㉠ 찹쌀 5C, 소금 2/3T, 치자 우린 물 2T, 파래(녹차)가루 2T, 지초기름(백년초가루) 약간, 식용유 적당량, 설탕 3T, 끓는 물 약간

㉡ 소 : 팥앙금 1/2C, 완두앙금 1/2C(팥앙금에 잣, 호두, 계핏가루를 넣어 소를 만든다)

㉢ 고명 : 대추꽃 · 쑥갓 · 석이채 약간

② 만드는 법

　㉠ 찹쌀은 불려서 건져 소금을 넣고 가루를 빻아 중간체에 내린다.

　㉡ 치자는 반을 잘라 더운물에 불려 노란색물을 우려낸다.

　㉢ 찹쌀가루를 3등분하여 하나는 흰 익반죽을 하고, 노란색은 치자 우린 물로 색
　　을 내고, 파란색은 파래가루를 섞어 익반죽한다.

　㉣ 소는 팥, 완두 앙금을 직경 2㎝ 크기로 동그랗게 만든다.

　㉤ 찹쌀가루 반죽을 동글납작하게 만든다. 지질 때 찹쌀은 늘어지므로 완성 크기
　　보다 약간 작게 만드는 것이 좋다.

　㉥ 기름을 두른 프라이팬에 찹쌀 반죽을 넣고 수저로 눌러 가면서 지진다(이때
　　지초 기름을 두르고 흰 반죽을 올려 지지면 분홍색 웃지지가 된다). 말갛게 되
　　면 뒤집어 대추와 쑥갓, 석이채를 고명으로 얹는다.

　㉦ 설탕을 쟁반에 골고루 뿌리고 고명 붙인 쪽을 설탕 뿌린 쟁반에 올려서 중간에
　　팥소를 넣고 말아서 양끝을 눌러준다.

4) 토란병(우병)

　토란은 껍질을 벗겼을 때 끈적끈적한 점질물이 흘러나오는데 이것의 주성분은 '갈락
탄(galactan)'으로 살짝 삶으면 쉽게 껍질을 벗길 수 있다. 토란의 아린맛은 '호모겐티신
산(homogentisic acid)'이며, 식초물에 담그거나 쌀뜨물에 소금을 넣고 데친 후 찬물에
헹구면 아린맛이 사라진다.

① 재료 및 분량

　㉠ 토란 1kg, 찹쌀가루 6C, 소금 2t, 참기름 1/2C, 식용유 1/2C

　㉡ 고명 : 대추, 쑥갓

② 만드는 법

　㉠ 토란은 깨끗이 씻어 푹 삶아 껍질을 벗긴다.

ⓛ ㉠의 토란에 소금간을 하여 찧은 다음, 찹쌀가루를 섞어 동글납작하게 빚는다.

ⓒ 참기름과 식용유를 같은 양으로 섞어 프라이팬에 두르고 노릇하게 지져낸다.

ⓔ 대추꽃과 쑥갓으로 장식을 한다.

5 기타 떡류(약밥, 증편 등) 제조과정

1) 약밥

약식, 약반(藥飯)이라고도 하며, 정월 대보름에 먹는 절식의 하나이다. 찹쌀에 대추, 밤, 잣 등을 섞어 찐 다음 참기름과 꿀, 간장으로 버무려 만든 음식이다.

(1) 재료 및 분량

① 찹쌀 3C, 황설탕 2/3C, 참기름 4T, 간장 2T, 대추 내림 2T, 캐러멜 소스 2T, 계핏가루 1/2t, 대추 10개, 잣 1T

② 캐러멜 소스 : 설탕 6T, 물 3T, 더운물 3T, 물엿 2T

(2) 만드는 법

① 찹쌀은 씻어서 여름에는 3~4시간, 겨울에는 7~8시간 충분히 불려서 건져 체에 밭쳐 30분 정도 물기를 제거한다. 찜기에 시루밑을 깔고 30~40분 정도 찌고, 도중에 나무 주걱으로 위, 아래를 2~3회 골고루 섞어준다.

② 캐러멜 소스 만들기

분량의 설탕과 물을 냄비에 넣고 불에 올려 그대로 둔다. 끓어 올라 큰 거품이 나고 가장자리부터 색이 나기 시작하면 불을 약하게 하고 나무주걱으로 고루 저어 전체가 진한 갈색이 되면, 바로 더운물을 넣고 잘 섞어 굳지 않도록 한다. 마지막으로 물엿을 넣어준다.

③ 밤은 속껍질까지 깨끗이 벗겨 적당한 크기로 자르고, 대추는 씨를 발라내어 각각

4~5등분하고, 잣은 고깔을 떼어 놓는다. 대추씨는 은근한 불에 오래 졸여 되직하게 되면 체에 내려 대추 내림을 만든다.

④ 쪄낸 찰밥이 뜨거울 때 큰 볼에 쏟아 먼저 황설탕을 넣어 고루 섞은 다음에 참기름, 간장, 캐러멜 소스, 대추 내림, 계핏가루를 차례대로 넣어 골고루 섞고 밤, 대추를 넣어 2시간 정도 면포를 덮어둔다.

⑤ 찰밥에 간이 충분히 스며들면 찜기에 시루밑을 깔고 약 1시간 정도 쪄서 잣을 섞어 그릇에 담는다.

2) 증편

여름에 해 먹는 떡 중의 하나로, 멥쌀가루를 생막걸리 탄 물로 묽게 반죽하여 더운 방에서 부풀려 밤, 대추, 잣 등의 고명을 얹어 찐 떡이다.

(1) 재료 및 분량

① 멥쌀가루 5C(500g), 물 3/4C(150g), 생막걸리 3/4C(150g), 설탕 1/2(80g)
② 고명 : 대추 2개, 석이버섯 1장, 흑임자 약간

(2) 만드는 법

① 쌀가루 내기

멥쌀을 깨끗이 씻어 5시간 이상 불린 후 물기를 제거하고, 소금을 넣고 빻아서 고운체에 내린다.

② 반죽하기

50℃ 정도로 데운 물에 설탕과 생막걸리를 섞어 쌀가루에 넣고 멍울 없이 고루 섞어 랩을 씌운다.

③ 발효

ㄱ 1차 발효 : 반죽을 따뜻한 곳(30~35℃)에서 4시간 동안 발효시킨다.

ㄴ 2차 발효 : 1차 발효된 반죽을 잘 섞어 공기를 빼고, 다시 랩을 씌워 2시간 동안 발효시킨다.

ㄷ 3차 발효 : 2차 발효된 반죽을 잘 섞어 공기를 빼고, 1시간 더 발효시킨다.

④ 고명 준비

ㄱ 대추 하나는 씨를 빼고 말아 꽃모양으로 썰고 나머지는 채 썬다.

ㄴ 석이버섯은 따뜻한 물에 불려 비벼 씻은 뒤 곱게 채 썬다.

⑤ 안쳐 찌기

ㄱ 발효된 반죽을 잘 섞어 공기를 빼주고, 기름칠한 쟁반이나 방울 증편틀에 7~8부 정도 붓는다.

ㄴ 준비된 고명을 올린다.

ㄷ 김 오른 찜기에 증편을 올려 찐다.

⑥ 한 김 나간 후 윗면 식용유 바르기

ㄱ 판증편일 경우 : 약불에서 5분 → 센 불에서 20분 → 약불에서 5분간 뜸들인다.

방울증편일 경우 : 약불에서 5분 → 센 불에서 10분 → 불 끄고 5분간 뜸들인다.

ㄴ 색증편으로 할 경우

- 노란색 : 단호박가루(10g) 또는 앙금 10%(50g : 찐 호박을 중간체에 내려), 치자
- 분홍색 : 딸기시럽
- 녹　색 : 쑥가루, 쑥물(데친 쑥 → 냉동 보관 → 믹서기에 간다)

3) 상화병

상화병은 고기나 채소 소 대신 팥소를 넣기도 한다. 색 상화병은 생막걸리 대신 술을

만들고 남은 술지게미로 반죽을 한다. 흑미로 만들거나 홍미로 술을 만들 경우, 검은색이
나 붉은색의 술지게미가 나오는데 이것으로 반죽하여 발효시키면 색이 있는 상화병을
만들 수 있다.

(1) 재료 및 분량

① 밀가루 400g, 소금 2t, 설탕 2T, 생막걸리 200cc(이스트를 넣을 경우 물 8T +이스트
10g)
② 소 : • 팥소 200g
          • 애호박 1/2개, 숙주 30g, 쇠고기 다진 것 30g, 표고 2장

(2) 만드는 법

① 밀가루는 중간체에 한 번 내린다.
② 생막걸리에 설탕을 약간 넣고 따뜻하게 중탕한다.
③ ①의 밀가루에 중탕한 생막걸리와 설탕, 소금을 넣고 반죽하여 윗부분을 매끄럽게
한 후 랩으로 싸서 따뜻한 곳(약 30℃)에 두어 1시간가량 발효시킨다. 부풀어오르
면 반죽에서 공기를 뺀 후 다시 랩을 씌우고, 두꺼운 천으로 덮어 1시간가량 다시
발효시킨다.
④ 호박은 채 썰어서 소금에 절여 짠 뒤 파, 마늘을 넣고 볶아낸다. 숙주는 데쳐서
송송 썰어 물기를 제거하고, 쇠고기 다진 것에 채 썬 표고를 함께 넣어 갖은양념을
해서 볶아 식힌다. 이렇게 준비한 재료를 섞어 소를 만든다.
⑤ 반죽이 처음 부푼 정도가 되면 다시 공기를 빼준 후에 적당한 크기로 떼어 소를
넣는다. 소를 넣을 때 밑은 얇고 위는 두툼해야 잘 터지지 않는다.
⑥ 찜기에 시루밑을 깐 다음 ⑤를 놓고 뚜껑을 덮어 김이 오른 찜솥에 올려 불을 약하
게 하여 5분가량 두면 다시 조금 부풀어오르는데, 이때 불을 세게 하여 15분가량
찐다.

4) 빙떡

멍석처럼 말았다고 해서 '멍석떡'이라고 한다. 겨울이 제철이므로 찬물에 반죽해도 되지만 철이 지나면 끈기가 떨어져 반죽이 어려우므로 더운물에 반죽을 한다. 제주도의 별미 떡이나 강원도에서는 '총떡'이라고 하여 신김치와 숙주를 넣어서 만든다.

(1) 재료 및 분량

① 메밀가루 2C, 밀가루 1/2C, 소금 1t, 물 2~3C, 식용유 적당량
② 소 1 : 무 1/4쪽, 다진 파 2T, 다진 마늘 1T, 생강즙 약간, 깨소금 2t, 참기름 1T,
　　소금 1t
　 소 2 : 신김치, 숙주, 소금 · 참기름 · 깨소금 약간씩

(2) 만드는 법

① 메밀가루는 소금을 넣고 분량의 물을 부어 너무 되지 않은 농도로 반죽한 후 팬에 기름을 두르고 직경 15㎝ 정도로 부친다.
② 무는 깨끗이 씻어서 굵게 채 썬 후 끓는 물에 소금을 약간 넣고 살짝 데쳐 찬물에 헹궈 물기를 제거하고 다진 파, 다진 마늘, 생강즙, 깨소금, 소금으로 간하여 무쳐서 소를 만든다.
③ 메밀전병 위에 준비한 무소를 길이대로 놓고, 4㎝ 정도의 두께가 되도록 돌돌 말아 둥글게 만든다.

출제예상문제

01 다음 중 인절미의 고물로 쓰이지 않는 것은?

① 흑임자 가루
② 코코아 가루
③ 녹두 고물
④ 콩가루

해설 코코아 가루는 인절미 고물로 사용하지 않는다.

02 인절미 만드는 방법으로 옳지 않은 것은?

① 찹쌀을 물에 7~8시간 이상 담갔다가 물기를 뺀 후 찜기에 찌다가 중간에 소금물을 뿌려주면서 찐다.
② 떡이 뜨거울 때 고물을 묻혀야만 고물이 잘 묻는다.
③ 인절미 만들 때는 멥쌀만을 사용하여 떡을 만든다.
④ 쪄낸 찹쌀을 스텐볼이나 안반에 놓고 많이 칠수록 떡이 쫄깃하고 부드럽다.

해설 찹쌀이나 찹쌀가루를 시루에 쪄서 절구에 찧어 적당한 크기로 잘라 고물을 묻힌 떡이다.

03 가래떡은 떡은 어떤 종류의 떡인가?

① 삶는 떡
② 지지는 떡
③ 쪄서 치는 떡
④ 빚어 찌는 떡

해설 멥쌀가루를 찐 다음, 떡메로 여러 번 쳐서 만든 둥글고 긴 떡이다.

04 가래떡을 만드는 방법으로 옳지 않은 것은?

① 가래떡을 만들어 하루 정도 말려 동그랗게 썰면 떡국용 떡이 된다.
② 가래떡은 쌀가루, 물, 소금만을 넣어서 만든다.
③ 쪄낸 멥쌀은 스텐볼이나 절구에 넣고 하나로 뭉치도록 쳐서 길게 반대기를 만든다.
④ 가래떡은 치는 떡의 한 종류로 찹쌀을 사용하여 만든다.

해설 가래떡은 멥쌀을 사용하여 만든다.

05 쇠머리찰떡을 만드는 방법으로 옳지 않은 것은?

① 찹쌀가루에 준비된 밤, 대추, 콩 등을 섞어서 흰설탕을 켜켜이 넣고 찐다.
② 쇠머리찰떡은 충청도의 향토떡이다.
③ 쪄낸 찰떡은 냉동고에 얼렸다가 편으로 자른다.
④ 불린 서리태는 찌거나 삶아서 소금을 조금 뿌려 사용한다.

해설 쇠머리떡은 주로 황설탕을 사용하며, 찹쌀가루에 부재료, 설탕을 골고루 섞어서 찐다.

06 송편을 찐 다음 바로 찬물을 뿌려주는 가장 큰 이유는?

① 송편이 오래도록 굳지 않게 하기 위해

② 기름이 잘 스며들게 하려고

③ 송편이 잘 떨어지게 하려고

④ 송편이 차지게 하려고

해설 송편을 찐 다음 찬물에 담그거나, 찬물을 뿌려주는 것은 차지게 하기 위해서이다.

07 송편소가 질어지면 생기는 현상은?

① 송편이 갈라진다.

② 송편이 딱딱해진다.

③ 송편이 크게 만들어진다.

④ 송편소는 질어도 떡과는 관계가 없다.

해설 송편소가 질면 쪘을 때 갈라진다.

08 송편을 찔 때 솔잎을 깔고 찌면 쉽게 상하는 것을 방지해 주는 이유는 솔잎의 어떤 성분 때문인가?

① 토코페롤   ② 피톤치드

③ 포르말린   ④ 베타카로틴

해설 피톤치드라는 성분은 식물이 해충과 병균으로부터 자신을 보호하기 위해 내뿜는 자연 항균물질로 천연 방부제 역할을 해준다.

09 약식을 할 때 설탕을 먼저 넣고 비벼주는 가장 큰 이유는?

① 설탕이 녹지 않을 것 같아서

② 약식의 단맛과 색이 잘 살아나고 보존성을 높이기 위해서

③ 약식의 밥알이 잘 물러지게 하기 위해서

④ 당도를 높여주기 위해서

해설 약식의 단맛과 색감, 저장성을 높이기 위해 설탕을 먼저 넣고 비벼준다.

10 약식에서 약자가 들어가는 음식의 의미는?

① 순수한 재료의 맛을 즐기는 음식이다.

② 갖은양념이 들어간 음식이다.

③ 꿀이 들어간 음식이다.

④ 먹으면 치료가 되는 음식이다.

해설 약밥, 약반(藥飯)이라고도 하며, 약식이라 하게 된 것은 꿀이 들어간 음식이란 뜻이다.

11 멥쌀편을 엎었을 때 둘레가 깔끔하게 나오는 방법은?

① 시루의 둘레를 1번씩 두들겨준다.

② 눌러서 안친다.

③ 평평하게 안친다.

④ 반죽을 질게 한다.

해설 멥쌀편을 찔 때 시루의 둘레를 1~2번 두들겨주면 쌀가루가 붙지 않아 깔끔하게 나온다. 그러나 오래 찌면 떡이 시루 둘레에 붙어 나온다.

12 두텁떡 속에 들어가는 재료가 아닌 것은?

① 거피팥   ② 견과류

③ 유자   ④ 호박

해설 호박은 두텁떡에 들어가는 재료가 아니다.

13 찰시루떡 제조과정에 대한 설명이 올바르지 않은 것은?

① 불린 찹쌀은 롤러밀에 넣고 한 번만 빻는다.

② 찹쌀가루가 고울수록 떡이 잘 익는다.

③ 고물류는 적당한 두께로 켜켜이 안쳐 찌도록 한다.

④ 켜떡에 사용하는 고물류는 거칠게 빻아져야 떡이 잘 익는다.

해설 찹쌀가루는 찔 때 가루가 너무 고우면 수증기를 막아 떡이 잘 익지 않는다.

14 경단을 반죽할 때와 삶은 후 헹굴 때 적당한 물은?

① 찬물, 찬물

② 끓는 물, 찬물

③ 끓는 물, 끓는 물

④ 찬물, 끓는 물

해설 경단은 뜨거운 물로 익반죽을 하고, 삶은 후 헹굴 때는 찬물에 헹군다.

15 떡을 할 때 물을 내린다는 의미는?

① 떡에 들어가는 부재료에 물기를 준다.

② 떡을 썰 때 칼에 물을 묻히면서 썬다.

③ 쌀가루에 꿀물이나 물을 넣어서 체에 다시 친다.

④ 떡쌀을 물에 담가 물을 흡수하도록 한다.

해설 떡을 할 때 물을 내린다는 말은 쌀가루에 꿀물이나 물을 넣어서 체에 내린다는 의미이다.

16 전통 두텁떡에 대한 설명이다. 옳지 않은 것은?

① 쌀가루는 간장으로 간을 한다.

② 궁중의 대표적인 떡이다.

③ 합병 또는 봉우리떡이라고도 한다.

④ 쌀 8kg에 소금 10g 정도가 적당하다.

해설 두텁떡은 거피팥 고물, 쌀가루에 간장 간을 하여 찌는 떡이다.

17 감가루를 섞어 자줏빛이 나고, '삼키기가 아까울 정도로 맛있는 떡'이라 하여 이름 붙여진 떡은?

① 석탄병　　　　② 당귀떡

③ 혼돈병　　　　④ 신과병

해설 석탄병은 '강렬한 맛이 차마 삼키기 아까울 정도로 맛이 있다'고 했을 정도로 맛이 좋고 격이 높은 떡 가운데 하나이며, 최고의 맛을 칭송하는 이름이라고 할 수 있다.

18 다음 떡 중 부재료가 다른 것은?

① 와거병　　　　② 상추시루떡

③ 상추떡　　　　④ 백자편

해설 백자편은 잣편이라고도 하며, 꿀과 설탕을 함께 끓이다가 잣을 넣고 엉길 때 편편한 그릇에 넣고 굳힌 음식이다.

19 말린 고구마가루와 찹쌀가루를 섞어 시루에 찐 떡은 무엇인가?

① 석탄병　　　　② 남방감저병

③ 나복병　　　　④ 서속떡

해설 남방감저병은 고구마 가루를 찹쌀가루와 섞어서 시루에 찌는 떡이다.

20 다음 떡에 대한 설명 중 옳지 않은 것은?

① 복령, 승검초 등 여러 약재를 넣어 건강식으로 이용한다.

② 쑥, 오미자 등 천연 색소를 이용하여 다양한 색을 낼 수 있다.

③ 백설기, 봉치떡 등은 통과의례에서 각각 의미를 가진다.

④ 떡의 역사는 비교적 짧다.

> **해설** 떡의 기원은 문헌을 통해서는 정확하게 알기 어렵지만 멀리는 신석기 시대를 떡의 시작으로 보는 견해가 있을 정도로 떡의 역사는 아주 오래됐다.

21 '어슬프게 한 일은 곧 나쁜 결과를 가져온다'는 떡에 관련된 속담은?

① 호박떡도 데워서 먹어야 한다.

② 선떡이 부스러진다.

③ 밥 위에 떡이다.

④ 떡 가지고 뒷간 간다.

> **해설** 선떡이 부스러진다는 것은 떡이 채 익지 아니하면 푸슬푸슬 부스러진다는 뜻이다.

22 물편에 대한 설명이 옳은 것은?

① 물을 충분히 내려서 찐 떡이다.

② 도병이라 하여 물을 축여가며 찧는다는 뜻이다.

③ 끓는 물로 반죽하여 만든 떡이다.

④ 시루떡 이외의 모든 떡을 이르는 말이다.

> **해설** 민속음식의 하나로 시루떡을 제외한 모든 떡은 물편에 들어간다. 물편의 종류는 매우 다양해 시루떡과 함께 떡의 대종(大宗)을 이룬다. 절구에 쳐서 만드는 떡으로는 절편, 개피떡, 인절미, 단자가 대표적이다.

23 혈관 강화작용이 있는 루틴을 함유하고 있는 곡류는?

① 옥수수   ② 수수

③ 메밀   ④ 귀리

> **해설** 메밀에 함유되어 있는 루틴은 모세혈관이 약해지는 것을 방지하고, 혈압이나 뇌출혈을 치료하는 약재로 사용한다.

24 다음 중 발효시켜 만드는 떡은?

① 주악   ② 웃지지

③ 부꾸미   ④ 증편

> **해설** 증편은 멥쌀가루에 막걸리를 넣고 부풀려 쪄서 오뉴월 뙤약볕에도 쉬지 않는 떡이다.

25 증편에 대한 설명 중 옳지 않은 것은?

① 기주떡 또는 술떡이라고 한다.

② 여름에 주로 먹는 편이다.

③ 상화병이 본래 명칭이다.

④ 찌는 모양에 따라 명칭이 달라진다.

> **해설** 상화병은 유둣날 만들어 먹는 밀가루떡이다.

26 증편의 다른 이름이 아닌 것은?

① 기주떡   ② 기정떡

③ 술떡   ④ 쉼떡

> **해설** 쉼떡은 (함북, 중국 길림성) 지방에서 부르는 송편의 방언이다.

27 증편의 발효조건 중 옳지 않은 것은?

① 쌀가루는 고운체에 곱게 내린다.

② 무살균 탁주를 이용한다.

③ 설탕은 발효할 수 있는 효모의 영양분이 된다.

④ 발효온도는 50~60℃가 적당하다.

해설 증편의 발효온도는 30~35℃가 적당하다.

28 다음 떡에 대한 설명 중 옳지 않은 것은?

① 멥쌀가루에 생콩가루를 섞어 떡을 하면 콩의 단백질이 식감을 부드럽게 해준다.

② 물 내리기를 할 때 찐 단호박을 넣으면 선명한 노란색 떡이 만들어진다.

③ 증편을 짧은 시간 안에 발효시키려면 물의 양을 줄이고 막걸리 양을 늘린다.

④ 더운 여름 증편이 과발효되었을 때는 찹쌀가루를 더 넣어 농도를 맞춘다.

해설 더운 여름날 해 먹는 증편 반죽이 과발효되면 떡을 쪘을 때 부풀지 않는다.

29 찹쌀이나 멥쌀을 시루에 쪄 만든 밥을 표현한 것 중 옳지 않은 것은?

① 고두밥　　② 술밥

③ 지에밥　　④ 진밥

해설 진밥은 김밥의 평안도 사투리이다.

30 증병에 대한 설명으로 옳지 않은 것은?

① 곡물을 가루 내어 시루에 안치고 물솥 위에 얹어 증기로 쪄내는 떡이다.

② 일명 시루떡이다.

③ 떡의 모양에 따라 설기떡과 켜떡이 있다.

④ 켜떡을 무리떡이라고 한다.

해설 켜떡은 무리떡이 아니라 켜를 지어 만든 떡이다.

31 다음 중 각색편이 아닌 것은?

① 백편　　　② 석이편

③ 꿀편　　　④ 승검초편

해설 각색편은 백편, 승검초편, 꿀편을 말하며, 갖은편이라고도 일컫는다.

32 다음 중 삼색 별편이 아닌 것은?

① 송기편　　② 송화편

③ 흑임자편　④ 매실백편

해설 송기가루, 송홧가루, 흑임자가루를 멥쌀가루에 각각 섞고 체에 내린 후 잣가루를 섞어 석이버섯채와 대추채를 고명으로 얹어 쪄내는 떡이다. 세 가지 색의 특별한 맛이라는 뜻에서 삼색 별편이라는 이름이 붙었다.

33 다음 중 찌는 떡으로만 짝지어진 것은?

① 고치떡, 산병, 당귀떡

② 혼돈병, 두텁떡, 석이병

③ 인절미, 석탄병, 백설기

④ 송편, 수수부꾸미, 석류병

해설 혼돈병, 두텁떡은 찹쌀가루, 석이병은 멥쌀가루로 만드는 찌는 떡이다.

34 다음 중 찌는 떡이 아닌 것은?

① 상화병　　② 경단

③ 석이병　　④ 두텁떡

해설 경단은 찹쌀가루나 수수 가루를 익반죽하여 모양을 빚어 끓는 물에 삶아 콩고물이나 깨고물, 팥고물 등을 묻힌 떡이다.

35 굳은 다음 썰어 놓은 떡 모양이 마치 편육을 썰어 놓은 것 같다 해서 붙여진 이름의 떡으로 부산에서 '모두배기'라 일컫는 떡은?

① 쇠머리떡 ② 구름떡
③ 석이병 ④ 두텁떡

해설 쇠머리떡은 찹쌀가루만 사용하면 더디 익어 멥쌀을 1/5 정도 섞어 만들기도 한다. 부산에서는 '모두배기'라 하여 장마 전 묵은 곡식을 전부 꺼내 만들어 먹었다.

36 다음 중 찹쌀떡에 대한 설명으로 틀린 것은?

① 떡의 당도는 앙금의 당도와 맞춘다.
② 유화제를 과량 사용하면 윗면이 갈라진다.
③ 물엿은 떡을 촉촉하게 하기 위해 총 당량의 30%까지 넣는다.
④ 아밀라아제 과다 사용 시 시간이 지나면 제품이 풀이 된다.

해설 찹쌀떡은 앙금을 사용하므로 단맛을 따로 낼 필요가 없다.

37 두텁떡을 표현한 말 중 옳지 않은 것은?

① 석탄병 ② 합병
③ 후병 ④ 봉우리떡

해설 두텁떡은 봉우리떡, 합병, 후병(厚餅)이라고 한다.

38 다음 중 흰떡(白餅)이라고도 불리며, 설날 떡국을 만들어 먹는 떡은?

① 가래떡 ② 송편
③ 절편 ④ 쑥떡

해설 멥쌀가루를 쪄서 안반에 놓고 매우 쳐서 둥글고 길게 늘여 만든 것으로 모양이 길다고 하여 가래떡이라 부른다. 『동국세시기(1846)』에 "백탕(白湯) 또는 병탕(餅湯)이란 음식을 설날 아침에 반드시 먹었으며 손님이 오면 이것을 대접했다"고 기록되어 있다.

39 떡 이름에 잡과(雜果)가 들어가는 것은 떡을 어떤 방법으로 제조했다는 뜻인가?

① 여러 부재료가 들어갔다.
② 멥쌀을 사용하였다.
③ 찹쌀을 사용하였다.
④ 잡곡이 주재료이다.

해설 잡과병은 멥쌀가루에 대추, 곶감, 유자 등 과일과 잣, 밤, 호두 등을 넣고 찌는 떡으로 경상도 지방의 떡이다. 음식 이름에 붙는 '잡'이라는 명칭은 주재료와 부재가 함께 섞인다는 것을 의미한다.

40 우리나라에서 모유가 부족할 때 이유식으로 만들어두었다가 아기에게 먹였던 떡은?

① 인절미 ② 달떡
③ 경단 ④ 백설기

해설 백설기는 햇볕에 잘 말려서 고운 가루로 만들어 이유식인 암죽을 쑤어 먹었다.

41 흰떡을 만들어 찐 다음, 절구에 쳐서 두 번째로 소를 넣어 송편 모양으로 빚고 다시 찐 떡의 이름은?

① 달떡 ② 용떡
③ 여주산병 ④ 재증병

해설 재증병(再蒸餅)은 두 번 찐다는 의미이며, 특히 정월 대보름 차례에 많이 쓰이는 떡이다.

42 다음 중 지지는 떡이 아닌 것은?

① 화전　　　　② 개성주악
③ 수수부꾸미　④ 산승

해설 개성주악은 찹쌀가루와 밀가루를 막걸리로 되직하게 반죽하여 빚어서 기름에 튀겨낸 떡으로 '우메기'라고도 한다.

43 지지는 떡을 만드는 방법으로 옳지 않은 것은?

① 계절의 꽃이 없을 경우 대추, 쑥갓 잎을 이용하여 모양을 내도 좋다.
② 찹쌀 반죽은 많이 치대야만 표면이 부드럽고 갈라지지 않는다.
③ 반죽할 때에는 찹쌀가루를 조금 남겨 놓고 반죽의 상태를 봐가면서 해야 반죽이 질어지는 것을 방지할 수 있다.
④ 지지는 떡의 반죽은 기름에 지지기 때문에 찬물로 질게 반죽해도 된다.

해설 지지는 떡은 찹쌀가루를 익반죽하여 모양을 만들어 기름에 지진 떡으로 화전류 · 주악류 · 부꾸미류 · 산승류 · 전병류 등이 있다.

44 약식 재료 중 캐러멜 소스를 만드는 방법은?

① 백설탕을 물에 넣고 저어서 사용한다.
② 백설탕을 끓는 물에 끓여서 사용한다.
③ 백설탕과 물을 냄비에 넣고 불에 올려 갈색이 될 때까지 가열한다.
④ 물엿을 가열해서 사용한다.

해설 캐러멜 소스는 설탕을 녹여 끓인 것으로, 가열로 인해 갈색을 띤다. 150℃ 이상으로 가열하면 설

탕은 색이 변하며 차츰 단맛이 없어지게 되고, 처음에는 약하게 타는 냄새가 나기 시작하다가 점점 그 강도가 강해진다.

45 캐러멜 색소를 만들 때 설탕의 결정화를 막아주는 것은?

① 설탕　　　② 물엿
③ 꿀　　　　④ 식용유

해설 캐러멜 색소를 만들 때 설탕의 재결정화를 막기 위해 마지막에 물엿을 넣는다.

46 다음 중 토란의 아린 맛 성분은?

① 갈락탄
② 리나마린
③ 이눌린
④ 호모겐티스산

해설 호모겐티스산은 죽순이나 토란의 아린 맛을 나타내는 물질이다.

47 『주례』에 찹쌀밥을 찐 후 쳐서 만든 떡에 콩가루를 묻힌 것으로 지금의 인절미와 비슷한 떡은?

① 혼돈(餛飩)
② 박탁(餺飥)
③ 교이(餃餌)
④ 구이분자(糗餌粉餈)

해설 구이분자는 쳐서 만든 떡에 콩가루를 묻힌 형태의 떡으로 지금의 인절미와 비슷한 떡이다.

48 상사일(上巳日)은 첫 번째 뱀의 날로 집안에 뱀이 들어온다 하여 이를 막기 위해서 해 먹었던 떡은?

① 승검초편　　② 진달래화전
③ 청애병　　　④ 상화병

해설 고려시대에는 상사일(삼짇날)에 해 먹는 청애병을 음식 중 으뜸으로 여겼다고 한다.

49 다음 중 부편에 대한 설명으로 적절하지 않은 것은?

① 찹쌀가루를 익반죽한 뒤 볶은 콩가루에 꿀과 계핏가루를 섞어 소를 만들어 넣는다.
② 밀양을 비롯한 경상도 지방에서 즐겨 먹는다.
③ 찹쌀가루를 익반죽하여 누에고치 모양으로 만들어 삶아 잣가루를 묻힌 떡이다.
④ 대추채나 곶감채를 얹어 거피팥 고물을 뿌려 쪄낸 떡이다.

해설 부편은 누에고치 모양으로 만드는 게 아니라 경단보다 조금 더 큰 크기로 만든 것이다.

50 남방 감저병에 대한 설명 중 틀린 것은?

① 고구마가루와 전분가루를 섞어서 시루에 찌는 떡이다.
② 고구마가 우리나라에 도입될 당시 남방(南方)인 지금의 일본에서 들어왔다고 해서 남방감저라고 한 것이다.
③ 고구마를 껍질째 씻어서 말리어 가루를 낸다.
④ 병은 떡을 의미하는 한자어이다.

해설 남방 감저병은 찹쌀가루에 고구마가루를 섞어 시루에 찐 떡이다.

정답

01 ②	02 ③	03 ③	04 ④	05 ①	06 ④	07 ①	08 ②	09 ②	10 ③
11 ①	12 ④	13 ②	14 ②	15 ③	16 ④	17 ①	18 ④	19 ②	20 ④
21 ②	22 ④	23 ③	24 ④	25 ③	26 ④	27 ④	28 ④	29 ④	30 ④
31 ②	32 ④	33 ②	34 ②	35 ①	36 ③	37 ①	38 ①	39 ①	40 ④
41 ④	42 ②	43 ④	44 ③	45 ②	46 ④	47 ④	48 ③	49 ③	50 ①

제4절 떡류의 포장 및 보관

1 떡류 포장 및 보관 시 유의사항

떡은 만들어진 순간부터 수분이 증발하면서 노화가 시작되는데 노화가 계속 진행되면 떡의 품질이 나빠지므로 이를 보완하기 위하여 떡의 재료 및 형태에 맞춰 차단성이 있는 포장재료를 사용해서 포장을 해야 한다.

1) 포장재의 조건(기준)

(1) **위생성** : 식품의 수분, 산, 염류, 유지 등의 부식 또는 용출로 위생상(무해, 무독, 무미, 무취)의 문제를 유발하지 않아야 한다.

(2) **보호성**
   ① 떡의 모양이 유지되어야 하므로, 물리적 강도를 유지해야 한다.
   ② 내용의 성분 변화 반응으로부터 보호할 수 있어야 한다.

(3) **안정성** : 포장재료의 규격이 일정하고, 작업 중 그 변화가 적어야 하며, 강도나 유연성이 적정하여 손상 및 파손을 받지 않는 것이어야 한다.

(4) **상품성** : 겉면에 상품을 표시하도록 하는 식품위생법의 규정을 준수해야 한다.
   ① 상표 디자인을 고려해야 한다.
   ② 상품을 가치 있게 표현하고 인쇄하며 투명성, 광택의 유·무를 검토한다.

(5) **간편성** : 포장 식품 섭취 시 단시간에 가열 또는 냉각될 수 있고, 간단히 개봉할 수 있어야 한다.

(6) **경제성** : 적정한 가격이어야 한다.

2) 포장용기 표시사항

(1) 식품 포장의 정의

식품의 수송, 보관 및 유통 중에 그 품질을 보존하고, 위생적인 안전성을 유지하며 생산, 유통과 수송의 합리화를 도모함과 아울러 상품으로서의 가치를 증대시키며 판매를 촉진하기 위하여 알맞은 재료나 용기를 사용하여 식품에 적절한 처리를 하는 기술이나 이를 적용한 상태를 말한다.

(2) 우리나래(식품위생법) 제9조 1항 규정에 의거 식품공전 제7장 기구 및 용기, 포장 규격에 대해 규정하고 있다.

(3) 포장용기 표시사항

① 제품명 : 제품을 나타내는 고유 명칭

② 식품의 유형 : 식품의 기준 및 규격의 최소 분류 단위

③ 영업소(장)의 명칭(상호) 및 소재지

④ 유통기한

⑤ 원재료명

⑥ 용기 및 포장 재질

⑦ 품목 보고 번호 : 「식품위생법」 제37조에 따라 제조·가공업 영업자가 관할기관에 품목제조를 보고할 때 부여되는 번호

⑧ 성분 및 함량(해당 경우에 한함)

⑨ 보관 방법(해당 경우에 한함)

⑩ 주의사항

3) 냉장·냉동 등 보관 방법

(1) 냉장법

① 식품을 10℃ 이하의 온도로 저장수명을 연장할 수 있다.

② 미생물의 성장, 증식 억제 작용을 한다.

③ 효소로 인한 변패 화학반응을 최소화하여 저장수명 연장이 가능하다.

④ 상대습도 80~95%로 유지한다.

⑤ 떡은 0~60℃에서 노화가 일어나는데 0~4℃에서 가장 노화가 빠르게 일어나기 때문에 떡을 보관할 때는 냉장 보관을 피해야 한다.

(2) 냉동법

① 장점

  ㉠ −18~−20℃의 저온에서 식품의 자체 수분을 전부 동결하여 저장하므로 저장 방법 중 가장 우수하다.

  ㉡ 급속 동결을 하여 동결 시까지의 조직 손상을 적게 한다.

② 단점

  저장실 온도가 일정치 않으면 재결정화로 표면 중의 얼음이 승화되어 맛, 조직 손상이 올 수 있는 것이 단점이다.

❷ 떡류 포장재료의 특성

포장재는 종이, 플라스틱, 유리, 금속 포장재 등 다양한 종류가 있으나, 떡 포장으로는 플라스틱 재질인 폴리에틸렌(PE)을 주로 사용하고 있다.

1) 종이

가장 오래된 형태의 포장재질이다. 떡의 경우 종이를 바로 사용하기보다는 코팅된 종이나 종이 접시 등에 담아 사용되고 있다.

2) 폴리에틸렌(Polyethylene, PE)

인체에 무해하여 식품이 직접 닿아도 되는 소재로 수분 차단성이 좋아 식품 포장용으로 많이 사용된다. 다양한 식품 포장 외에도 택배 포장 봉투, 에어캡, 선물 포장지 등 여러 종류의 포장에 두루 사용되고 있다.

3) 셀로판

펄프(Pulp)를 원료로 하여 만들어진 필름으로 인체에 무해하고 광택이 있으며, 투명성과 인쇄성이 좋다. 그러나 산과 알칼리, 습기에 약하고 열접착이 안 되는 단점이 있다.

4) 알루미늄박

알루미늄 성분이 92~99% 함유되어 있으며 빛, 물, 세균을 차단하고 사용하기 편리하여 매료되는 소비자들이 많다.

5) 아밀로오스 필름

포장재 자체를 먹을 수 있으며, 신축성과 열 접착성이 좋다.

출제예상문제

01 포장 후 화학적 식중독이 감염되지 않는 용기로 유해하지 않은 것은?

① 형광물질이 함유된 종이물질
② 착색된 비닐포장재
③ 페놀수지 제품
④ 알루미늄박 제품

해설 알루미늄박은 알루미늄 합금을 종이(schlagmetal) 처럼 얇게 만든 것이다. 식료품, 담배, 약품 등의 포장재료로 많이 쓰인다.

02 식품포장에 대한 설명으로 옳지 않은 것은?

① 식품의 수송, 보관을 용이하게 하기 위해 필요한 작업이다.
② 식품의 상태를 보호하고 위생적으로 안정성을 보장하기 위한 작업이다.
③ 식품의 가치상승을 위해 식품포장을 한다.
④ 식품포장은 식품을 유통할 때만 필요한 작업이다.

해설 식품포장은 수송의 편이, 저장 및 판매를 위해 상품을 싸서 꾸리는 기술이나 기법이 필요한 작업이다.

03 떡류 포장재질로 주로 사용되는 것은?

① 폴리에틸렌(PE) ② 유리
③ 종이   ④ 알루미늄박

해설 폴리에틸렌은 인체에 해가 없는 플라스틱 재질로

1회용 잡화, 병, 포장재, 전기 절연체로 많이 사용된다.

04 셀로판 포장지의 특징으로 옳지 않은 것은?

① 일반적으로 독성이 없다.
② 가시광선을 거의 투과시키지 못한다.
③ 온도의 영향을 많이 받는다.
④ 보통 셀로판에는 방습성이 없으나 방습 셀로판은 방습성이 있다.

해설 셀로판은 재생 셀룰로오스로 만든 얇고 투명한 시트로 공기, 기름, 박테리아, 물 등이 잘 투과하지 못한다.

05 포장재 자체를 먹을 수 있는 것으로 치즈, 버터의 내유피막으로 사용하며 물에 녹지 않아 셀로판 정도로 질기고 신축성이 있는 포장재는?

① 알루미늄박
② 폴리염화비닐
③ 염화수소 고무
④ 아밀로오스 필름

해설 아밀로오스 필름은 녹말에서 아밀로오스를 분리한 무색 투명 포장지이다.

06 떡류를 포장할 때의 방법으로 옳지 않은 것은?

① 떡은 뜨거운 김이 오를 때 즉시 포장

해서 수분을 잃지 않도록 한다.

② 떡은 주재료에 따라 찌기 전 포장용지나 방식에 맞추어 칼로 잘라놓는다.

③ 떡을 포장할 때는 수분 증발을 막기 위해 비닐을 덮어놓고 작업한다.

④ 포장이 모두 끝나면 식품 표시사항을 부착한다.

> **해설** 떡을 포장할 때는 한 김 나간 뒤 식혀서 포장해야 떡이 질어지지 않는다.

07 떡을 포장하기 전에 냉동고에 떡을 넣어 냉각하는 이유로 옳은 것은?

① 미생물이 번식하기 좋은 온도를 지나가야 하므로 빨리 온도를 낮추기 위해서

② 떡을 포장할 때 고물이 떨어지는 것을 방지하기 위하여

③ 떡의 모양을 고정시켜 기계 포장을 쉽게 하기 위하여

④ 떡을 포장하기 전 임시 보관장소로 사용하기 위하여

> **해설** 미생물의 번식은 제품의 온도에 따라 종류가 다르다. 저온균, 중온균, 고온균으로 나누며, 온도에 따른 미생물 번식을 차단하기 위해서이다.

08 기구 또는 용기 · 포장의 표시사항이 아닌 것은?

① 재질

② 영업소 명칭 및 소재지

③ 가격

④ 소비자 안전을 위한 주의사항

> **해설** 가격은 표시하지 않아도 된다.

09 떡을 폴리염화비닐로 포장하였을 경우 나타나는 문제점은?

① 가소제의 첨가량이 많아지면 중금속이 용출된다.

② 탄력성이 있다.

③ 투명성이 좋고 내수성과 내산성이 좋다.

④ 값이 저렴하다.

> **해설** 폴리염화비닐은 단독으로 비교적 단단하고 잘 부서지나, 프탈산다이옥틸과 같은 가소제를 첨가하면 탄성을 갖게 되는데 가소제의 첨가량이 많아지면 중금속이 용출된다.

10 다음 중 합성 플라스틱 용기에서 검출되는 유해물질은?

① 비소   ② 포르말린

③ 주석   ④ 수은

> **해설** 포르말린은 독성을 지닌 무색의 자극적 냄새가 나는 유해화학물질이다.

11 용기 또는 포장 표시사항 및 기준과 거리가 먼 것은?

① 포장을 함으로써 본래의 표시가 투시되지 않을 때는 포장한 것에 다시 표시하여야 한다.

② 표시항목은 보기 쉬운 곳에 알아보기 쉽도록 표시하여야 한다.

③ 외국어를 한글과 병용할 때 용기 또는 포장의 다른 면에 외국어를 동일

하게 표시할 수 있다.

④ 다른 제조업소의 표시가 있는 것도 사용할 수 있다.

해설 다른 제조업소의 표시가 있는 것은 사용할 수 없다.

12 플라스틱 용기 중 페놀수지에 대한 설명이 틀린 것은?

① 50℃ 이하에서는 페놀과 포르말린 성분이 거의 없어 보건상 우수하다.

② 페놀과 포르말린을 가열 축합하여 제조한다.

③ 무색이며 내열성이나 내수성이 떨어져 현재 사용되는 플라스틱 용기 중에서 보건상 문제가 가장 많다.

④ 장기간 사용에도 견디며, 열경화성 수지 중에서 내열성과 내산성이 가장 우수하다.

해설 포장용기 중 플라스틱은 역사가 가장 오래된 재료로, 유리와 고무 등 각종 충전재료와 병용하는 경우가 많다.

13 식품 포장지나 냅킨 사용 시 폐암을 일으킨다는 논란이 있어 사용을 금지하고 있는 유해물질은?

① 형광증백제   ② 주석

③ 납   ④ 산화방지제

해설 형광증백제는 청색이나 자색의 형광에 의해 종이 또는 섬유의 황색을 희게 보이게 하는 무색의 화합물이나 형광증백제를 사용 시에는 식품에 접촉되는 면을 합성수지로 코팅하여 용출되지 않게 해서 사용해야 한다.

14 냉장과 냉동 보관방법에 대한 설명으로 옳지 않은 것은?

① 냉장 보관은 주로 채소나 과일에 많이 사용된다.

② 냉장법은 저온으로 미생물의 증식을 일시적으로 억제시킨 방법이다.

③ 냉동법은 미생물의 변화를 완벽하게 중지시킨 것으로 오래 보관해도 식품의 품질에는 변화가 없다.

④ 냉동은 −18℃ 이하로 식품 자체의 수분을 냉각시키는 방법이다.

해설 냉동 보관법도 시간이 지나면 수분이 증발하여 식품의 품질에 변화가 있다.

15 완성된 떡을 급랭한 후, 냉장 보관하였다가 꺼내두면 다시 말랑하게 되는 이유는?

① 수분이 빙결정 상태로 전분질 사이에 존재하는 수소결합을 방해하기 때문이다.

② 급랭과정에서 떡 표면이 코팅되기 때문이다.

③ 해동과정 중에서 수분이 떡 속으로 침투되기 때문이다.

④ 미생물을 열처리하여 사멸시킨 후 밀봉상태의 보존성이 좋기 때문이다.

해설 수분의 함량(30~60%) 조절이 빙결정 상태로 전분 분자 사이에 존재하는 수소결합을 방해하기 때문에 전분 분자 간의 결정화를 방지한다.

16 떡을 냉장 보관하였을 때 나타나는 현상은?

① 전분의 노화가 빨리 일어나 떡이 굳고 맛이 떨어진다.
② 전분의 호화로 부드럽고 맛이 좋아진다.
③ 전분의 호정화로 맛이 부드러워진다.
④ 전분의 노화로 떡이 물러진다.

해설 떡을 냉장 보관하면 전분의 노화로 굳어진다.

17 떡 포장재료의 구비조건으로 틀린 것은?

① 포장재료의 가격이 저렴해야 한다.
② 제품의 상품 가치를 높일 수 있어야 한다.
③ 식품을 보호하고 이물질 혼입이 방지되어야 한다.
④ 방수성과 통기성이 있어야 한다.

해설 포장재는 방수성이 있고 통기성이 없어야 한다. 포장 외부와 수분의 이동이 생기면 포장 내부 식품에 곰팡이나 박테리아가 번식한다.

18 기계로 떡을 포장하고 마지막 단계로 하는 작업은?

① 식품 표시 부착
② 포장지 위생상태
③ 금속 검출기 통과
④ 수량 상태

해설 기계 포장으로 완성이 되면 금속 검출기에 넣어 금속류가 검출되는지 확인해야 한다.

19 켜떡 포장하는 방법으로 옳지 않은 것은?

① 켜떡은 가래떡보다 유통기한이 길어 PE재질로 포장한다.
② 내용물을 충분히 보호할 수 있는 포장재를 사용하며 포장상태가 양호해야 한다.
③ 포장이 끝난 제품은 외관검사와 함께 법적인 표시 사항이 기록되었는지를 포장한다.
④ 소량을 포장할 때는 PE봉투에 계량하여 포장한 후 진공 밴드 실러를 사용하여 포장한다.

해설 켜떡은 가래떡보다 유통기한이 짧고 포장 후에 내부에서 수증기가 응축하여 부분적으로 물에 젖은 상태의 반점이 생기지 않도록 해야 한다.

20 폴리에틸렌(PE) 포장지에 대한 설명으로 옳지 않은 것은?

① 90℃ 이상의 식품을 오래 담아 두면 코팅이 벗겨진다.
② 전자레인지에 사용해도 된다.
③ 변색, 변형에 강하여 장기간 보관도 용이하다.
④ 산성성분에 사용 시 화학물질이 녹아 나온다.

해설 폴리에틸렌 재질은 전자레인지, 알코올, 산성성분 사용은 금해야 한다.

정답

01 ④	02 ④	03 ①	04 ②	05 ④	06 ①	07 ①	08 ③	09 ①	10 ②
11 ④	12 ③	13 ①	14 ③	15 ①	16 ①	17 ④	18 ③	19 ①	20 ②

제 **3** 장

위생·안전 관리

떡제조기능사
필기실기

제 **3** 장 위생 · 안전 관리

---

1 개인 위생관리 방법

1) 개인위생의 정의와 범위

(1) 개인위생의 정의

① 사람과 음식물의 접촉 : 장내 세균은 사람의 접촉으로 인하여 음식물에 들어오는 가장 중요한 병원성 미생물이다.

② 개인위생(personal hygiene) : 식품 취급자의 개인적인 청결(신체, 의복, 습관 등) 유지와 위생관련 실천행위를 의미하며, 주위의 작업환경 위생과 밀접하게 결부되어 있다.

③ 개인위생의 범위 : 신체부위, 복장, 습관, 장신구, 건강관리와 건강진단 등이 포함된다.

◎ 인체 유래 병원체와 근원

경 로	질 병	병 원 체	근 원
피부, 입	Staphyococcal (enterotoxicosis)	황색포도상구균	인·후두감염 및 피부
항문, 입	Salmlnellosis	살모넬라균	소화관
항문, 입, 기타 경로(추정)	Escherichia coli enteritis	병원성 대장균	불확실함(소화관으로 추정)
항문, 입	Shigellosis	이질균	소화관
항문, 입	Hepatitis A	A형 간염바이러스	불확실함(소화관으로 추정)

2) 인체 유래 병원체의 식품오염

(1) 신체 주위

① 얼굴, 목, 손, 머리카락에는 다른 부위보다 세균이 더 많고 밀집되어 있다.

② 신체 중 노출되는 부위는 공기와의 접촉, 다른 사람과의 접촉에 의해 더욱 많이 오염된다.

(2) 피부의 pH

① 피부의 pH나 산도에 영향을 끼치는 요인 : 땀샘으로부터 분비되는 젖산, 세균에 의해 생산되는 지방산, 피부에 확산되는 이산화탄소 등에 영향을 받는다.

② 피부의 산성도는 pH 5.5 정도인데 이는 피부에 있는 토착세균의 성장에는 도움이 되지만 일시적으로 묻은 세균에 대해서는 그렇지 않다.

③ 비누, 크림 및 기타 세제를 사용하면 피부의 pH를 변화시키며, 피부에서 성장하는 세균의 종류를 변화시킬 수 있다.

(3) 영양분

땀은 수용성 영양분, 피지는 지용성 영양분을 함유하고 있다. 이들 영양분은 미생물 성장에 상당한 기여를 하는 것으로 보고 있다.

(4) 연령

사람이 옮기는 미생물의 종류와 양은 성장하면서도 변화한다.

(5) 건강상태

① 사람이 아플 때는 더 많은 미생물을 전파시키므로, 식품을 더 많이 오염시킬 수 있다.
② 체내에 있는 미생물의 수가 증가함에 따라 질병 징후가 나타난다.
③ 징후가 없어진 후에도 어떤 미생물은 체내에 남아 식품을 오염시킬 수 있다.

3) 개인위생의 주요 내용

(1) 신체부위

① 피부

ㄱ 피부에 분비물이 쌓이고 세균이 성장 및 번식하면 피부가 가렵거나 자극이 될 수 있으며, 식품취급자가 이곳을 문지르거나 긁으면, 긁은 곳의 세균이 식품에 전파된다.
ㄴ 오염된 식품은 품질 수명이 짧아지거나, 식품매개성 질환을 야기하게 된다.

② 손과 손 씻기

ㄱ 비누와 물로 손을 씻으면 세균을 상당히 제거할 수 있으며, 손을 문질러 씻거나 문지르는 솔로 씻으면 그냥 씻는 것보다 훨씬 많은 세균이 제거된다.

ㄴ 식품업소에서 손 씻기에 사용되는 소독제로는 비누와 더불어 염소, 요오드포름, 역성비누, 4급 암모늄 화합물 등이 있다.

ㄷ 식품취급자에게 권장되는 손 씻기 과정
손에 물을 적심 → 비누칠 → 비누 거품을 냄 → 솔로 닦아냄 → 헹굼 → 다시 비누칠하여 거품을 냄 → 헹굼 → 건조 등이다.

      ㄹ 손 씻기에서 필수적인 두 가지 전제사항

- 충분한 시간 동안 씻는 것(30초 이상)
- 충분히 싹싹 문질러 씻는 것(손톱 밑까지 손톱 솔을 사용해서 닦아야 한다)

      ㅁ 손 씻기를 해야 하는 경우

- 작업하기 전
- 점심시간 및 휴식시간 전후
- 화장실 사용 후
- 식품취급 작업장을 떠났다가 돌아왔을 때
- 같은 식품처리장에서 업무를 바꾸었을 때
- 오물이 묻어 있거나 기준 이하의 수준에 있는 식품 또는 기구를 만져 예상치 못하게 손이 오염되었을 때

③ 머리와 모발 관리

모든 형태의 모발은 대개 미생물에 오염되어 있으므로 식품취급업소에서는 위생모, 위생복 착용을 의무화하여야 한다.

④ 입과 구강 위생

      ㄱ 사람의 경우 대개 하루 세 끼의 식사 후와 잠자기 전의 양치질이 권장되며, 음식물을 먹은 후 3분 이내에 이를 닦는 것이 효과적이다.

      ㄴ 식품취급자는 작업 중에 흡연하면 안 된다.

⑤ 코 · 목 관리

      ㄱ 식품취급자가 코를 풀고 난 후에는 손 소독액에 손을 담그는 등의 방법으로 손 소독을 해야 한다.

      ㄴ 식품취급자는 부득이하게 재채기나 기침을 할 경우 손보다 팔이나 어깨를 사용하여 코와 입을 완전히 가려야 한다.

⑥ 눈

눈에 감염이 있는 식품취급자가 눈을 문지르면 손이 오염된다.

⑦ 배설기관 관리

식품취급자는 화장실에서 용변을 본 후에는 비누로 손을 깨끗이 씻고, 식품을 취급하기 전에 손을 소독해야 한다.

(2) 복장

① 식품업소 종사자의 위생복은 청결하고 깔끔하며 보석이나 장식물이 부착되지 않아야 한다.
② 위생복은 잘 세탁되어 지속적으로 청결하게 공급되어야 한다.
③ 위생복의 착용은 위생에 대한 관심을 증가시킬 수도 있고 감소시킬 수도 있다.
④ 위생복의 주머니는 허리 아래 위치하도록 하고, 단추보다는 지퍼를 사용하는 것이 좋다.

(3) 좋은 습관과 나쁜 습관

① **식품취급자의 좋은 습관**

㉠ 필요 시 자동적으로 손을 씻는 것이다.
㉡ 음식물 섭취 후 즉시 양치질하기이다.
㉢ 개인위생의 실천 등 위생관리를 철저히 하는 것이다.

② **식품취급자의 나쁜 습관**

㉠ 작업 중에 침 뱉기, 흡연, 군것질, 껌 씹는 행위 등이다.
㉡ 기침, 재채기 등이다.
㉢ 코를 후비거나 코를 킁킁거리는 행위이다.
㉣ 손가락 빠는 습관, 손톱을 물어뜯거나 손톱으로 이를 긁는 습관이다.

ⓜ 다른 종사자와의 필요 없는 대화 금지 등이다.

(4) 장신구

① 식품취급 현장에서 보석류나 장신구의 착용을 금지하는 것은 위생관리 기본요건 중 하나이다.
② 보석류의 착용을 금하는 이유는 장신구들이 식품 속으로 들어갈 수 있기 때문이다.
③ 안전문제가 우려되기 때문이다.

(5) 신체검사와 건강진단

① 우리나라를 비롯하여 많은 나라에서 식품취급자는 채용 시와 고용 후에도 의무적으로 신체검사와 정기검진을 하도록 되어 있다.
② 신체검사와 정기 건강검진은 종사자들에게 예방적 건강행위가 얼마나 중요한지를 인식하게 하는 아주 좋은 기회이다.

(6) 개인위생관련 설비 및 기구

① 장갑

ㄱ 장갑의 이점
- 멸균된 장갑의 접촉표면은 처음에는 확실히 믿을 수 있다.
- 장갑이 찢어지거나 새지 않는 한, 손에 묻은 잠재적 미생물이 식품으로 들어가지 못하게 한다.

ㄴ 장갑 속의 피부는 꽉 막혀 심하게 오염된 땀이 빠른 속도로 피부와 장갑 사이에 축적되므로 장갑이 오염되거나 찢기면 음식물이 대량으로 오염될 수 있다.

② 화장실

ㄱ 화장실은 사용하기 편리해야 하고, 동시에 청결을 철저히 유지하기 쉽도록 설계되어야 한다.

ⓛ 화장실 위생관리 : 휴지의 충분한 공급, 비누와 수건, 건조기 비치 등, 작지만 중요한 세부사항과 청소 및 쓰레기 처분이 중요한 부분을 차지한다.

ⓒ 모든 화장실에 위생수칙을 비치하여, 모든 종사자가 화장실에서 용변을 본 후 즉시 비누로 손을 철저히 씻게 해야 한다.

③ 로커(locker)

㉠ 로커는 청결해야 하고, 환기도 잘 되어야 하며, 옷이나 개인물품을 보관하기에 충분한 크기여야 한다.

ⓛ 식품은 로커에 저장되면 안 된다.

ⓒ 위생관리자는 종사자에게 수시로 위생교육을 하고 로커의 위생검사를 받도록 한다.

② 오염 및 변질의 원인

1) 식품오염의 원인

(1) 오염원

원료, 식품, 포장재, 공기, 물, 흙, 오염된 식품 접촉, 사람, 동물, 곤충 등이다.

(2) 식품오염원의 종류

구 분	내 용
생물학적	세균, 곰팡이, 기생충 등이다.
화학적	자연독, 중금속, 방부제, 식품첨가물 등이다.
물리적	이물질 등이다.

(3) 식품의 오염 지표균

구 분	내 용
대장균군	• 식품이나 물의 분변에 의한 오염지표 세균으로 사용되고 있으며 그람음성, 무포자 간균으로 호기성 또는 혐기성 세균을 말한다. • 검출 방법이 간단하여 식품위생의 지표 미생물로 사용한다.
대장균	• 사람이나 동물의 장 속에 사는 분변성 대장균이다. • 식품 동결 시 사멸되므로 다른 세균과 구별이 어려워 지표 미생물로 미흡하다.
장구균	• 식품 동결 시에도 잘 죽지 않아 분변오염의 지표로 사용한다. • 통성 혐기성 그람양성 구균이다.

2) 식품의 변질

(1) 원인

- 미생물의 번식으로 인한 부패
- 산화로 인한 지방의 산패 및 비타민의 파괴
- 식품 자체의 효소작용
- 물리적 작용에 의한 변화

(2) 종류

구 분	내 용
변패(deterioration)	탄수화물, 지방질 식품이 미생물에 의해 식품의 성분이 변질되거나 저하되는 현상이다.
부패(putrefaction)	단백질 식품이 혐기성 세균에 의해 분해되어 악취와 유해물질을 생성하는 현상이다.
후란(decay)	단백질 식품이 호기성 세균에 의해 분해되는 현상으로 악취가 없다.
산패(rancidity)	지방질 식품이 산소, 일광, 금속 등에 의하여 맛과 빛깔, 냄새 등이 변질되는 현상이다.
발효(fermentation)	탄수화물 식품이 미생물에 의해 알코올과 유기산 등 유용한 물질을 생성하는 현상이다.

(3) 식품 변질에 영향을 주는 인자

① **영양소** : 탄소, 질소, 비타민, 무기질 등이다.

② **수분** : 미생물이 이용 가능한 수분을 수분활성도(water activity, Aw)라 하며, 일반 세균 0.91, 일반 효모 0.88, 일반 곰팡이 0.80 범위에서 증식한다.

③ 수분활성도에 따른 부패 미생물의 증가 순서는 세균 > 효모 > 곰팡이 순이다.

④ **온도** : 저온균 0~20℃, 중온균 25~40℃, 고온균 45~60℃ 범위에서 잘 증식한다.

⑤ **pH** : 효모와 곰팡이는 pH 4~5 산성에서, 세균은 6.5~7.5 중성 부근에서 증식한다.

⑥ **산소**

구 분	내 용
호기성 균	산소가 반드시 있어야 증식한다.
혐기성 균	산소가 없어야만 증식한다.
통성혐기성 균	산소가 있거나 없어도 잘 증식한다.
편성호기성 균	산소가 없어도 증식하지만 있으면 더 잘 증식한다.
편성혐기성 균	산소가 있으면 증식하지 않는다.

(4) 식품의 보존법

구 분	내 용
물리적 방법	가열살균법, 냉장·냉동법, 탈수건조법, 조사살균법(자외선, 방사선)
화학적 방법	염장법, 당장법, 산 저장, 화학물질의 첨가
복합적 방법	탄수화물 식품이 미생물에 의해 알코올과 유기산 등의 유용한 물질을 생성하는 현상

③ 감염병 및 식중독의 원인과 예방대책

1) 감염병

병원체의 감염에 의해서 발생하는 질환이 사람이나 동물로부터 직접적 혹은 매개체를 통해 간접적으로 전파되는 질환이다.

(1) 감염병 발생의 3대 요소

구 분	내 용
감염원 (병원체, 병원소)	• 병원체 : 박테리아, 바이러스, 리케차, 기생충 • 병원소 : 질병 발생의 직접적 원인이 되는 요소(인간, 동물, 토양)
감염경로(환경)	감염원으로부터 감수성 보유자에게 병원체가 전파되는 과정
숙주의 감수성	병원체에 대한 면역성이 없고, 감수성이 있어야 함

(2) 감염병의 발생과정

구 분	내 용
병원체	병의 원인이 되는 미생물(세균, 리케차, 바이러스, 원생동물)
병원소	병원체가 증식하고 생존을 계속하면서 인간에게 전파될 수 있는 상태로 저장되는 장소(사람, 동물, 토양)
병원소로부터의 탈출	호흡기, 대변, 소변, 기계적 탈출
병원체의 전파	• 직접전파 : 사람에서 사람으로 전파 • 간접전파 : 물, 식품 등을 통해 전파
새로운 숙주를 통한 침입	소화기, 호흡기, 피부점막 등을 통해 침입

(3) 감염경로에 따른 분류

구 분	내 용
직접 접촉	매독, 임질
간접 접촉	• 비말감염 : 기침이나 재채기에 의해서 감염(디프테리아, 인플루엔자, 성홍열) • 진애감염 : 먼지에 의해서 감염(결핵, 천연두, 디프테리아)
개달물 감염	의복, 수건에 의해서 감염(결핵, 트라코마, 천연두)
수인성 감염	이질, 콜레라, 파라티푸스, 장티푸스
음식물 감염	이질, 콜레라, 파라티푸스, 장티푸스, 소아마비, 유행성 감염
토양 감염	파상풍

(4) 법정 감염병의 종류 및 분류

구 분	내 용
제1군 감염병	• 전파속도가 빨라서 유행 즉시 방역대책을 수립해야 하는 감염병 • 장티푸스, 콜레라, 파라티푸스, 세균성 이질, A형 간염, 장출혈성 대장균감염증
제2군 감염병	• 예방접종을 통하여 예방 및 관리할 수 있어 국가 예방접종사업의 대상 • 디프테리아, 파상풍, 백일해, 홍역, 유행성 이하선염, 풍진, 폴리오, B형간염, 일본뇌염, 수두, 폐렴구균, b형 헤모필루스 인플루엔자
제3군 감염병	• 유행할 가능성이 있어 방역대책이 필요한 감염병 • 말라리아, 결핵, 성홍열, 수막구균성 수막염, 레지오넬라증, 비브리오 패혈증, 발진티푸스, 발진열, 쯔쯔가무시증, 렙토스피라증, 브루셀라증, 탄저, 공수병, 유행성 출혈열, 후천성 면역결핍증, 인플루엔자, 매독, 크로이츠펠트-야콥병 및 변종 크로이츠펠트-야콥병, 한센병
제4군 감염병	• 국내에서 새롭게 발생하거나 국내로 유입된 국외 유행 감염병 • 페스트, 황열, 뎅기열, 바이러스성 출혈열, 두창, 보툴리누스중독증, 사스, 조류인플루엔자, 신종 인플루엔자, 야토병, 큐열, 웨스트나일열, 신종 감염병증후군, 라임병, 진드기매개뇌염, 유비저, 치쿤구니야열, 중증 열성 혈소판감소증후군(SFTS) 등
제5군 감염병	• 기생충 감염에 의해 발생되는 감염병 • 회충증, 편충증, 요충증, 간흡충증, 폐흡충증, 장흡충증
지정 감염병	• 지정 감염병은 제1~5군 전염병 외에 유행 여부의 조사를 위해 감시가 필요하다고 지정된 감염병 • C형 간염, 수족구병, 임질, 클라미디아 감염증, 헤르페스 바이러스 감염증, 무른 궤양, 사마귀 등 외에도 의료관련 감염병 6종, 장관감염증 20종, 급성호흡기감염증 9종, 해외유입기생충감염증 11종이 포함

(5) 병원체에 따른 감염

구 분	내 용
세균성	• 호흡기 : 디프테리아, 백일해, 결핵, 나병, 성홍열 • 소화기 : 콜레라, 장티푸스, 파라티푸스, 세균성 이질
바이러스	• 호흡기 : 홍역, 유행성 이하선염, 인플루엔자, 두창 • 소화기 : 유행성 간염, 소아마비(폴리오)
리케차	발진티푸스, 발진열, 양충병
스피로헤타	서교증, 매독, 와일씨병, 재귀열
원충	아메바성 이질, 말라리아, 트리파노소마

(6) 인체 침입에 따른 감염병

구 분	내 용
호흡기계 침입	디프테리아, 백일해, 결핵, 인플루엔자, 두창, 홍역, 풍진, 성홍열, 폐렴
소화기계 침입	콜레라, 장티푸스, 파라티푸스, 세균성 이질, 아메바성 이질, 소아마비, 유행성 간염
경피 침입	일본뇌염, 페스트, 발진티푸스, 매독, 나병

(7) 인수(人獸) 공통 감염병

구 분	병원체	동물명
탄저병	탄저균	소, 말, 돼지, 양
브루셀라병	브루셀라균	소, 돼지, 개, 닭, 산양, 말
돈단독	돈단독균	소, 말, 돼지, 양, 닭
결핵	결핵균	소, 양
야토병	야토균	산토끼
Q열	콕시엘라 브루네티	쥐, 소, 양, 염소
리스테리아증	리스테리아균	소, 말, 돼지, 양, 닭, 염소, 오리
광견병	광견병바이러스	광견병에 걸린 가축, 야생동물
조류인플루엔자	인플루엔자 바이러스	닭, 오리, 칠면조, 야생조류

(8) 위생해충에 의한 감염병

구 분	내 용
모기	말라리아, 일본뇌염, 황열, 뎅기열
이	발진티푸스, 재귀열
빈대	재귀열
벼룩	페스트, 발진열, 재귀열
바퀴벌레	이질, 콜레라, 장티푸스, 소아마비
파리	콜레라, 장티푸스, 파라티푸스, 이질
진드기	쯔쯔가무시병, 재귀열, 유행성출혈열, 양충병
쥐	와일씨병, 재귀열, 서교증, 페스트, 발진열, 쯔쯔가무시병, 유행성출혈열

2) 감염병의 예방대책

(1) 감염원 대책

구 분	내 용
환자	환자의 조기발견, 격리 및 감시와 치료, 법정 감염병 발생 시 환자 신고
보균자	보균자의 조기발견으로 감염병의 전파 방지
외래전염병	병에 걸린 동물들을 살처분
역학조사	검병 호구조사, 집단검진 등 각종 자료에서 감염원을 조사 추구

※ 보균자 : 보균자란 병의 증상은 나타나지 않지만 몸안에 병원균을 가지고 있어
평상시 병원체를 배출하는 자로 건강보균자, 잠복기 보균자, 병후 보균자가 있다.
이 중 감염병 관리상 가장 문제가 되는 것은 건강보균자이다.

(2) 예방접종

구 분	연 령	예방접종의 종류
기본	4주 이내	BCG(결핵 예방접종)
	2개월	경구용 소아마비, DPT
	4개월	경구용 소아마비, DPT
	6개월	경구용 소아마비, DPT
	15개월	홍역, 볼거리, 풍진
	3~15세	일본뇌염
추가	18개월	경구용 소아마비, DPT
	4~6세	경구용 소아마비, DPT
	11~13세	경구용 소아마비, DPT
	모든 연령	일본뇌염(유행 전 접종)

※ D.P.T(디프테리아, 백일해, 파상풍)

(3) 면역

구 분		내 용
선천적		• 선천적으로 체내에서 자연적으로 형성된 면역 • 종속면역, 인종면역, 개인의 특성에 따른 면역
후천적	능동	• 자연 능동면역 : 질병 감염 후 획득한 면역 • 인공 능동면역 : 예방접종으로 획득한 면역
	수동	• 자동 수동면역 : 모체, 모유로부터 얻은 면역 • 인공 수동면역 : 면역이 생긴 혈청제제를 접종하여 획득한 면역

(4) 감염병 발견 후 대책

① 환자의 격리와 치료

② 식품 관련 단속을 하고 추가 감염자에 대한 예방조치

③ 방역작업을 하여 지역 간 전염 예방

④ 병원체 보유 동물의 제거

3) 식중독

식중독이란 식품 섭취로 인하여 인체에 유해한 미생물이나 유독물질에 의하여 발생하였거나 발생한 것으로 판단되는 '감염성 질환' 또는 '독소형 질환'이다.

(1) 원인

세균 또는 세균이 생성한 독소와 유독물 및 유해 화학물질이 식품에 첨가되거나 오염되어 발생한다.

(2) 식중독의 조사보고

① 식중독 환자나 식중독이 의심되는 증세를 보이는 자를 진단·검안·발견한 의사나 한의사 또는 집단급식소의 설치·운영자는 지체 없이 관할 시장·군수·구청장에

게 보고해야 한다.

② 환자의 가검물과 원인식품은 원인조사 시까지 보관해야 한다.

(3) 식중독의 분류

① 세균성 식중독

ㄱ 감염형 : 살모넬라균, 장염비브리오균, 병원성대장균, 웰치균 등이다.

ㄴ 독소형 : 포도상구균, 클로스트리디움 보툴리눔균 등이다.

ㄷ 기 타 : 알레르기성, 장구균, 바실루스 세레우스, 노로바이러스 등이다.

② 자연독 식중독

ㄱ 동물성 : 테트로도톡신, 삭시톡신, 베네루핀, 테트라민 등이다.

ㄴ 식물성 : 아마니타톡신, 무스카린, 무스카리딘, 뉴린, 팔린, 콜린, 솔라닌, 셉신,
고시폴, 리신, 아미그달린, 시큐톡신, 테물린 등이다.

③ 화학적 식중독

ㄱ 유해금속에 의한 식중독

ㄴ 농약에 의한 식중독

ㄷ 불량첨가물에 의한 식중독

ㄹ 기구·포장·용기에서 용출되는 유독성분에 의한 중독

ㅁ 식품의 제조·소독 과정에서 생성되는 식중독

④ 곰팡이(마이코톡신) 식중독

ㄱ 아플라톡신 중독

ㄴ 황변미 중독 : 시트리닌, 시트레오비리딘, 아일란디톡신

ㄷ 맥각 중독 : 에르고타민, 에르고톡신

(4) 세균성 식중독

① 감염형 식중독

ㄱ 살모넬라균 식중독

- 원인균 : 살모넬라균
- 특징 : 그람음성간균, 호기성, 통성 혐기성균이다.
- 잠복기 : 12~48시간(평균 20시간)
- 증상 : 6~72시간 잠복기 후 설사, 발열, 경련성 복통, 두통, 메스꺼움, 구토, 오심 등의 증상이 나타난다.
- 원인식품 : 어패류, 육류, 달걀, 채소샐러드, 우유 및 유제품 등이다.
- 예방대책 : 쥐, 파리, 바퀴 등의 오염원을 제거하고, 열에 약하므로 60℃에서 30분 정도 가열 처리한다.

ㄴ 장염비브리오 식중독

- 원인균 : 비브리오균
- 특징 : 그람음성간균, 호염성, 통성혐기성균, 3~4%의 염분에서도 생육 가능하다.
- 잠복기 : 8~20시간(평균 12시간)
- 증상 : 구토, 메스꺼움, 발열, 복통과 수양성 설사(혈변) 등의 급성위장염, 2~3일 후 회복된다.
- 원인식품 : 어패류 생식, 조리기구 등을 통한 2차 감염 등이다.
- 예방대책 : 어패류 생식 금지, 냉장 보관, 60℃에서 5분 정도 가열처리, 조리기구를 청결하게 관리한다.

ㄷ 병원성대장균 식중독

- 원인균 : 병원성대장균(O-157)
- 특징 : 그람음성간균
- 잠복기 : 10~30시간(평균 12시간)
- 증상 : 구토, 발열, 복통, 설사 등의 급성 위장증세가 나타나고, 3~5일 후 회복된다.

- 원인식품 : 우유, 채소샐러드, 가정에서 만든 마요네즈 등이다.
- 예방대책 : 우유와 동물의 배설물이 오염의 주원인이므로 용변 후 세척, 분뇨를 위생적으로 처리해야 한다.

② 독소형 식중독

㉠ 포도상구균 식중독

- 원인균 : 포도상구균
- 특징 : 그람양성구균, 엔테로톡신(장독소) 생성, 엔테로톡신은 열에 강하여 끓여도 파괴되지 않으므로 일반 가열조리법으로 예방이 어렵고, 균이 사멸되어도 독소가 남는 경우가 많다.
- 잠복기 : 가장 짧다(평균 3시간).
- 증상 : 메스꺼움, 구토, 복통, 설사 등, 급성위장염 등이다.
- 원인식품 : 우유, 크림, 버터, 치즈, 떡, 김밥, 도시락 등이다.
- 예방대책 : 화농성 질환자의 식품 취급을 금지한다.

㉡ 클로스트리디움 보툴리눔균 식중독

- 원인균 : 보툴리누스균(A~G형 중에서 A, B, E, F형)
- 특징 : 그람양성간균, 편성혐기성균, 뉴로톡신(신경독소) 생성, 뉴로톡신은 열에 약하나 형성된 포자(아포)는 열에 강하며, 치명률이 매우 높다.
- 잠복기 : 12~36시간
- 증상 : 시력저하, 사시, 동공확대, 언어장애 등 신경마비증상 등이다.
- 원인식품 : 햄, 소시지, 통조림, 병조림 등 진공 포장식품 등이다.
- 예방대책 : 80℃에서 15분 정도 가열처리, 통조림 등 원인식품의 살균을 철저히 한다.

㉢ 웰치균 식중독

- 원인균 : 웰치균(A~F형 중에서 A형)
- 특징 : 그람양성간균, 편성혐기성균, 엔테로톡신(장독소)이 발생한다.

- 잠복기 : 8~20시간(평균 12시간)이다.
- 증상 : 구토는 드물게 하며, 설사를 1일 10~15회 정도 하지만 거의 경증이다.
- 원인식품 : 육류, 통조림, 족발, 국 등 재가열 식품 등이다.
- 예방대책 : 10℃ 이하, 60℃ 이상에서 보존. 저온 보존 후 다시 가열하는 것은 좋지 않다.

③ 기타 세균성 식중독

　㉠ 알레르기성 식중독

- 원인물질 : 히스타민(어육에 다량 함유된 히스티딘에 '모르가니균'이 침투하여 생성된다)
- 특징 : 부패되지 않은 식품을 섭취해도 발생한다.
- 잠복기 : 5분~1시간(평균 30분)이다.
- 증상 : 안면홍조, 발진(두드러기), 구토, 설사, 두통, 발열이며, 1일 내에 회복된다.
- 원인대책 : 붉은 살 생선, 등 푸른 생선(꽁치, 정어리, 전갱이, 고등어, 가다랑어 등)이다.
- 예방대책 : 항히스타민제 투여, 붉은 살 생선이나 등 푸른 생선은 신선한 것으로 구입한다.

　㉡ 장구균 식중독

- 원인균 : 스트렙토코쿠스 페칼리스균
- 특징 : 최적온도 10~45℃, 소금농도 65%, 최적 pH 9.6에서 잘 발육하며, 내열성이 있다.
- 잠복기 : 1~36시간(평균 5~10시간)이다.
- 증상 : 메스꺼움, 발열, 복통, 구토, 설사이며, 1~2일 후 회복된다.
- 원인식품 : 쇠고기 크로켓, 소시지, 햄, 치즈, 분유, 크림, 두부 등이다.
- 예방대책 : 냉동식품 오염, 분변 오염에 주의한다.

ⓒ 바실루스 세레우스 식중독
- 원인균 : 바실루스속의 세레우스
- 특징 : 그람양성간균, 내열성의 아포 형성, 주모성 편모로 운동성이며, 최적 발육 온도는 28~35℃이다.
- 잠복기
    - 설사형 : 8~16시간(평균 12시간)
    - 구토형 : 1~5시간(평균 3시간)
- 증상 : 설사, 구토 등이다.
- 원인식품
    - 설사형 : 바닐라 소스, 육류 및 채소 수프, 푸딩 등이다.
    - 구토형 : 쌀밥, 볶음밥 등의 탄수화물이다.
- 예방대책 : 식품 원료의 조리환경에서 2차 오염에 주의, 냉장 · 냉동 보존하여 증식 억제, 10℃ 이하 저온보존, 가열 조리 후 즉시 섭취한다.

ⓓ 노로바이러스 식중독
- 원인균 : 노로바이러스
- 특징 : 식품에 쉽게 오염되고, 소량으로 식중독을 일으킬 수 있으며, 항바이러스제는 없다.
- 잠복기 : 24~48시간
- 증상 : 메스꺼움, 구토, 설사, 위경련 등 급성위장염이며, 1~2일 후 자연 치유된다.
- 원인식품 : 채소, 전처리된 샐러드, 생어패류, 분변으로 오염된 물 등이나, 아직 감염경로 추정이 불확실하다.
- 예방대책 : 냉동식품 오염과 분변 오염에 주의한다.

● **세균성 식중독과 소화기계 감염병의 차이점**

구분	세균성 식중독	소화기계 차이점
원인	식중독균	감염병균
균수	다량의 균	소량의 균
2차 감염	살모넬라, 장염비브리오 외에 거의 없다	2차 감염이 많다
잠복기	짧다	길다
면역성	면역이 안 된다	면역이 된다

(5) 자연독 식중독

① 동물성 자연독

ㄱ 복어(테트로도톡신)

- 독소부위 : 복어의 난소, 간, 내장, 피부 순으로 많이 들어 있다.
- 특징 : 독성이 강하고 물에 녹지 않으며, 열에 파괴되지 않는다.
- 식후 30분~5시간 후 구토, 근육 마비, 감각 둔화, 호흡곤란, 의식 불명이 나타난다.
- 치사량 2mg, 치사율 40~80%로 가장 높다.

ㄴ 섭조개 · 대합(삭시톡신)

- 특징 : 5~9월 특히, 여름철에 독성이 강하다.
- 증상 : 식후 30분~3시간 후 마비증상, 언어장애, 호흡곤란 등 신경계통의 마비증상이 나타난다.
- 치사율은 10%, 유독 플랑크톤을 섭취한 조개류에서 검출되니 적조해역에서 채취한 조개류 섭취를 금지한다.

ㄷ 모시조개 · 굴 · 바지락(베네루핀)

- 특징 : 내열성이 강하여 100℃에서 1시간 이상 가열해도 파괴되지 않는다.
- 증상 : 1~2일의 잠복기 후 불쾌감, 구토, 복통, 변비, 의식장애, 피하 출혈반점 등이 발생할 수 있다.

- 치사율은 40~50%, 회복기간이 길어 노인이나 어린이는 후유증을 호소한다.

② 고둥·소라(테트라민)

- 증상 : 구토, 설사, 복통, 전신마비 등이다.
- 경증일 경우 2~3일 내에 회복된다.

② 식물성 자연독

- 독버섯 : 아마니타톡신, 무스카린, 무스카리딘, 튜린, 콜린, 팔린
- 감자 : 솔라닌(감자의 싹, 녹색 부위), 셉신(썩은 부위)
- 목화씨 : 고시폴
- 피마자 : 리신
- 독미나리 : 시큐톡신
- 은행·청매 : 아미그달린
- 독보리 : 테뮬린
- 대두 : 사포닌
- 고사리 : 테큐로사이드

(6) 화학적 식중독

① 유해 금속에 의한 식중독

㉠ 납(Pb)

- 도료, 제련, 배터리, 인쇄 등의 작업과 납땜, 상수도 파이프 등에 많이 사용되며, 유약을 바른 도자기에서 중독이 일어날 수 있다.
- 납 중독은 호흡과 경구침입에 의해 발생하고, 축적성이 커서 미량이라도 계속 섭취하면 만성중독을 일으킨다.
- 증상 : 안면 창백, 연연, 위장 장애, 중추신경계 장애, 신장·소화기관 장애, 혈액장애, 사지 마비 등이다.
- 납 중독이 되면 소변에서 '코프로포르피린'이 검출된다.

ⓛ 카드뮴(Cd)
- 카드뮴에 오염된 어패류의 섭취, 도자기의 안료, 식기의 도금 등에 사용된 카드뮴이 중독을 일으킨다.
- '이타이이타이병'을 일으킨다.
  - 칼슘과 인의 대사 이상을 초래하여 골연화증을 유발한다.
  - 신장의 재흡수 장애를 일으켜 칼슘 배설을 증가시킨다.
  - 남성 환자가 적고, 특히 임산부 환자가 많다.
- 증상 : 신장기능 장애, 골연화증, 골다공증, 보행 곤란 등이다.

ⓒ 수은(Hg)
- 유기수은으로 오염된 어패류, 수은 제제인 농약, 보존료 등으로 처리한 음식물 섭취로 수은에 중독된다.
- '미나마타병'을 일으킨다.
  - 일본 미나마타만 부근의 공장에서 배출된 수은이 어패류를 통해 사람에게로 이동한다.
  - 수은의 만성중독으로 지각 이상, 언어장애, 보행 곤란 등의 증상이 나타난다.
- 증상 : 구내염, 근육경련, 언어장애 등이다.

ⓔ 주석(Sn)
- 주석 도금한 통조림의 내용물 중 질산이온이 높으면 깡통으로부터 주석이 용출되어 중독을 일으킨다.
- 채소 : 과즙 통조림같이 산성인 경우에 특히 용출량이 많다.
- 허용 기준 150ppm 이하, 산성통조림은 200ppm 이하이다.
- 증상 : 권태감, 구토, 복통, 설사 등이다.

ⓜ 크롬(Cr)
크롬이 증기나 미스트(기체 속에 함유된 미립자) 형태로 피부에 붙으면 크롬산에 의해 피부의 궤양, 비점막 염증, 비중격 천공 등의 증상을 일으킨다.

    ⓑ 구리(Cu)

- 채소의 착색에 사용된 황산구리와 조리기구가 부식되어 생성된 녹청 등으로 구리중독을 일으킨다.
- 증상 : 구토, 설사, 위통, 간세포의 괴사, 간의 색소침착, 호흡 곤란 등이다.

    ⓼ 아연(Zn)

- 유산음료 등의 산성용액에 용기나 도금에 사용된 아연이 용출되어 중독을 일으킨다.
- 증상 : 구토, 설사, 복통 등이다.

    ⓞ 안티몬(Sb)

- 법랑, 도자기, 고무관, 어린이용 완구품의 착색제로 사용되어 오염되는데 도금이 벗겨진 용기를 산성식품에 사용하면 용출되어 중독을 일으킨다.
- 증상 : 구토, 설사, 경련 등이다.

    ⓩ 비소(As)

- 비산성 석회를 무수탄산소다(밀가루·합성 장류의 중화제)로 오인하여 사용하는 경우 도기와 법랑의 회화 안료, 비소 농약의 사용으로 중독을 일으킨다.
- 증상 : 구토, 설사, 위통, 출혈 등이다.

② 농약에 의한 식중독

    ㉠ 유기인제

- 파라티온, 말라티온, 다이아지논, 테프(TEPP) 등의 농약이 신경독을 일으킨다.
- 증상 : 신경증상, 혈압상승, 근력 감퇴 등이다.
- 예방법 : 농약 살포 시 흡입 주의, 과채류의 산성액 세척 철저, 과채류 수확 15일 이내 농약 살포 금지 등이다.

    ⓒ 유기염소제

- DDT, BHC, DDD 등의 농약이 신경독을 일으킨다.
- 특징
  - 자연계에서 분해되지 않고 잔류한다.
  - 지용성으로 인체 지질조직에 축적된다.
  - 모든 농작물에 사용이 금지되어 있다(토양에 잔류).
- 증상 : 구토, 설사, 복통, 두통, 시력 감퇴 등이다.

    ⓒ 유기수은제

- 종자 소독, 토양 살균, 도열병 방제 등 살균제로 사용하는 메틸염화수은, 메틸요오드화 수은 등의 농약이 신경독과 신장독을 일으킨다.
- 증상 : 시야 축소, 언어장애, 보행 곤란, 정신착란 등이다.

    ⓔ 비소화합물

- 산성 비산납, 비산칼슘 등의 농약이 중독을 일으킨다.
- 증상 : 식도 수축, 구토, 설사, 혈변, 소변량 감소, 갈증 등이다.

③ 불량첨가물에 의한 식중독

    ㉠ 유해감미료

- 에틸렌글리콜 : 체내에서 산화되면 옥살산이 되어 신경장애 등을 일으킨다.
- 둘신 : 감미도는 설탕의 250배, 간 종양, 적혈구 생산 억제 등의 증상을 일으킨다.
- 시클라메이트 : 감미도는 설탕의 40배 정도, 나트륨염, 칼슘염이 대표적이다.
- 메타니트로아닐린 : 감미도는 설탕의 200배 정도, 살인당, 원폭당이라고도 불린다.
- 페닐라틴 : 감미도는 설탕의 2,000배 정도 신장을 자극하여 염증을 일으킨다.

ⓛ 유해보존료

- 붕산(H_3BO_3) : 식품의 방부, 광택을 내기 위해 햄, 어묵, 전병, 마가린 등에 사용하였다.
- 포름알데히드(HCHO) : 단백질 변성을 방지하므로 주류, 장류, 시럽, 육제품 등에 사용하였다.
- 불소화합물 : 방부력이 강한 불화수소, 불화나트륨 등을 육류, 우유, 알코올 음료 등에 사용하였다.
- 승홍($HgCl_2$) : 강력한 살균력과 방부력으로 주류 등에 사용하였다.

ⓒ 유해착색제

- 아우라민 : 염기성 황색 색소로 과자, 팥앙금, 단무지, 카레가루, 종이, 완구 등에 사용하였다.
- 로다민 B : 복숭아 빛의 염기성 유해 색소로 과자, 생선묵, 토마토케첩 등에 사용하였다.
- 파라니트로아닐 : 혈액독과 신경독을 갖고 있는 착색제로 과자류 등에 사용하였다.
- 실크 스칼릿 : 직물 염색에 사용하는 주황색 수용성 색소로 구토, 복통, 마비 등의 증상을 일으킨다.

ⓡ 유해표백제

- 론갈리트 : 주로 염색할 때 발색제로 사용하던 약품으로 물엿, 연근 등에 사용하였다.
- 형광표백제 : 압맥, 국수, 생선묵, 우유병의 종이마개 등에 사용하였다.
- 삼염화질소(NCl_3) : 밀가루의 표백과 숙성 등에 사용하였으며, 히스테리 증상을 일으킨다.

ⓜ 증량제

- 곡분, 설탕, 향신료 등을 부풀릴 목적으로 산성 백토, 벤토나이트, 탄산칼슘,

탄산마그네슘, 규산알루미늄, 규산마그네슘, 규조토, 백도토, 석회 등 영양적 가치가 없는 물질을 첨가한다.

- 증상 : 소화불량, 복통, 설사, 구토 등의 위장염을 일으킨다.

④ 식품의 제조 · 소독 과정에 의한 식중독

ㄱ 메틸알코올(메탄올)

- 에탄올 발효 시 펙틴이 있을 때 생성된다.
- 증상 : 구토, 복통, 설사, 시신경 염증, 시각장애, 실명, 호흡곤란으로 사망하기도 한다.

ㄴ N-니트로사민

육가공품의 발색제 사용으로 인한 아민과 아질산과의 반응에 의해 생성되는 발암물질이다.

ㄷ 다환방향족탄화수소(PAH)

- 산소가 부족한 상태에서의 유기물질로 고온으로 가열할 때 단백질이나 지방이 분해되어 생성되는 발암물질이다.
- 3.4-벤조피렌 : 다환방향족탄화수소이며, 훈제육이나 태운 고기에서 생성되는 발암물질이다.

ㄹ 아크릴아마이드

가열 시 아미노산과 당의 열에 의한 결합반응 생성물로 유전자 변형을 일으키는 발암물질이다.

(7) 곰팡이(마이코톡신) 식중독

① 아플라톡신

ㄱ 아스페르길루스 플라부스라는 곰팡이가 재래식 된장, 곶감 등에 침입하여 아플라톡신 독소를 생성하여 인체에 간장독을 일으킨다.

ⓛ 쌀, 보리, 옥수수 등이 원인식품이다.

② 황변미 중독

　ㄱ 푸른곰팡이가 저장미에 번식하여 시트리닌, 시트리오비리딘, 아일란디톡신 등의 독소를 생성하여 인체에 신장독, 신경독, 간장독 등을 일으킨다.

　ㄴ 쌀 등의 저장곡류가 원인식품이다.

③ 맥각 중독

　ㄱ 맥각균이 '에르고톡신', '에르고타민' 등의 독소를 생성하여 맥각병을 발생시키고 인체에는 간장독을 일으킨다.

　ㄴ 보리, 밀, 호밀 등이 원인식품이다.

4) 식중독 예방대책

① 음식이 부패되지 않도록 위생적으로 처리한다.
② 남은 음식은 해충(쥐, 파리, 바퀴벌레 등)이 닿지 않도록 잘 보관한다.
③ 변질된 음식은 섭취하지 않는다.
④ 농약이 묻은 식품은 흐르는 물에 여러 번 씻는다.
⑤ 감자의 싹, 복어 알, 독버섯 등과 같은 식품의 자연독에 주의한다.
⑥ 더운 여름에 식품관리를 철저히 한다(5~9월 사이에 많이 생김).
⑦ 음식을 다룰 때나 식사 전에는 손을 깨끗이 씻는다.
⑧ 날 음식을 피하고 충분히 익혀서 먹고, 물은 끓여서 먹는다.

출제예상문제

01 다음 중 올바른 손 씻기를 나타낸 것은?

① 충분한 시간 동안 문질러 씻는다.
② 손 세척제를 사용하여 1초 동안 씻는다.
③ 손바닥 위주로 씻는다.
④ 더운물을 받아서 씻는다.

해설 손 씻기에서 필수적인 두 가지 전제사항 : 충분한 시간 동안 씻는 것, 충분히 싹싹 문질러 씻는 것이다. 특히 식품취급자는 손톱 밑까지 손톱 솔을 사용해서 닦아야 하며, 그렇게 한다고 해도 30초 이상 손을 철저히 문질러 씻는 것이 필요하다.

02 다음 중 개인위생에서 반드시 지켜져야 할 범위가 아닌 것은?

① 청결한 신체
② 화려한 복장
③ 좋은 습관
④ 건강관리

해설 개인위생이란 식품 취급자의 개인적인 청결(신체, 의복, 습관 등)의 유지와 위생관념 실천행위를 의미하며, 주위 작업환경의 위생과 밀접하게 결부되어 있다. 개인위생의 범위에는 신체부위, 복장, 습관, 장신구 그리고 건강관리와 건강진단 등이 포함된다.

03 다음 식품을 오염시키는 신체 부위를 가장 잘 나타낸 것은?

① 피부   ② 손가락
③ 배설기관   ④ 신체기관

해설 식품을 오염시키는 신체부위 : 피부, 손과 손가락, 머리와 모발, 입, 코와 목, 눈, 배설기관 등이 있다.

04 다음 중 식품취급자의 위생형태로 옳은 것은?

① 입 냄새를 없애기 위하여 작업 중에 껌을 씹는다.
② 평소 건강하므로 건강진단을 받을 필요가 없다.
③ 몸에 이상이 있을 때에는 즉시 상급자에게 알린다.
④ 반지는 금반지만 착용한다.

해설 식품취급자는 몸에 이상이 있을 때에는 즉시 상급자에게 알려야 한다.

05 개인위생의 범위에 해당되지 않는 것은?

① 신체부위
② 식품기구
③ 습관
④ 장신구

해설 개인위생이란 식품취급자의 개인적인 청결(신체, 의복, 습관 등) 유지와 위생관련 실천행위를 의미하며, 주위 직업환경의 위생과 밀접하게 결부되어 있다. 개인위생의 범위에는 신체부위, 복장, 습관, 장신구 그리고 건강관리와 건강진단 등이 포함된다.

06 인체 유래 병원체의 식품오염에 대한 설명으로 옳지 않은 것은?

① 얼굴, 목, 손 그리고 머리카락에는 다른 부위보다 세균이 더 많이 밀집되어 있다.
② 피부의 산성도는 pH 5.5 정도인데 이는 피부에 있는 토착세균의 성장에는 영향을 주지 않는다.
③ 땀은 수용성 영양분, 피지는 지용성 영양분을 함유하고 있다. 이들 영양분은 미생물의 성장에 상당한 기여를 한다.
④ 사람이 아플 때에는 더 많은 미생물을 전파시키므로, 식품을 더 많이 오염시킬 수 있다.

해설 ▶ 피부의 산성도는 pH 5.5 정도이다. 이는 피부에 있는 토착세균의 성장에는 영향을 주지만 일시적으로 묻은 세균에는 그렇지 않다.

07 식품취급자의 개인 위생관리에 해당되는 내용으로 가장 적절한 것은?

① 건강관리
② 머리와 모발
③ 복장과 장신구
④ 손, 모발, 복장, 건강관리, 정기검진

해설 ▶ 식품취급자는 신체검사와 정기검진, 손 관리와 손 씻기, 머리와 모발관리, 복장과 장신구 관리 등과 더불어 평소에 개인 위생관리에 힘써야 한다.

08 식품업소에서 손 씻기에 사용하는 소독제가 아닌 것은?

① 염소
② 요오드포름
③ 역성비누
④ 과산화수소수

해설 ▶ 식품업소에서 손 씻기에 사용하는 소독제 : 비누와 더불어 염소, 요오드포름, 역성비누, 4급 암모늄 화합물 등이다.

09 식품취급자의 개인위생에 대한 설명 중 옳지 않은 내용은?

① 30초 이상 손을 철저히 문질러 씻고 손톱 밑은 손톱솔로 닦아야 한다.
② 부득이한 재채기나 기침을 막기 위해 손을 사용한다.
③ 머리 또는 머리쓰개에 손을 대는 즉시 손을 씻어야 한다.
④ 복장은 지퍼 달린 단체복을 착용하며, 주머니는 허리 아래에 위치하도록 한다.

해설 ▶ 식품취급자는 부득이한 재채기나 기침을 막기 위하여 손보다는 팔이나 어깨를 사용해야 한다.

10 개인위생 관련 설비 및 기구에 대한 설명으로 옳지 않은 것은?

① 장갑 속의 피부는 오염된 땀이 빠른 속도로 피부와 장갑 사이에 축적되므로 장갑이 오염되거나 찢기면 음식물이 대량으로 오염될 수 있다.

② 화장실은 사용하기 편리해야 하고 동시에 청결을 철저히 유지하기 쉽도록 설계되어야 한다.

③ 모든 화장실에 위생수칙을 비치하여, 모든 종사자가 화장실에서 용변을 보고 난 후 즉시 물과 비누로 손을 철저히 씻게 해야 한다.

④ 로커는 청결해야 하며, 식품을 저장할 수도 있다.

해설 로커(locker)는 청결해야 하고 환기도 잘 되어야 하며, 옷이나 개인물품을 보관하기에 충분한 크기여야 한다. 식품은 로커에 저장하면 안 된다.

11 다음 중 식품 변질의 종류가 아닌 것은?

① 산패　　　　② 부패
③ 변패　　　　④ 혼합

해설 식품 변질의 종류에는 부패, 변패, 산패가 있다.

12 떡이나 밥 등이 미생물의 분해 작용으로 변질되는 현상은?

① 산패　　　　② 변질
③ 부패　　　　④ 변패

해설 변패는 탄수화물이 미생물의 작용에 의해 변질되는 현상으로 김밥, 도시락, 떡, 빵, 과자류 등 원인식품이 있다.

13 지방이 분해되어 악취를 내는 것으로 발생되는 식품의 변화는?

① 발효　　　　② 변패
③ 산패　　　　④ 부패

해설 산패 : 지방을 공기, 햇볕 등에 오래 방치해 두었을 때 악취가 발생하는 현상이다.

14 식중독에 관한 설명으로 옳지 않은 것은?

① 자연독이나 유해물질이 함유된 음식물을 섭취함으로써 생긴다.

② 발열, 구역질, 구토, 설사, 복통 등의 증세가 나타난다.

③ 세균, 곰팡이, 화학물질 등이 원인물질이다.

④ 대표적인 식중독으로 콜레라, 세균성이질, 장티푸스 등이 있다.

해설 콜레라, 세균성이질, 장티푸스는 식중독이 아니라 경구 감염병이다.

15 식품위생법에 의한 식중독에 해당하지 않는 것은?

① 금속조각에 의하여 이가 부러진다.
② 도시락을 먹고 세균성 장염에 걸린다.
③ 포도상구균 독소에 중독된다.
④ 아플라톡신에 중독된다.

해설 식중독이란 유독·유해한 물질이 음식물과 함께 입을 통해 섭취되어 생리적인 이상을 일으키는 것을 말한다.

16 황변미 중독은 14~15% 이상의 수분을 함유하는 저장미에서 발생하기 쉬운데 그 원인 미생물은?

① 곰팡이　　　　② 세균
③ 효모　　　　④ 바이러스

해설 푸른 곰팡이가 저장미에서 번식하면서 인체에 신장독, 간장독을 일으킨다.

17 곰팡이 독소(Mycotoxin)에 대한 설명으로 틀린 것은?

① 곰팡이가 생산하는 2차 대사산물로 사람과 가축에 질병이나 이상 생리작용을 유발하는 물질이다.

② 온도 24~35℃, 수분 7% 이상의 환경 조건에서는 발생하지 않는다.

③ 곡류, 견과류와 곰팡이가 번식하기 쉬운 식품에서 주로 발생한다.

④ 아플라톡신(aflatoxin)은 간암을 유발하는 곰팡이 독소이다.

해설 곰팡이가 생기는 환경조건으로 온도는 30℃ 정도, 습도는 13% 이상 습한 곳으로 공기가 잘 통하지 않는 장소에서 잘 발생한다.

18 인분을 거름으로 사용한 채소를 날로 먹으면 감염되는 기생충은?

① 십이지장충   ② 동양모양선충

③ 원충병   ④ 유충병

해설 십이지장충은 작은창자에 기생하며, 인분을 거름으로 쓴 채소를 날로 먹거나 인분이 몸에 닿으면 감염된다.

19 맥각 중독을 일으키는 원인물질은?

① 루브라톡신(rubratoxin)

② 오크라톡신(ochratoxin)

③ 에르고톡신(ergotoxin)

④ 파툴린(patulin)

해설 루브라톡신은 마이코톡신(간장독)의 독성분이고, 오크라톡신은 옥수수, 땅콩의 독성분이며, 파툴린은 썩은 사과의 독성분이다.

20 세균성 식중독의 일반적인 특성은?

① 소량의 균으로도 발병한다.

② 잠복기가 짧다.

③ 2차 발병률이 매우 높다.

④ 감염환(infection cycle)이 성립한다.

해설 세균성 식중독은 다량의 균으로 발병하며, 잠복기가 짧고, 2차 감염이 거의 없고, 면역성이 없다.

21 다음 중 항히스타민제 복용으로 치료되는 식중독은?

① 살모넬라 식중독

② 알레르기성 식중독

③ 병원성 대장균 식중독

④ 장염비브리오 식중독

해설 알레르기성 식중독은 히스타민이라는 물질이 축적되어 일어나는 현상으로 항히스타민제를 복용하여 치료한다.

22 황색포도상구균 식중독에 대한 설명으로 옳지 않은 것은?

① 잠복기는 1~5시간 정도이다.

② 감염형 식중독을 유발하며, 사망률이 높다.

③ 주요 증상은 구토, 설사, 복통 등이다.

④ 장독소(enterotoxin)에 의한 독소형이다.

해설 황색포도상구균 식중독의 원인 독소는 엔테로톡신으로 독소형 식중독이며, 발병률이 높다.

23 일반 가열 조리법으로 예방하기 가장 어려운 식중독은?

① 살모넬라에 의한 식중독

② 웰치균에 의한 식중독

③ 포도상구균에 의한 식중독

④ 병원성 대장균에 의한 식중독

해설 포도상구균에 의한 식중독의 독소인 엔테로톡신은 열에 매우 강하므로, 예방하기 어렵고 균이 사멸되어도 독소는 남는 경우가 많다.

24 다음 중 일반적으로 사망률이 가장 높은 식중독은?

① 살모넬라 식중독

② 장염 비브리오 식중독

③ 클로스트리디움 보툴리눔

④ 포도상구균 식중독

해설 클로스트리디움 보툴리눔균은 A~G형까지 7가지가 있는데, 그중 A, B, E, F형이 사람한테 식중독을 일으키게 한다.

25 웰치균에 대한 설명으로 옳은 것은?

① 아포는 60℃에서 10분 가열하면 사멸한다.

② 혐기성균주이다.

③ 냉장온도에서 잘 발육한다.

④ 당질식품에서 주로 발생한다.

해설 웰치균은 그람양성간균, 편성혐기성세균, 내열성 아포, 단백질 식품에서 주로 발생, 10℃ 이하 또는 60℃ 이상에서 보존해야 한다.

26 노로바이러스 식중독의 예방 및 확산방지 방법으로 옳지 않은 것은?

① 오염지역에서 채취한 어패류는 85℃에서 1분 이상 가열하여 섭취한다.

② 항바이러스 백신을 접종한다.

③ 오염이 의심되는 지하수의 사용을 자제한다.

④ 가열 조리한 음식물은 맨손으로 만지지 않도록 한다.

해설 노로바이러스 식중독에 대한 항바이러스 백신은 없으며, 치료하지 않아도 저절로 회복된다.

27 엔테로톡신에 대한 설명으로 옳은 것은?

① 해조류 식품에 많이 들어 있다.

② 100℃에서 10분간 가열하면 파괴된다.

③ 황색포도상구균이 생성한다.

④ 잠복기는 2~5일이다.

해설 엔테로톡신은 내열성이 강해 고압증기멸균법으로도 예방하기 어렵고, 잠복기는 평균 3시간 정도이며, 김밥이나 떡이 원인식품이다.

28 감염형 식중독의 원인균이 아닌 것은?

① 살모넬라균

② 장염비브리오균

③ 병원성대장균

④ 포도상구균

해설 포도상구균 식중독과 보툴리누스균에 의한 식중독은 독소형 식중독의 원인균이다.

29 음식을 먹기 전에 가열하여도 식중독 예방이 가장 어려운 균은?

① 포도상구균   ② 살모넬라균

③ 장염비브리오균 ④ 병원성대장균

> **해설** 포도상구균 식중독의 원인 독소인 엔테로톡신은 열에 강해서 끓여도 파괴되지 않으므로 예방이 어려운 식중독이다.

30 경구 감염병과 세균성 식중독의 주요 차이점에 대한 설명으로 옳은 것은?

① 경구 감염병은 다량의 균으로, 세균성 식중독은 소량의 균으로 발병한다.

② 세균성 중독은 2차 감염이 많고, 경구 감염병은 거의 없다.

③ 경구 감염병은 면역성이 없고, 세균성 식중독은 있는 경우가 많다.

④ 세균성 식중독은 잠복기가 짧고, 경구 감염병은 일반적으로 길다.

> **해설** 세균성 식중독은 다량의 균수, 2차 감염은 살모넬라 외에 거의 없고 잠복기는 짧고 면역성은 없다.

31 혐기성균으로 열과 소독약에 저항성이 강한 아포를 생산하는 독소형 식중독은?

① 장염비브리오균

② 클로스트리디움 보툴리눔균

③ 살모넬라균

④ 포도상구균

> **해설** 클로스트리디움 보툴리눔균 식중독은 편성혐기성 균으로 인하여 일어나는 대표적인 독소형 식중독이다.

32 독소형 세균성 식중독으로 짝지어진 것은?

① 살모넬라 식중독, 장염비브리오 식중독

② 리스테리아 식중독, 복어독 식중독

③ 황색포도상구균 식중독, 클로스트리디움 보툴리눔균 식중독

④ 맥각독 식중독, 콜리균 식중독

> **해설** 독소형 식중독은 황색포도상구균, 클로스트리디움 보툴리눔균이다.

33 식품취급자의 화농성 질환에 의해 감염되는 식중독은?

① 살모넬라 식중독

② 황색포도상구균 식중독

③ 장염비브리오 식중독

④ 병원성 대장균 식중독

> **해설** 황색포도상구균 식중독은 화농이 원인균이므로, 화농성 질환자는 식품의 조리를 금지해야 한다.

34 세균성 식중독에 속하지 않는 것은?

① 노로바이러스 식중독

② 비브리오 식중독

③ 병원성 대장균 식중독

④ 장구균 식중독

> **해설** 노로바이러스 식중독은 바이러스에 의한 식중독이다.

35 다음 중 잠복기가 가장 짧은 식중독은?

① 황색포도상구균 식중독

② 살모넬라균 식중독

③ 장염비브리오 식중독

④ 장구균 식중독

해설 황색포도상구균은 잠복기가 가장 짧고, 병원성대장균은 잠복기가 가장 길다.

36 식물성 자연독 성분이 아닌 것은?

① 무스카린(Muscarine)

② 테트로도톡신(Tetrodotoxin)

③ 솔라닌(Solanine)

④ 고시폴(Gossypol)

해설 테트로도톡신은 복어 독으로 동물성 자연독 성분이다.

37 쌀에 기생하여 황변미 중독을 일으키는 원인 곰팡이는?

① 에르고톡신　② 페니실륨

③ 아트로핀　④ 테물린

해설 페니실륨 곰팡이는 쌀에 기생하여 인체에 간장독, 신장독, 신경독을 일으킨다.

38 8~9월에 3~4%의 식염 농도에서 집중적으로 발생하는 식중독은 무엇인가?

① 살모넬라 식중독

② 장염 비브리오 식중독

③ 황색포도상구균 중독

④ 웰치균 식중독

해설 비브리오균은 호염성 세균으로 여름철 어패류의 생식으로 인하여 식중독이 발생한다.

39 미생물 증식에 필요한 조건이 아닌 것은?

① 온도　② 수분

③ 기압　④ 영양소

해설 미생물 증식에 필요한 조건은 영양소, 수분, 온도, 산소, pH 등이다.

40 베로독소를 생성하여 설사, 혈변을 일으키고, 용혈요독증후군을 유발하는 대장균은?

① 장관침습성 대장균

② 장관독소원성 대장균

③ 장관병원성 대장균

④ 장관출혈성 대장균

해설 장관출혈성 대장균은 어린이나 노년층에서 주로 감염되고, 설사나 변에 피가 섞여 나오는 등의 증세를 일으키는 세균으로 요독증, 빈혈, 신장병 등으로 악화될 수 있다. 감염된 소에서 만들어진 생우유, 치즈, 소시지, 쇠고기를 날것으로 먹었을 때 감염된다.

정답　NCS 떡제조기능사 필기실기

01 ①	02 ②	03 ④	04 ③	05 ②	06 ②	07 ④	08 ④	09 ②	10 ④
11 ④	12 ④	13 ③	14 ④	15 ①	16 ①	17 ②	18 ①	19 ③	20 ②
21 ②	22 ②	23 ③	24 ③	25 ②	26 ①	27 ②	28 ④	29 ①	30 ④
31 ②	32 ③	33 ②	34 ①	35 ①	36 ②	37 ②	38 ②	39 ③	40 ④

제2절 작업환경 위생관리

❶ 공정별 위해요소 관리 및 예방(HACCP)

1) 공정별 위해요소 관리

(1) 생물학적 위해요소

곰팡이, 세균, 바이러스 등의 미생물과 기생충 및 원충 등의 생물체가 원인이 되는 것을 말한다.

구분	미생물
세균	클로스트리디움, 보툴리누스균, 바실루스 세레우스균, 살모넬라, 비브리오, 황색포도상구균, 리스테리아, 병원성 대장균, 이질균 등이다.
바이러스	노로바이러스, 로타바이러스 등이다.
기생충	아니사키스 선모충, 폐디스토마, 간디스토마, 편충 등이다.

(2) 화학적 위해요소

① 식품의 제조 · 가공 · 포장 · 보관 · 유통 · 조리 등의 과정에서 오염되는 것을 말한다.
② 곰팡이 독(에르고톡신), 감자(솔라닌, 셉신), 복어(테트로도톡신), 살구(아미그달린), 농약, 항생제, 중금속, 식품첨가물 등이 있다.

(3) 물리적 위해요소

① 식품에 오염된 원료, 잘못된 시설이나 장비, 오염된 포장재, 직원들의 부주의 등과 관련된 것을 말한다.
② 머리카락, 장신구, 곤충, 비닐, 못, 열쇠, 뼈, 돌 등이 있다.

2) 식품안전관리인증기준(HACCP)

(1) HACCP의 정의

해썹이란 '위해요소분석(Hazard Analysis)'과 '중요관리점(Critical Control Point)'의 약자로 식품안전관리인증기준을 말한다.

(2) HACCP의 개념

우리나라에서 '식품안전관리인증기준(HACCP)'이라 함은 식품의 원료관리, 제조·가공·조리 및 유통의 모든 과정에서 위해한 물질이 식품에 혼입되거나 식품이 오염되는 것을 방지하기 위한 각 과정의 안전관리인증기준이라 정의하고 있다.

① HACCP의 개념 구분

- ㉠ **위해분석(HA)** : 최종 제품을 섭취했을 때 위해를 발생시킬 우려가 있는 원인이 되는 물질의 오염, 잔류 또는 증식의 가능성, 그 빈도 그리고 발생한 경우의 위해 정도 등을 파악하는 것이다.
- ㉡ **중점관리점(CCP)** : 내재하고 있는 위해를 중점적으로 관리함으로써 그것이 제거 및 제어되어 안전성이 확보될 수 있는 결정적인 포인트(작업 장소 또는 단계·공정·절차 등)이다. 즉, CCP는 위해를 사전에 방지(예방)하거나 제어할 수 있는 포인트이다.

(3) HACCP 관련 용어

① 식품 및 식품안전관리인증기준(Hazard Analysis and Critical Control Point, HACCP)이란 「식품위생법」 및 「건강기능식품에 관한 법률」에 따른 '식품안전관리 인증기준'과 「축산물 위생관리법」에 따른 「축산물 안전관리 인증기준」으로 식품(건강기능식품을 포함한다. 이하 같다), 축산물의 원료관리, 제조·가공·조리·소분·유통·판매의 모든 과정에서 위해한 물질이 식품 또는 축산물에 섞이거나 식품 또는 축산물이 오염되는 것을 방지하기 위하여 각 과정의 위해요소를 확인·평가하

여 중점적으로 관리하는 기준을 말한다(이하 '식품안전관리인증기준(HACCP)'이라 한다.

② 위해요소(Hazard)란 「식품위생법」 제4조(위해식품 등의 판매 등 금지), 「건강기능식품에 관한 법률」 제23조(위해 건강기능식품 등의 판매 등의 금지) 및 「축산물 위생관리법」 제33조(판매 등의 금지)의 규정에서 정하고 있는 인체의 건강을 해할 우려가 있는 생물학적, 화학적 또는 물리적 인자나 조건을 말한다.

③ 위해요소분석(Hazard Analysis)이란 식품 안전에 영향을 줄 수 있는 위해요소와 이를 유발할 수 있는 조건이 존재하는지 여부를 판별하기 위하여 필요한 정보를 수집하고 평가하는 일련의 과정을 말한다.

④ 중요관리점(Critical Control Point : CCP)이란 식품안전관리인증기준(HACCP)을 적용하여 식품의 위해요소를 예방 · 제어하거나 허용 수준 이하로 감소시켜 해당 식품의 안전성을 확보할 수 있는 중요한 단계 · 과정 또는 공정을 말한다.

⑤ 한계 기준(Critical Limit)이란 중요관리점에서의 위해요소 관리가 허용범위 이내로 충분히 이루어지고 있는지 여부를 판단할 수 있는 기준이나 기준치를 말한다.

⑥ 모니터링(Monitoring)이란 중요관리점에 설정된 한계 기준을 적절히 관리하고 있는지의 여부를 확인하기 위하여 수행하는 일련의 계획된 관찰이나 측정하는 행위 등을 말한다.

⑦ 개선조치(Corrective Action)란 모니터링 결과 중요관리점의 한계 기준을 이탈할 경우에 취하는 일련의 조치를 말한다.

⑧ 선행요건(Pre-requisite Program)이란 「식품위생법」, 「건강기능식품에 관한 법률」, 「축산물 위생관리법」에 따라 식품안전관리인증기준(HACCP)을 적용하기 위한 위생관리프로그램을 말한다.

⑨ 식품안전관리인증기준 관리계획(HACCP Plan)이란 식품의 원료 구입부터 최종 판매에 이르는 전 과정에서 위해가 발생할 우려가 있는 요소를 사전에 확인하여 허용 수준 이하로 감소시키거나 제어 또는 예방할 목적으로 안전관리 인증기준(HACCP)에 따라 작성한 제조 · 가공 · 조리 · 소분 · 유통 · 판매공정 관리문서나 도표 또는 계획을 말한다.

⑩ 검증(Verification)이란 식품안전관리인증기준(HACCP) 관리계획의 유효성(Validation) 과 실행(Implementation) 여부를 정기적으로 평가하는 일련의 활동(적용 방법과 절차, 확인 및 기타 평가 등을 수행하는 행위를 포함한다)을 말한다.

⑪ 식품안전관리인증기준(HACCP) 적용업소란 「식품위생법」, 「건강기능식품에 관한 법률」에 따라 식품안전관리인증기준(HACCP)을 적용·준수하여 식품을 제조·가공·조리·소분·유통·판매하는 업소와 「식품위생법」에 따라 식품안전관리인증기준(HACCP)을 적용·준수하고 있는 안전관리 인증작업장·안전관리 인증업소·안전관리 인증농장 또는 식품 안전관리 통합인증업체 등을 말한다.

⑫ 관리책임자란 「식품위생법」에 따른 자체 식품안전관리인증기준 적용 작업장 및 식품안전관리인증기준(HACCP) 적용 작업장 등의 영업자·농업인이 식품안전관리 인증기준(HACCP) 운영 및 관리를 직접 할 수 없는 경우 해당 식품안전관리인증기준 운영 및 관리를 총괄적으로 책임지고 운영하도록 지정한 자(영업자·농업인을 포함한다)를 말한다.

⑬ 통합관리프로그램이란 「축산물 위생관리법 시행규칙」 제7조의3 제4항 제3호에 따라 축산물 안전관리 통합 인증업체에 참여하는 각각의 작업장·업소·농장에 식품안전관리 인증기준(HACCP)을 적용·운용하고 있는 통합적인 위생관리프로그램을 말한다.

(4) HACCP 적용 순서도

① **HACCP팀 구성** : 제조, 시설 설비, 물류, 품질관리 등에 책임 있는 사람 중심으로 팀을 구성한다.

② **제품설명서 작성** : 제품의 특성을 고려한 제품설명서를 작성한다.

③ **사용 용도 확인** : 제품의 사용 용도 및 사용 방법을 확인한다.

④ **공정 흐름도 작성** : 모든 공정 단계를 파악하여 작업장 평면도를 작성한다.

⑤ **공정 흐름도 현장 확인** : 현장을 고려한 공정 흐름도(도면)와 비교하여 현장과 일치하는지를 확인한다.

⑥ 모든 잠재적 위해요소분석 : 모든 단계에서 발생할 우려가 있는 위해 위험도를 평가한다.

⑦ 중요관리점(CCP) 결정 : 확인된 위해의 통제·관리에 필요한 CCP를 결정한다.

⑧ 중요관리점의 한계 기준 설정 : 결정된 각 CCP에 대하여 각각의 적합한 관리 기준(위험도 한계)을 결정한다.

⑨ 중요관리점별 모니터링 체계 확립 : 각 CCP(관리)방법을 정한다.

⑩ 개선조치 방법 수립 : 기준에서 벗어나 이탈이 확인된 경우, 취해야 할 개선조치를 미리 정해둔다.

⑪ 검증 절차 및 방법 수립 : HACCP 적용이 정확히 실시되고 있는지의 여부에 대한 검증방법을 정해둔다.

⑫ 문서화 및 기록유지 방법 설정 : HACCP 프로그램 문서에는 효과적인 기록의 보존 방법을 정하여 기재해 둔다.

POINT

HACCP의 7원칙

위해요소분석, 중요관리점(CCP) 결정, 한계 기준 설정, 모니터링 체계 확립, 개선조치 방법 수립, 검증 절차 및 방법 수립, 문서화 및 기록 유지 방법 설정이다.

3) HACCP의 의무적용대상

(1) 수산 가공식품류의 어육 가공품류 중 어묵·어육소시지

(2) 기타 수산물, 가공품 중 냉동어류·연체류·조미가공품

(3) 냉동식품 중 피자류·만두류·면류

(4) 과자류, 빵류 또는 떡류 중 과자·캔디류·빵류·떡류

(5) 빙과류 중 빙과

(6) 음료류[다류(茶類) 및 커피류는 제외]

(7) 레토르트 식품

(8) 절임류 또는 조림류, 김치류 중 김치(배추를 주원료로 하여 절임, 양념 혼합 과정 등을 거쳐 이를 발효시킨 것이거나 발효시키지 아니한 것 또는 이를 가공한 것에 한함)

(9) 코코아 가공품 또는 초콜릿류 중 초콜릿류

(10) 면류 중 유탕면 또는 곡분, 전분, 전분질 원료 등을 주원료로 반죽하여 손이나 기계 따위로 면을 뽑아내거나 자른 국수로써 생면·숙면·건면

(11) 특수용도 식품

(12) 즉석 섭취, 편의식품류 중 즉석 섭취 식품

(12의2) 즉석 섭취·편의식품류의 즉석조리식품 중 순대

(13) 식품 제조·가공업의 영업소 중 전년도 총매출액이 100억 원 이상인 영업소에 서 제조·가공하는 식품

출제예상문제

01 위해(hazard)란 무엇인가?

① 심미적으로 악영향을 미칠 우려가 있는 인자
② 건강장해를 일으킬 우려가 있는 화학적 특성 및 인자
③ 건강장해를 일으킬 우려가 있는 생물학적 특성 또는 인자
④ 건강장해를 일으킬 우려가 있는 생물학적·화학적·물리적 성분 또는 인자

[해설] 위해란 사람의 건강을 해칠 우려가 있는 생물학적·화학적·물리적 성분 또는 인자이다.

02 중요관리점(CCP)에 대한 설명으로 옳은 것은?

① 위해를 사전에 증명하기 위한 방법이나 도구
② 위해를 사전에 예방하거나 제어할 수 있는 포인트
③ 위해의 중증도 및 위험도를 평가하는 포인트
④ 위해에 대한 개선조치를 설정하는 포인트

[해설] CCP는 위해를 사전에 방지(예방)하거나 제어할 수 있는 포인트(작업 순서 또는 단계·공정·절차 등)이다.

03 미생물 위해(hazard)에 해당되는 것은?

① 병원성 세균
② 유리조각
③ 청산가스
④ 술

[해설] 미생물 위해(microbial hazard) : 병원성 미생물 이외에 식품의 품질 및 보존성에 영향을 미치는 미생물(세균·곰팡이·효모) 등의 오염·증식·생존 및 그 유독 대사산물(독소·효소·생체 아민 등)의 생산에 따른 건강 장해 및 부패·변패에 의한 경제적 손실이다.

04 다음 중 HACCP을 수행하는 단계에서 가장 먼저 실시해야 하는 것은?

① 중점관리점 규명
② 관리기준의 설정
③ 식품의 위해요소를 분석
④ 기록유지 방법의 설정

[해설] HACCP 수행단계에서의 우선순위는 잠재적 위해요소를 분석하는 것이다..

05 식품안전관리인증기준(HACCP)의 7원칙이 아닌 것은?

① 우수제조기준
② 위해분석 수행
③ CCP 결정
④ 개선조치 설정

[해설] HACCP의 7원칙 : 위해요소분석, 중요관리점(CCP) 결정, 한계기준설정, 모니터링 체계 확립, 개선조치 방법 수립, 검증 절차 및 방법 수립, 문서화 및 기록 유지 방법 설정이다.

06 HACCP의 적용 순서도가 맞는 것은?

① HACCP팀 구성 → 제품설명서 작성 → 사용자 용도 확인 → 공정 흐름도 현장 확인 → 공정 흐름도 작성

② 사용자 용도 확인 → HACCP팀 구성 → 공정 흐름도 작성 → 공정 흐름도 현장 확인 → 제품설명서 작성

③ 공정 흐름도 작성 → 공정 흐름도 현장 확인 → HACCP팀 구성 → 제품설명서 작성 → 사용자 용도 확인

④ HACCP팀 구성 → 제품설명서 작성 → 사용자 용도 확인 → 공정 흐름도 작성 → 사용자 용도 확인

해설 ▶ 적용 순서도는 공정 흐름도 작성 → 공정 흐름도 현장 확인 → HACCP팀 구성 → 제품설명서 작성 → 사용자 용도 확인이다.

07 HACCP를 설명한 것으로 가장 알맞은 것은?

① 식품의 안전성을 확보하기 위하여 특정 위해요소를 알아내고 이들을 방지 및 관리하기 위한 것이다.

② 식품영업에서 고객의 불평요인을 알아내어 개선책을 마련하고자 이루어지는 일종의 감시체계이다.

③ 식품의 원재료와 부재료의 조성에 관한 목록이다.

④ 식품의 생산에서 연속적으로 해당 공정의 관리상태를 모니터링하는 것이다.

해설 ▶ 우리나라에서 "식품안전관리인증기준(HACCP) 이라 함은 식품의 원료관리, 제조ㆍ가공ㆍ조리

및 유통의 모든 과정에서 위해한 물질이 식품에 혼입되거나 식품이 오염되는 것을 방지하기 위하여 각 과정을 중점으로 관리하는 기준"이라 정의하고 있다.

08 소비자의 건강장해를 일으킬 우려가 있어 허용될 수 없는 생물학적ㆍ화학적ㆍ물리적 성분 또는 인자를 가리키는 것은?

① 위해

② 중요관리점

③ 위험도

④ 검증

해설 ▶ 위해(hazard) : 소비자의 건강장해를 일으킬 우려가 있어 허용될 수 없는 생물학적ㆍ화학적ㆍ물리적 성분 또는 인자이다.

09 HACCP 관련 용어가 아닌 것은?

① 중요한계점(CCP)

② 회수명령의 기준설정

③ 한계 기준(CL)

④ 위해 분석(HA)

해설 ▶ HACCP 관련 용어는 식품 및 축산물 안전관리 인증기준, 위해요소, 중요관리점, 한계 기준, 모니터링, 선행요건, 안전관리 인증기준관리계획, 검증, 안전관리 인증기준(HACCP) 적용업소, 관리책임자, 통합관리프로그램이다.

10 HACCP 인증 단체급식소(집단급식소, 식품접객업소, 도시락류 포함)에서 조리한 식품은 소독된 보존식 전용 용기 또는 멸균 비닐봉지에 매회 1인분 분량을 담아 몇 ℃ 이하에서 얼마 이상의 시간 동안 보관하여야 하는가?

① 4℃ 이하, 48시간

② 0℃ 이하, 100시간

③ -10℃ 이하, 200시간

④ -18℃ 이하, 144시간

해설 ▶ 보존식은 전용 용기 또는 멸균 비닐봉지에 1인분 분량을 담아 -18℃ 이하에서 144시간 이상 보관하여야 한다.

정답

01 ④　　02 ②　　03 ①　　04 ③　　05 ①　　06 ③　　07 ①　　08 ①　　09 ②　　10 ④

제 3 절 안전관리

① 개인 안전관리 점검

1) 재해 발생의 원인

(1) 구성요소의 연쇄반응

① 사회적 환경과 유전적 요소이다.

② 개인적인 성격의 결함이다.

③ 불안전한 행위와 불안전한 환경 및 조건이다.

④ 산업재해의 발생이다.

(2) 재해의 원인 요소

① 인간(Man)의 재난원인

㉠ 심리적 원인 : 억측 판단, 무의식 행동, 걱정거리, 위험 감각, 생략 행위, 착오 등이 있다.

㉡ 생리적 원인 : 노화, 질병, 알코올, 신체기능, 피로, 수면 부족 등이 있다.

㉢ 직장적 원인 : 커뮤니케이션 부족, 리더십, 팀워크, 직장의 인간관계 등이 있다.

(3) 기계(Machine)의 재난원인

① 기계 · 설비의 설계상의 결함으로 인해 재해가 발생한다.

② 안전의식 부족의 원인으로 재해가 발생한다.

③ 표준화의 부족으로 인한 재해발생이다.

④ 점검 · 정비의 부족으로 인한 재해발생이다.

⑤ 위험 방호의 불량으로 인한 재해발생이다.

(4) 매체(Media)의 재난원인

① 작업정보의 부적절로 인한 재해발생이다.

② 작업방법의 부적절로 인한 재해발생이다.

③ 작업공간의 불량으로 인한 재해발생이다.

④ 작업자세 · 작업동작의 결함으로 인한 재해발생이다.

⑤ 작업환경 조건의 불량으로 인한 재해발생이다.

(5) 관리(Management)의 재난원인

① 교육, 훈련 부족으로 인한 재해발생이다.

② 건강관리의 불량으로 인한 재해발생이다.

③ 관리조직의 결함으로 인한 재해발생이다.

④ 안전관리 계획의 불량으로 인한 재해발생이다.

⑤ 부하에 대한 지도 · 감독 부족으로 인한 재해발생이다.

⑥ 적성배치의 불충분으로 인한 재해발생이다.

⑦ 규정 · 매뉴얼의 불비, 불철저로 인한 재해발생이다.

구분	점검 내용	
인간(Man)	• 심리적 원인	지름길 반응, 생략행위, 억측 판단, 착오, 무의식 행동, 망각, 걱정거리, 위험 감각 등이다.
	• 생리적 원인	피로, 수면 부족, 알코올, 질병, 나이, 신체기능 등이다.
	• 직장적 원인	커뮤니케이션, 리더십, 팀워크, 직장에서의 인간관계 등이다.
기계(Machine)	• 기계 · 설비의 설계상의 결함 • 위험 방호의 불량 • 안전의식의 부족 • 표준화의 부족 • 점검 정비의 부족	
매체(Media)	• 작업정보의 부적절 • 작업 자세, 작업 동작의 결함 • 작업 방법의 부적절 • 작업공간의 불량 • 작업환경 조건의 불량	
관리(Management)	• 관리조직의 결함 • 규정 · 매뉴얼의 불비, 불철저 • 안전관리 계획의 불량 • 교육 · 훈련 부족 • 부하에 대한 지도 · 감독 부족 • 적성배치의 불충분 • 건강관리의 불량 등	

2) 개인 안전사고 예방 및 사후조치

(1) 위험도 경감의 원칙

① 사고 발생 예방과 피해 심각도의 억제에 있다.

② 위험도 경감전략의 핵심 요소는 위험요인 제거, 위험 발생 경감, 사고피해 경감을 염두에 두고 있다.

③ 위험도 경감은 사람, 절차 및 장비의 3가지 시스템 구성요소를 고려하여 다양한 위험도 경감 접근법을 검토한다.

(2) 안전사고 예방 과정

① 위험요인 제거 : 위험요인의 근원을 없앤다.

② 위험요인 차단 : 위험요인을 차단하기 위해 안전 방벽을 설치한다.

③ 예방(오류) : 위험사건을 초래할 수 있는 인적 · 기술적 · 조직적 오류를 예방한다.

④ 교정(오류) : 위험사건을 초래할 수 있는 인적 · 기술적 · 조직적 오류를 교정한다.

⑤ 제한(심각도) : 위험사건 발생 이후 재발방지를 위하여 대응 및 개선조치를 위한다.

(3) 개인 안전사고 사후조치

① 응급처치 현장에서의 자신의 안전을 확인한다.

② 환자에게 자신의 신분을 밝힌다.

③ 최초로 응급환자를 발견하고 응급처치를 시행하기 전에 환자의 생사 유무를 판정하지 않는다.

④ 응급환자를 처치할 때 원칙적으로 의약품을 사용하지 않는다.

⑤ 응급환자에 대한 처치는 어디까지나 응급처치로 그치고 전문 의료요원의 처치에 맡긴다.

2 도구 및 장비류의 안전점검

1) 도구 및 장비류의 관리 원칙

(1) 모든 조리 장비와 도구는 사용 방법과 기능을 충분히 숙지하고, 전문가의 지시에 따라 정확하게 익혀야 한다.

(2) 장비의 사용 용도 이외의 사용을 금해야 한다.

(3) 장비나 도구에 무리가 가지 않도록 유의해야 한다.

(4) 장비나 도구에 이상이 있을 경우 즉시 사용을 중지하고 적절한 조치를 취해야 한다.

(5) 전기를 사용하는 장비나 도구의 경우 전기 사용량과 사용법을 확인한 후에 사용해
야 하며 물의 접촉 여부에 신경을 써야 한다.

(6) 사용 도중 모터에 물이나 이물질 등이 들어가지 않도록 항상 주의하고 청결하게
유지해야 한다.

2) 도구 및 장비류의 선택 및 사용

(1) 필요성

① 장비가 정해진 작업을 하기 위한 것, 품질을 개선시킬 수 있는 것, 작업비용을 감소
할 수 있는 것을 파악하여 평가해야 한다.

② 장비의 필수적 또는 기본적 기능과 활용성, 사용 가능성 등을 고려하여 조리작업
에 적절한 장비를 계획하여 배치할 수 있도록 하고, 미래에 예상되는 성장 또는
변화에 따라 필요한 장비를 고려하여 사전에 관리할 수 있어야 한다.

(2) 성능

① 주방 장비는 요구되는 기능과 특수한 기능을 달성시킬 수 있어야 한다.

② 장비의 비교는 주어지는 만족의 정도, 그리고 주어진 성능을 얼마나 오랫동안 유
지하느냐에 중점을 두어야 하며 조작의 용이성, 분해, 조립, 청소의 용이성, 간편
성, 사용기간에 부합되는 비용인가를 고려하여 성능을 평가한다.

(3) 요구에 따른 만족도

① 투자에 따른 장비의 성능이 효율적이지 못하다면 차후 장비 구입 시 여러 가지
어려움이 따른다. 그러므로 필요조건에 대한 상세한 분석이 필수적이다.

② 특정 작업에 요구되는 장비의 기능이 미비하거나 지나친 것은 사전계획의 오류에
서 발생한다. 이러한 경험은 차후 장비 선택 시 시행착오로 인한 개선의 정보를
제공할 수 있으나, 이것도 특정한 요구 조건의 견지에서 평가되어야 한다.

(4) 안전성과 위생

① 조리 장비를 계획하거나 선택할 때는 안전성과 위생에 대한 위험성, 그리고 오염으로부터 보호할 수 있는 정도를 고려해야 한다.

② 조리사들이 조리 장비를 다루고 사용하는 과정에서 발생할 수 있는 안전사고는 치명적인 요인이 될 수 있기 때문에 공인된 기구가 인정하는 안전성과 효과성을 확보한 장비를 선택해서 사용한다.

3) 안전 장비류의 취급관리

(1) 일상점검

① 주방관리자는 매일 조리기구 및 장비를 사용하기 전에 육안을 통해 주방 내에서 취급하는 기계 · 기구 · 전기 · 가스 등의 이상 여부와 보호구의 관리 실태 등을 점검하고 그 결과를 기록 · 유지하도록 하는 것이다.

② 주방관리자는 사고 및 위험 가능성이 있는 사항을 발견하면 즉시 안전 책임자에게 보고하고 필요한 조치를 취하여야 한다.

③ 안전책임자는 일상 점검 결과 기록 및 미비 사항을 정기적으로 확인하고, 지시사항을 점검일지에 기록하여야 한다.

④ 일상점검표는 주방의 특성에 맞게 항목을 추가하거나 수정한다.

(2) 정기점검

① 안전관리 책임자는 조리 작업에 사용되는 기계 · 기구 · 전기 · 가스 등의 설비기능 이상여부와 보호구의 성능 유지 여부 등에 대하여 매년 1회 이상 정기적으로 점검을 실시하고, 그 결과를 기록 · 유지하여야 한다.

② 정기점검을 실시하는 자는 주방 내의 모든 인적 · 물적인 면에서 물리 화학적 · 기능적 결함 등이 있는지 여부를 육안 점검과 법정 측정기기 등의 점검 장비를 사용하여 점검을 실시하고, 그 측정값을 점검 결과에 기입하여야 한다.

(3) 긴급점검

① 관리 주체가 필요하다고 판단될 때 실시하는 정밀점검 수준의 안전점검을 말한다.

② 실시 목적에 따른 긴급점검의 구분

ㄱ **손상점검** : 재해나 사고에서 비롯된 구조적 손상 등에 대하여 긴급히 시행하는 점검이다.

ㄴ **특별점검** : 결함이 의심되는 경우나 사용 제한 중인 시설물의 사용 여부 등을 판단하기 위해 실시하는 점검이다.

출제예상문제

01 기름성분이 하수구로 들어가는 것을 방지하기 위한 하수관의 형태는?

① S 트랩 ② P 트랩

③ 드럼 ④ 그리스 트랩

해설 그리스 트랩 : 요리나 설거지 등을 하고 난 후 허드렛물이 흘러 내려가는 유출구 뒤에 접속한 것으로 배수 안에 녹은 지방류가 배수관 내벽에 부착되어 막히는 것을 방지하기 위해 설치한다.

02 주방의 바닥조건으로 맞는 것은?

① 산이나 알칼리에 약하고 습기, 열에 강해야 한다.

② 바닥 전체의 물매는 1/20이 적당하다.

③ 조리작업을 드라이 시스템화할 경우의 물매는 1/100 정도가 적당하다.

④ 고무타일, 합성수지타일 등이 잘 미끄러지지 않으므로 적합하다.

해설 좋은 주방의 조건은 미끄러지지 않는 자재 사용, 턱이 지지 않게 평평한 바닥을 만들고, 배수관 입구의 크기와 직경의 크기를 확인한다.

03 조명이 불충분할 때는 시력저하, 눈의 피로를 일으키고 지나치게 강렬할 때는 어두운 곳에서 암순응능력을 저하시키는 태양광선은?

① 전자파 ② 자외선

③ 적외선 ④ 가시광선

해설 사람의 눈으로 볼 수 있는 빛. 보통 가시광선의 파장범위는 380~800나노미터(nm)이다.

04 열작용을 갖는 특징이 있어 일명 열선이라고도 하는 복사선은?

① 자외선 ② 가시광선

③ 적외선 ④ x-선

해설 적외선은 열선이라고 불릴 만큼 열적 작용이 강하며 장시간 노출 시 두통, 현기증, 열경련, 열사병, 백내장의 원인이 된다.

05 소음에 있어서 음의 크기를 측정하는 단위는?

① 데시벨(dB) ② 케톤

③ 실(SIL) ④ 주파수(Hz)

해설 데시벨은 소리의 상태적인 크기를 나타내는 단위이다.

06 응급조치의 목적이 아닌 것은?

① 다친 사람이나 급성 질환자에게 사고현장에서 즉시 취하는 조치이다.

② 건강이 위독한 환자에게 전문적인 의료가 실시되기에 앞서 긴급히 실시되는 처치이다.

③ 생명을 유지시키고 더이상의 상태 악화를 방지 또는 지연시키는 것이다.

④ 119 신고부터 부상이나 질병을 의학적으로 처치하여 회복될 수 있도록 도와주는 행위이다.

> **해설** 119신고부터 부상이나 질병을 의학적 처치 없이도 회복될 수 있도록 도와주는 행위까지 포함한다.

07 안전관리의 중요성과 가장 거리가 먼 것은?

① 작업환경 개선을 통한 투자 비용 확대
② 인간 존중이라는 인도적 신념의 실현
③ 경영 경제상 제품의 품질 향상 및 생산성 향상
④ 재해로부터 인적, 물적 손실 예방

> **해설** 안전관리란 재해로부터 인간의 생명과 재산을 보존하기 위한 계획적이고 체계적인 제반 활동을 의미한다.

08 조리장 작업환경으로 적절하지 않은 것은?

① 조리장 안에는 조리시설, 세척시설, 폐기물 용기 및 세면시설을 각각 설치하여야 한다.
② 조리장 조명은 150럭스를 유지한다.
③ 조리장 바닥에 배수구가 있는 경우에는 덮개를 설치하여야 한다.
④ 폐기물 용기는 내수성 재질로 된 것이어야 한다.

> **해설** 조리장 조명은 220럭스 이상을 유지하여야 한다.

09 작업자가 개인 안전관리를 위하여 안전관리 점검표에 따라 매일 점검하고 기록·관리해야 하는 사항이 아닌 것은?

① 근무시간
② 개선조치사항
③ 제조공정별 개인 안전관리상태
④ 점검일자

> **해설** 안전관리점검표에 기록하고 관리해야 되는 사항은 점검일자, 점검자 및 승인자, 제조공정별 개인 안전관리상태, 개선조치사항, 특이사항 등이다.

10 화상 발생 시 응급처치 요령으로 올바르지 못한 것은?

① 약품에 의한 화상은 약품이 피부에 침투하기 전에 수돗물로 20분 이상 씻어 흐르게 한다.
② 화상을 당한 부위에 응급처치로 감자나 된장을 바른다.
③ 긴급히 의사의 치료를 받을 수 없는 경우에는 소독약으로 상처 부위 및 그 주위를 소독한다.
④ 가까이에 물이 없거나 병원으로 이송할 경우에는 깨끗한 냉수를 적신 수건을 15분 이상 대준다.

> **해설** 화상당한 부위에 된장, 간장, 감자, 오이 등을 바르는 민간요법은 화상 부위 염증을 악화하고 감염을 유발할 수 있으므로 주의해야 한다.

11 안전사고 발생 시 응급조치로 맞지 않는 것은?

① 현장의 안전 사태와 위험요소를 파악한다.
② 현장의 응급상황을 전문 의료기관에 알린다.

③ 응급환자를 처치할 때 원칙적으로 의약품을 사용하지 않는다.

④ 구조자 자신의 안전보다는 동료의 구조가 중요하다.

해설 동료의 구조도 중요하지만 구조자 자신의 안전이 더 중요하다.

12 소화기 보관법이 잘못된 것은?

① 직사광선, 온도가 높은 곳은 피한다.

② 습기가 많은 곳은 피한다.

③ 소화기는 사람이 많이 있는 곳에는 위험하므로 창고에 안전하게 보관한다.

④ 소화기 내부의 약제가 굳어지지 않게 한 달에 한 번 정도 뒤집어서 흔들어준다.

해설 소화기 비치 장소 상부 벽면에 소화기 보관장소임을 멀리서도 알아볼 수 있도록 명판을 제작하여 부착하면 좋다.

13 재해에 대한 설명으로 틀린 것은?

① 구성요소의 연쇄반응 현상이다.

② 환경이나 작업조건으로 인해 자신만 상처를 입었을 때를 말한다.

③ 불안전한 행동과 기술에 의해 발생한다.

④ 중·소규모의 사업장에 재해관리를 전담할 수 있는 안전관리자를 선임할 수 있는 법적 근거가 없다.

해설 환경이나 작업조건으로 인해 자신이나 타인에게 상해 입히는 것을 말한다.

14 위험도 경감의 원칙으로 옳지 않은 것은?

① 위험요인 제거 ② 재발 경감

③ 위험 발생 경감 ④ 사고피해 경감

해설 위험도 경감의 원칙에 있어 핵심 요소는 위험요인 제거, 위험 발생 경감, 사고피해 경감이다.

15 안전 교육의 목적으로 옳지 않은 것은?

① 개인 위주의 안전성을 최고로 발달시키는 교육이다.

② 일상생활에서 개인 및 집단의 안전에 필요한 지식, 기능, 태도 등을 이해시킨다.

③ 안전한 생활을 위한 습관을 형성시킨다.

④ 인간 생명의 존엄성에 대해 인식시킨다.

해설 개인과 집단의 안전성을 최고로 발달시키는 교육이다.

정답

NCS 떡제조기능사 필기실기

01 ④ 02 ④ 03 ④ 04 ③ 05 ① 06 ④ 07 ① 08 ② 09 ① 10 ②

11 ④ 12 ③ 13 ② 14 ② 15 ①

제4절 식품위생법 관련 법규 및 규정

1 기구와 용기·포장

① 유독기구 등의 판매·사용 금지(제8조)

유독·유해물질이 들어 있거나 묻어 있어 인체의 건강을 해할 우려가 있는 기구 및 용기 포장과 식품 또는 식품첨가물에 접촉되어 이에 유해한 영향을 줌으로써 인체의 건강을 해할 우려가 있는 기구 및 용기·포장을 판매하거나 판매의 목적으로 제조·수입·운반 또는 진열하거나 영업상 사용하여서는 아니 된다.

② 기구 및 용기 포장에 관한 기준과 규격(제9조)

㉠ 식품의약품안전처장은 국민보건을 위해서 필요하다고 인정하는 때에는 판매를 목적으로 하거나 영업상 사용하는 기구 및 용기·포장의 제조 방법에 관한 기준과 기구·용기·포장 및 그 원재료에 관한 규격을 정하고 고시한다.

㉡ 식품의약품안전처장은 기준과 규격이 고시되지 아니한 것에 대하여는 그 제조·가공업자로 하여금 그 기구·용기·포장의 제조방법에 관한 기준과 기구·용기·포장 및 그 원재료에 관한 규격을 제출하게 하여 지정된 식품위생검사기관의 검토를 거쳐 당해 기구·용기·포장 및 그 원재료의 기준과 규격을 한시적으로 인정할 수 있다.

㉢ 수출을 목적으로 하는 기구·용기·포장 및 그 원재료의 기준과 규격은 수입자가 요구하는 기준과 규격에 의할 수 있다.

㉣ 기준과 규격이 정하여진 기구 및 용기·포장은 그 기준에 의하여 제조하여야 하며, 그 기준과 규격에 맞지 아니하는 기구 및 용기·포장을 판매하거나 판매의 목적으로 제조·수입·운반·진열하거나 기타 영업상 사용하여서는 아니 된다.

② 식품 등의 공전(公典)

식품의약품안전처장은 식품 또는 식품첨가물의 기준과 규격, 기구 및 용기·포장의 기준과 규격, 식품 등의 표시기준 등을 실은 식품 등의 공전을 작성·보급하여야 한다.

1) 과자류

(1) 빵 및 떡류

정의 : 빵 및 떡류라 함은 밀가루, 쌀가루, 찹쌀가루 또는 기타 곡물을 주원료로 하여 이에 식염, 당류, 달걀, 또는 유지 등의 식품이나 첨가물을 가하여 제조 특성에 따라 발효 팽창, 가소성, 증숙, 또는 유당 처리 등을 거쳐 가공한 것을 말한다.

(2) 원료의 구비요건

① 밀가루, 기타 곡분, 달걀 및 튀김용 유지는 변질되지 아니한 것으로써 품질이 양호한 것이어야 한다.

② 기준 및 규격이 제정되어 있는 원재료로는 그 기준 및 규격에 적합하여야 한다.

③ 부패, 변질이 용이한 원료는 냉장 또는 냉동보관 관리하여야 한다.

(3) 제조·가공 기준

① 달걀은 표면에 부착된 이물이 식품에 이행되지 아니하도록 위생적으로 처리한 후 사용하여야 한다.

② 튀김에 사용하는 유지는 가능한 자주 교체하여 산가 및 과산화물가를 낮게 유지하도록 하여야 한다.

③ 원료는 균일하게 혼합하여야 한다.

④ 배합기 등 기계·기구류는 자주 세척 또는 소독하여 항상 청결을 유지하여야 한다.

⑤ 발효를 요하는 경우에는 이상발효가 일어나지 않도록 적절한 온도와 습도 관리를 하여야 한다.

⑥ 굽거나 유탕 처리한 제품은 냉각하고, 제조가 완료된 모든 제품류는 가능한 한 신속하게 포장하여야 한다.

⑦ 장기 보존을 목적으로 하는 가래떡 제품은 신속히 냉각하여 살균한 후에 오염이 되지 아니하고 품질이 유지될 수 있도록 적절히 포장하여야 한다.

(4) 주원료 및 성분 배합기준

① 용어의 정의

ㄱ 떡류

쌀가루, 당류, 곡류, 두류, 채소류, 과실류 또는 주류 등을 가하여 열처리하여 익힌 것으로 전통적인 식생활 관습에 따라 제조된 것을 말한다.

② 성분 배합기준

업소별 배합기준에 의한다.

(5) 성분 규격

① 성상 : 고유의 향미를 가지고 이미, 이취가 없어야 한다.

② 산가 : 2.0 이하(유탕처리 식품에 한한다)

③ 과산화물가 : 40.0 이하(유탕처리 식품에 한한다)

④ 타르색소 : 검출되어서는 안 된다(식빵, 카스텔라에 한한다).

⑤ 인공감미료 : 검출되어서는 안 된다(식빵에 한한다).

⑥ 보존료 : 다음에서 정하는 이외의 보존료가 검출되어서는 아니 된다.

프로피온산 나트륨 프로피온산 칼슘	2.5 이하(프로피온산으로 기준하여 빵 및 케이크에 한한다)
소르빈산 소르빈산 칼슘	1.0 이하(소르빈산으로 기준하여 팥 등 앙금류에 한한다)

⑦ 황색 포도상구균 : 음성이어야 한다(단, 크림빵, 샌드위치에 한한다).

⑧ 살모넬라 : 음성이어야 한다(단, 크림빵, 샌드위치에 한한다).

(6) 표시기준

① 제품의 유형에 따라 식빵, 빵, 케이크, 도넛, 떡류로 구분 표시하여야 한다.
② 냉동 또는 냉장을 요하는 제품이 있어서는 14포인트 활자 이상으로 요냉동 또는 요냉장 제품으로 표시하여야 한다.
③ 유탕 처리한 식품은 유탕 처리 식품으로 표시하여야 한다.

(7) 보존 및 유통기준

① 제품은 직사광선을 받지 아니하는 서늘한 곳에서 보관, 유통하여야 한다.
② 제품의 외형에 손상을 주지 않도록 취급에 주의하여야 한다.
③ 냉동을 요하는 제품은 -15℃ 이하에서 보존하여야 한다.
④ 권장 유통기한

2) 떡류

- 가래떡 1개월(장기 보존의 목적으로 적절하게 제조·가공·포장된 제품에 한한다)
- 기타 : 7일(실온)

(1) 건과류

정의 : 건과류라 함은 곡류, 두류 또는 서류 등을 주 원료로 하여 이에 따른 식품 또는 첨가물을 가하여 굽거나 기타 방법으로 열처리한 것을 말한다.

(2) 원료의 구비조건

① 원료는 품질이 양호하고 변질되지 아니한 것이어야 한다.
② 유지류는 잘 정제된 상태의 것으로 이미·이취가 없는 것이어야 한다.

③ 식품 또는 첨가물은 그 기준 및 규격에 적합한 것이어야 한다.

(3) 제조 · 가공 기준

① 배합하는 원료는 충분히 혼합하여야 한다.

② 제품의 특성에 따라서 굽는 온도, 열처리 조건 및 시간을 적절하게 관리하여야 한다.

③ 굽거나 열처리한 제품은 충분히 냉각하고 가능한 신속하게 포장하여야 한다.

④ 유탕 또는 유처리에 사용하는 식용 유지는 산가와 과산화물가 관리를 철저히 하여야 한다.

⑤ 제품은 이물 등이 혼입되지 않도록 포장하여야 한다.

(4) 주원료 성분 배합기준

① 용어의 정의

ㄱ 한과류

- 강정(유과) : 찹쌀가루를 주원료로 하여 반죽, 건조, 유탕 처리한 후 조청 등을 가하여 곡류 가공품, 깨 등의 식품을 입힌 것을 말한다.
- 유밀과(약과) : 밀가루를 주원료로 하여 참기름, 당류, 꿀 또는 주류 등을 첨가하고 반죽, 유탕 처리한 후 당류 또는 꿀을 가하여 만든 것이거나 이에 잣 등의 식품을 입힌 것을 말한다.

ㄴ 엿강정 : 물엿 또는 조청에 볶은 콩, 유지식물, 땅콩 또는 건과류 등을 혼합하여 성형한 것을 말한다.

② 성분 배합기준

업소별 배합기준에 의한다.

③ 성분 규격

  ㉠ 성상 : 고유의 향미를 가지고 이미 · 이취가 없어야 한다.

  ㉡ 수분(%) : 10.0 이하(유탕 또는 유처리한 것과 잼, 크림 등을 가한 것, 유밀과, 엿강정은 제외)

  ㉢ 과산화물가 : 40.0 이하(유탕 또는 유처리 식품에 한한다)

  ㉣ 산가 2.0 이하(유탕 또는 유처리 식품에 한하며 유밀과는 3.0 이하)

④ 표시기준

  ㉠ 제품의 유형에 따라 비스킷류, 곡물 튀김류, 한과류, 스낵류로 구분 표시하여야 한다.

  ㉡ 유탕 또는 유처리한 것은 유탕 또는 유처리한 식품(단, 비스킷류는 제외한다)으로 추가 표시하여야 한다.

⑤ 보존 및 유통기준

  ㉠ 제품은 직사광선을 받지 아니하는 서늘한 곳에서 보관 유통하여야 한다.

  ㉡ 제품을 보관할 때는 방서 및 방충 관리를 철저히 하여야 한다.

  ㉢ 권장 유통기한

   • 유탕 또는 유처리한 식품(단, 비스킷류는 제외한다)

   • 한과류 : 6개월(단, 진공상태에서 질소 충전하여 포장한 감자칩, 옥수수칩은 12개월)

3 영업 벌칙 등 떡 제조 관련 법령

1) 영업 벌칙

(1) 제93조(벌칙)

① 3년 이상의 징역 : 소해면상뇌증(광우병), 탄저병, 가금 인플루엔자 질병에 걸린

동물을 사용하여 판매할 목적으로 식품 또는 식품첨가물을 제조·가공·수입 또는 조리한 자

② 1년 이상의 징역 : 마황, 부자, 천오, 초오, 백부자, 섬수, 백선피, 사리풀 등의 원료 또는 성분 등을 사용하여 판매할 목적으로 식품 또는 식품첨가물을 제조·가공·입 또는 조리한 자

③ ①항 및 ②의 경우 제조·가공·수입·조리한 식품 또는 식품첨가물을 판매하였을 때에는 그 소매 가격의 2배 이상 5배 이하에 해당하는 벌금을 병과한다.

④ 제①항 또는 제②항의 죄로 형을 선고받고 그 형이 확정된 후 5년 이내에 다시 제①항 또는 제②항의 죄를 범한 자가 제③항에서 해당하는 경우 제③항에서 정한 형의 2배까지 가중한다.

(2) 제94조(벌칙) 10년 이하의 징역 또는 1억 원 이하의 벌금

① 누구든지 다음 각 호의 어느 하나에 해당되는 식품 등을 판매하거나 판매할 목적으로 채취·제조·수입·가공·사용·조리·저장·소분·운반 또는 진열하여서는 아니 된다.

ㄱ 썩거나 상하거나 설익어서 인체의 건강을 해칠 우려가 있는 것

ㄴ 유독·유희 물질이 들어 있거나 묻어 있는 것 또는 그러할 염려가 있는 것(다만, 식품의약품안전처장이 인체의 건강을 해칠 우려가 없다고 인정하는 것은 제외)

ㄷ 병을 일으키는 미생물에 오염되었거나 그러할 염려가 있어 인체의 건강을 해칠 우려가 있는 것

ㄹ 불결하거나 다른 물질이 섞이거나 첨가된 것 또는 그 밖에 일체의 건강을 해칠 우려가 있는 것

ㅁ 안전성 평가 대상인 농·축·수산물 가운데 안전성 평가를 받지 아니하였거나 안전성 평가에서 식용으로 부적합하다고 인정된 것

ㅂ 수입이 금지된 것 또는 「수입식품안전관리 특별법」에 따른 수입신고를 하지 아니하고 수입한 것

ⓧ 영업자가 아닌 자가 제조·가공·소분한 것

ⓞ 유독·유해 물질이 들어 있거나 묻어 인체의 건강을 해칠 우려가 있는 기구 및 용기·포장과 식품 또는 식품첨가물에 직접 닿으면 해로운 영향을 끼쳐 인체의 건강을 해칠 우려가 있는 기구 및 용기를 판매하거나 판매할 목적으로 제조·수입·저장·운반·진열하거나 영업에 사용한 자

ⓩ 식품 또는 식품첨가물의 제조업·가공업·운반업·판매업 및 보존업, 기구 또는 용기·포장의 제조업·식품접객업을 하려는 자 중, 대통령령으로 정하는 바에 따라 영업 종류별 또는 영업소별로 식품의약품안전처장 또는 특별자치도지사·시장·군수·구청장의 허가를 받지 않은 자

② 제1항의 죄로 금고 이상의 형을 선고받고 그 형이 확정된 후 5년 이내에 다시 제1항의 죄를 범한 자는 1년 이상 10년 이하의 징역에 처한다.

③ 제2항의 경우 그 해당 식품 또는 식품첨가물을 판매한 때에는 그 소매 가격의 4배 이상 10배 이하에 해당하는 벌금을 병과한다.

(3) 제95조(벌칙) 5년 이하의 징역 또는 5천만 원 이하의 벌금

① 식품 또는 식품첨가물에 관한 기준 및 규격에 따라 기준과 규격이 정하여진 식품 또는 식품첨가물은 그 기준에 따라 제조·수입·가공·사용·조리·보존하여야 하며, 그 기준과 규격에 맞지 아니하는 식품 또는 식품첨가물은 판매하거나 판매할 목적으로 제조·수입·가공·사용·조리·저장·소분·운반·보존 또는 진열하여서는 아니 된다.

② 기구 및 용기·포장에 관한 기준 및 규격에 따라 기준이 정하여진 식품 또는 식품첨가물은 그 기준에 따라 제조·수입·가공·사용·조리·보존하여야 하며, 그 기준과 규격에 맞지 아니하는 식품 또는 식품첨가물은 판매하거나 판매할 목적으로 제조·수입·가공·사용·조리·저장·소분·운반·보존 또는 진열하여서는 아니 된다.

③ 식품 또는 식품첨가물의 제조업, 가공업, 운반업, 판매업 및 보존업, 기구 또는 용기·포장의 제조업·식품접객업 중 대통령령으로 정하는 영업을 하려는 자 중, 대통령령으로 정하는 바에 따라 영업 종류별 또는 영업소별로 식품의약품안전처장 또는 특별자치도지사·시장·군수·구청장에게 등록하지 않았거나, 등록한 사항 중 대통령령으로 정하는 중요한 사항을 변경할 때에도 등록하지 않은 자, 폐업하거나 대통령령으로 정하는 중요한 사항을 제외한 경미한 사항을 변경할 때에 식품의약품안전처장 또는 특별자치도지사·시장·군수·구청장에게 신고하지 아니한 자

④ 식품접객영업자와 그 종업원이 영업 질서와 선량한 풍속을 유지하는 데에 필요한 시·도지사로부터 영업시간 및 영업행위를 제한받았지만 이를 위반한 자

⑤ 판매의 목적으로 식품 등을 제조·가공·소분·수입 또는 판매한 영업자 중 해당 식품 등이 판매 금지 관련 법령을 위반한 사실(식품 등의 위해와 관련이 없는 위반 사항은 제외)을 알게 된 경우에도 유통 중인 해당 식품 등을 회수하거나 회수하는 데에 필요한 조치를 하지 않은 자

⑥ 식품의약품안전처장, 시·도지사 또는 시장·군수·구청장은 영업자가 판매 금지 관련 법령을 위반한 경우에는 관계 공무원에게 그 식품 등을 압류 또는 폐기하거나 용도·처리방법 등을 정하여 영업자에게 위해를 없애는 조치를 하도록 명하여야 한다.

⑦ 식품의약품안전처장, 시·도지사 또는 시장·군수·구청장은 식품위생상의 위해가 발생하거나 발생할 우려가 있는 경우에는 영업자에게 유통 중인 해당 식품 등을 회수·폐기하게 하거나 해당 식품 등의 원료, 제조 방법, 성분 또는 그 배합 비율을 변경할 것을 명할 수 있다.

⑧ 식품의약품안전처장, 시·도지사 또는 시장·군수·구청장은 식품위생상의 위해가 발생하였거나 발생하였다고 인정하는 때, 회수계획을 보고받은 때에는 해당 영업자에 대하여 그 사실의 공표를 명할 수 있다. 다만, 식품위생에 관한 위해가 발생한 경우에는 공표를 명하여야 한다.

⑨ 영업자 중 허가취소 등 관련 법령의 어느 하나에 해당하여 식품의약품안전처장, 시 · 도지사 또는 특별자치도지사 · 시장 · 군수 · 구청장으로부터 대통령령으로 정하는 바에 따라 영업허가 또는 등록을 취소하거나 6개월 이내의 기간을 정하여 그 영업의 전부 또는 일부를 정지하거나 영업소 폐쇄를 명하였지만 이를 위반하여 영업을 계속한 자

(4) 제96조(벌칙) 3년 이하의 징역 또는 3천만 원 이하의 벌금

① 조리사를 두지 않은 집단급식소 운영자의 식품 접객업자
② 영양사를 두지 않은 집단급식소 운영자

(5) 제97조(벌칙) 3년 이하의 징역 또는 3천만 원 이하의 벌금

① 다음의 어느 하나를 위반한 자

㉠ 유전자재조합 식품임을 표시하여야 하는 유전자 재조합식품 등은 표시가 없으면 판매하거나 판매할 목적으로 수입 · 진열 · 운반하거나 영업에 사용하여서는 안 된다.

㉡ 식품의약품안전처장이 긴급대응이 필요하다고 판단한 식품 등을 제조 · 판매 등을 하여서는 아니 된다.

㉢ 식품 등을 제조 · 가공하는 영업자는 총리령으로 정하는 바에 따라 제조 · 가공하는 식품 등이 법령에 따른 기준과 규격이 맞는지를 검사하여야 한다.

㉣ ㉢에 따른 검사를 직접 행하는 영업자는 ㉢의 검사 결과 해당 식품 등이 판매 금지 관련 법령을 위반하여 국민 건강에 위해가 발생하거나 발생할 우려가 있는 경우에는 지체없이 식품위약품안전처장에게 보고하여야 한다.

㉤ 영업허가를 받은 자가 폐업하거나 허가받은 사항 중 대통령령으로 정하는 중요한 사항을 제외한 경미한 사항을 변경할 때에는 식품의약품안전처장 또는 특별자치도지사 · 시장 · 군수 · 구청장에게 신고하여야 한다.

ⓗ 식품 또는 식품첨가물의 제조업, 가공업, 운반업, 판매업 및 보존업, 기구 또는 용기 · 포장의 제조업, 식품접객업 중 대통령령으로 정하는 영업을 하려는 자는 대통령령으로 정하는 바에 따라 영업 종류별 또는 영업소별 식품의약품안전처장 또는 특별자치도지사 · 시장 · 군수 · 구청장에게 신고하여야 한다. 신고한 사항 중 대통령령으로 정하는 중요한 사항을 변경하거나 폐업할 때에도 또한 같다.

ⓢ 영업 승계 관련 법령에 따라 그 영업자의 지위를 승계한 자는 총리령으로 정한 바에 따라 1개월 이내에 그 사실을 식품의약품안전처장 또는 특별자치도지사 · 시장 · 군수 · 구청장에게 신고하여야 한다.

ⓞ 총리령으로 정하는 식품을 제조 · 가공 · 조리 · 소분 · 유통하는 영업자는 식품의약품안전처장이 식품별로 고시한 식품안전관리인증기준을 지켜야 한다.

ⓩ 식품안정관리인증기준 적용 업소의 영업자는 인증받은 식품을 다른 업소에 위탁하여 제조 · 가공하여서는 아니 된다. 다만, 위탁하려는 식품과 동일한 식품에 대하여 식품안전관리인증기준 적용업소로 인증된 업소에 위탁하여 제조 · 가공하려는 경우 등 대통령령으로 정하는 경우에는 그러하지 아니하다.

ⓒ 영 · 유아식 제조 · 가공업자, 일정 매출 · 매장 면적 이상의 식품판매업자 등 총리령으로 정하는 자는 식품이력추적관리를 하고자 할 때 식품의약품안전처장에게 등록하여야 한다.

ⓚ 조리사가 아니면 조리사라는 명칭을 사용하지 못한다.

② 다음의 어느 하나에 따른 검사 · 출입 · 수거 · 압류 · 폐기를 거부 · 방해 또는 기피한 자

㉠ 식품의약품안전처장, 시 · 도지사 또는 시장 · 군수 · 구청장은 식품 등의 위해 방지 · 위생관리와 영업 질서의 유지를 위하여 필요하면 다음의 구분에 따른 조치를 할 수 있다.

㉡ 영업자나 그 밖의 관계인에게 필요한 서류나 그 밖의 자료의 제출 요구

㉢ 관계 공무원으로 하여금 다음에 해당하는 출입 · 검사 · 수거 등의 조치

- 영업소(사무소, 창고, 제조소, 저장소, 판매소, 그 밖에 이와 유사한 장소 포함)에 출입하여 판매를 목적으로 하거나 영업에 사용하는 식품 등 또는 영업시설 등에 대여하는 검사 자료의 제출 요구
- 위에 따른 검사에 필요한 최소량의 식품 등의 무상 수거
- 영업에 관계되는 장부 또는 서류의 열람

② 식품의약품안전처장, 시 · 도지사 또는 시장 · 군수 · 구청장은 영업자가 판매 금지 관련 법령을 위반한 경우에는 관계 공무원에게 그 식품 등을 압류 또는 폐기하게 하거나 용도 · 처리방법 등을 지정하여 영업자에게 위해를 없애는 조치를 하도록 명하여야 한다.

③ 시 · 도지사 또는 시장 · 군수 · 구청장은 영업 허가 관련 법령을 위반하여 허가 받지 아니하거나 신고 또는 등록하지 아니하고 제조 · 가공 · 조리한 식품 또는 식품첨가물이나 여기에 사용한 기구 또는 용기 · 포장 등을 관계 공무원에게 압류하거나 폐기하게 할 수 있다.

③ 그 외

㉠ 식품 또는 식품첨가물의 제조업, 가공업, 운반업, 판매업 및 보존업, 기구 또는 용기 · 포장의 제조업, 식품접객업의 영업을 하려는 자 중 총리령으로 정하는 시설기준을 갖추지 못한 영업자

㉡ 식품의약품안전처장, 또는 특별자치도지사 · 시장 · 군수 · 구청장이 영업 허가와 관련하여 붙인 조건을 갖추지 못한 영업자

㉢ 식품접객영업자 등 대통령령으로 정하는 영업자와 그 종업원 중, 영업의 위생관리와 질서 유지, 국민의 보건위생 증진을 위하여 총리령으로 정하는 사항을 지키지 아니한 자(다만, 총리령으로 정하는 경미한 사항을 위반한 자는 제외)

㉣ 영업자 중 식품의약품안전처장 또는 특별자치도지사 · 시장 · 군수 · 구청장이 대통령령으로 정하는 바에 따라 명한 영업정지 명령을 위반하여 계속 영업한 자 또는 영업소 폐쇄 명령을 위반하여 영업을 계속한 자

ⓜ 영업자 중 식품의약품안전처장 또는 특별자치도지사·시장·군수·구청장이
대통령령으로 정하는 바에 따라 명한 제조정지 명령을 위반한 자

ⓗ 영업자 중 폐쇄조치 관련 법령에 따라 관계 공무원이 부착한 봉인 또는 게시문
등을 함부로 제거하거나 손상시킨 자

(6) 제98조(벌칙) 1년 이하의 징역 또는 1천만 원 이하의 벌금

① 「청소년보호법」에 따른 청소년 고용금지업소에서 청소년을 고용하는 행위를 위반
하여 접객행위를 하거나 다른 사람에게 그 행위를 알선한 자

② 소비자로부터 이물 발견의 신고를 접수하고 이를 거짓으로 보고한 자

③ 이물의 발견을 거짓으로 신고한 자

(7) 양벌규정(제100조)

법인의 대표자나 법인 또는 개인의 대리인, 사용인, 그 밖의 종업원이 그 법인 또는
개인의 업무에 관하여 위반행위를 하면 그 행위자를 벌하는 것 외에 그 법인 또는 개인에
게도 해당 조문의 벌금형을 부과한다.

(8) 제101조(과태료)

① 1천만 원 이하의 과태료

㉠ 식중독에 관한 조사 보고를 위반한 자

㉡ 집단급식소 설치·운영의 전단을 위반하여 신고하지 아니하거나 허위를 신고
한 자

㉢ 집단급식소 시설·유지·관리를 위반한 자

② 5백만 원 이하의 과태료

㉠ 식품 등을 위생적으로 취급하지 않은 자

㉡ 검사명령을 위반하여 검사기한 내에 검사를 받지 아니하거나 자료 등을 제출하

지 아니한 영업자

ⓒ 영업허가 등을 위반하여 보고를 하지 아니하거나 허위의 보고를 한 자

ⓔ 식품 등의 이물 발견 등을 위반하여 소비자로부터 이물 발견 신고를 받고 보고하지 아니한 자

ⓜ 식품안전관리인증기준을 위반한 자

ⓑ 시설 개수에 따른 명령에 위반한 자

③ 3백만 원 이하의 과태료

ⓖ 영업자 및 종업원의 건강진단 의무를 위반한 자

ⓛ 위생관리책임자의 업무를 방해한 자

ⓒ 위생관리책임자의 선임 · 해임 신고를 아니한 자

ⓔ 직무 수행 내역 등을 기록 · 보관하지 아니하거나 거짓으로 기록 · 보관한 자

ⓜ 식품위생관리책임자의 매년 식품 위생교육을 받지 아니한 자

ⓑ 공유주방을 운영하면서 책임보험에 가입하지 아니한 자

ⓢ 식품이력추적관리 등록사항이 변경된 경우 변경사유가 발생한 날부터 1개월 이내에 신고하지 아니한 자

ⓞ 식품이력추적관리 정보를 목적 외에 사용한 자

ⓩ 집단급식소 설치 · 운영하는 자가 지켜야 할 사항 중 총리령으로 정하는 경미한 사항을 지키지 아니한 자

④ 1백만 원 이하의 과태료

ⓖ 식품 위생교육을 위반한 자

ⓛ 실적 보고를 하지 아니하거나 허위의 보고를 한 자

ⓒ 영업자 등의 준수사항에 따라 영업자가 지켜야 할 사항 중 총리령으로 정하는 경미한 사항을 지키지 아니한 자

ⓔ 교육을 위반하여 교육을 받지 아니한 자

⑤ 제1항에서 제4항까지의 규정에 따른 과태료는 대통령령으로 정하는 바에 따라 식품의약품안전처장, 시·도지사 또는 시장·군수·구청장이 부과·징수한다.

2) 떡 제조 관련 법령

(1) 정의

떡류라 함은 곡분, 설탕, 달걀, 유제품 등을 주원료로 하여 가공한 떡류를 말한다.

(2) 원료 등의 구비요건

부패·변질이 용이한 원료는 냉장 또는 냉동 보관하여야 한다.

(3) 식품 유형

① 과자

곡분 등을 주원료로 하여 굽기, 팽화, 유탕 등의 공정을 거친 것이거나 이에 식품 또는 식품첨가물을 가한 것으로 비스킷, 웨이퍼, 쿠키, 크래커, 한과류, 스낵과자 등을 말한다.

② 떡류

쌀가루, 찹쌀가루, 감자가루 또는 전분이나 기타 곡분 등을 주원료로 하여 이에 식염, 당류, 곡류, 두류, 채소류, 과일류 또는 주류 등을 가하여 반죽한 것 또는 익힌 것을 말한다.

(4) 규격

① 산가 : 2.0 이하(유탕·유처리한 과자에 한하며, 한과류는 3.0 이하)
② 허용 외 타르색소 : 검출되어서는 아니 된다.
③ 산화방지제(g/kg) : 다음에서 정하는 것 이외의 산화방지제가 검출되어서는 아니 된다.

부틸히드록시아니솔 디부틸히드록시톨루엔 터셔리부틸히드로퀴논	0.4 이하(병용할 때에는 디부틸히드록시톨루엔으로서 사용량, 부틸히드록시아니솔으로서 사용량 및 터셔리부틸히드로퀴논으로서 사용량의 합계가 0.4 이하)

④ 대장균 : n=5, c=1, m=0, M=10(떡류에 한한다.)

출제예상문제

01 식품위생법상 허위표시, 과대광고의 범위에 해당하지 않는 것은?

① 국내산을 주된 원료로 하여 제조, 가공한 메주, 된장, 고추장에 대하여 식품영양학적으로 공인된 사실이라고 식품의약품안전처장이 인정한 내용의 표시, 광고

② 질병치료에 효능이 있다는 내용의 표시, 광고

③ 외국과 기술 제휴한 것으로 혼동할 우려가 있는 내용의 표시, 광고

④ 화학적 합성품의 경우 그 원료의 명칭 등을 사용하여 화학적 합성품이 아닌 것으로 혼동할 우려가 있는 광고

해설 제조방법에 관하여 연구하거나 발견한 사실로서 식품학·영양학 등의 분야에서 공인된 사항의 표시는 허위표시가 아니다.

02 식품 등의 표시 기준에 의해 표시해야 하는 대상 성분이 아닌 것은?(단, 강조 표시하고자 하는 영양성분은 제외)

① 나트륨　　② 지방

③ 열량　　　④ 칼슘

해설 식품 표시대상 영양성분은 열량, 탄수화물, 단백질, 지방(포화지방, 트랜스지방), 콜레스테롤, 나트륨 등이다.

03 식품 등을 판매하거나 판매할 목적으로 취급할 수 있는 것은?

① 병을 일으키는 미생물에 오염되었거나 그 염려가 있어 인체의 건강을 해칠 우려가 있는 식품

② 포장에 표시된 내용량에 비하여 중량이 부족한 식품

③ 영업의 신고를 하여야 하는 경우에 신고하지 아니한 자가 제조한 식품

④ 썩거나 상하거나 설익어서 인체의 건강을 해칠 우려가 있는 식품

해설 포장에 표시된 내용량에 비하여 중량이 부족한 식품은 판매할 수 있다.

04 식품 등의 표시기준상 영양성분에 대한 설명으로 틀린 것은?

① 한 번에 먹을 수 있도록 포장 판매되는 제품은 총 내용량을 1회 제공량으로 한다.

② 영양성분함량은 식물의 씨앗, 동물의 뼈와 같은 비가식 부위도 포함하여 산출한다.

③ 열량의 단위는 킬로칼로리(kcal)로 표시한다.

④ 탄수화물에는 당류를 구분하여 표시하여야 한다.

해설 영양소 함량은 비가식 부위는 제외하고, 가식 부위에 대해서만 산출한다.

05 식품 공전을 작성하는 자는?

① 보건환경연구원장
② 국립검역소장
③ 식품의약품안전처장
④ 농림축산식품부장관

해설 식품 공전은 식품의약품안전처장이 작성, 보급한다.

06 식품접객업소의 조리 판매 등에 대한 기준 및 규격에 의한 조리용 칼/도마, 식기류의 미생물 규격은? (단, 사용 중인 것은 제외한다)

① 살모넬라 음성, 대장균 양성
② 살모넬라 음성, 대장균 음성
③ 황색포도상구균 양성, 대장균 음성
④ 황색포도상구균 음성, 대장균 양성

해설 살모넬라, 대장균, 황색포도상구균은 음성이어야 한다.

07 식품 공전상 표준온도라 함은 몇 ℃인가?

① 5℃   ② 10℃
③ 15℃   ④ 20℃

해설 식품 공전상 표준온도는 20℃이다.

08 다음 중 무상 수거대상 식품에 해당되지 않는 것은?

① 출입검사의 규정에 의하여 검사에 필요한 식품 등을 수거할 때
② 유통 중인 부정·불량식품 등을 수거할 때

③ 도·소매 업소에서 판매하는 식품 등을 시험 검사용으로 수거할 때
④ 수입식품 등을 검사할 목적으로 수거할 때

해설 무상 수거대상 식품은 도·소매 업소에서 판매하는 식품 등을 시험검사용으로 수거할 수 없다.

09 식품 위생법령상 위해 평가대상이 아닌 것은?

① 국내·외 연구·검사기관에서 인체의 건강을 해할 우려가 있는 원료 또는 성분 등을 검출한 식품 등
② 바람직하지 않은 식습관 등에 의해 건강을 해할 우려가 있는 식품 등
③ 국제식품규격위원회 등 국제기구 또는 외국의 정부가 인체의 건강을 해할 우려가 있다고 인정하여 판매 등을 금지하거나 제한된 식품 등
④ 새로운 원료·성분 또는 기술을 사용하여 생산·제조·조합되거나 안정성에 대한 기준 및 규격이 정하여지지 아니하여 인체의 건강을 해할 우려가 있는 식품 등

해설 바람직하지 않은 식습관 등에 의해 건강을 해할 우려가 있는 식품은 식품위생법령상 위해평가 대상이 아니다.

10 식품위생감시원의 직무가 아닌 것은?

① 식품 등의 위생적 취급기준의 이행지도
② 수입·판매 또는 사용 등이 금지된 식품 등의 취급 여부에 관한 단속

③ 시설기준의 적합 여부의 확인·검사

④ 식품 등의 기준 및 규격에 관한 사항 작성

해설 ▶ 식품 등의 기준 및 규격에 관한 사항 작성은 식품위생심의위원회의 직무이다.

11 자가품질검사와 관련된 내용으로 틀린 것은?

① 영업자가 다른 영업자에게 식품 등을 제조하게 하는 경우에는 직접 그 식품 등을 제조하는 자가 검사를 실시할 수 있다.

② 직접 검사하기 부적합한 경우는 자가품질 위탁 검사기관에 위탁하여 검사할 수 있다.

③ 자가품질검사에 관한 기록서는 2년간 보관하여야 한다.

④ 자가품질검사 주기의 적용시점은 제품의 유통기한 만료일을 기준으로 산정한다.

해설 ▶ 자가품질검사 주기의 적용 시점은 식품의 제조일을 기준으로 산정한다.

12 식품위생 법규상 수입식품의 검사결과 부적합한 식품에 대해서 수입 신고인이 취해야 하는 조치가 아닌 것은?

① 수출국으로의 반송

② 식품의약품안전처장이 정하는 경미한 위반사항이 있는 경우 보완하여 재수입 신고

③ 관할 보건소에서 재검사 실시

④ 다른 나라로의 반출

해설 ▶ 수입이 부적합한 식품은 수출국으로 반송, 경미한 위반사항은 보완하여 재수입 신고, 다른 나라로의 반출 등을 할 수 있다.

13 수출을 목적으로 하는 식품 또는 식품첨가물의 기준과 규격은 식품위생법의 규정 외에 어떤 기준과 규격을 적용할 수 있는가?

① 수입자가 요구하는 기준과 규격

② 국립검역소장이 정하여 고시한 기준과 규격

③ FDA의 기준과 규격

④ 산업통상자원부장관의 별도 허가를 득한 기준과 규격

해설 ▶ 수출할 식품 또는 식품첨가물의 기준과 규격은 식품위생법의 규정에도 불구하고 수입자가 요구하는 기준과 규격을 따를 수 있다.

14 식품위생법상 출입·검사·수거에 대한 설명 중 옳지 않은 것은?

① 관계 공무원은 영업소에 출입하여 영업에 사용하는 식품 또는 영업시설 등에 대하여 검사를 실시한다.

② 관계 공무원은 영업상 사용하는 식품 등의 검사를 위하여 필요한 최소량이라 하더라도 무상으로 수거할 수 없다.

③ 관계 공무원은 필요에 따라 영업에 관계되는 장부 또는 서류를 열람할 수 있다.

④ 출입·검사·수거 또는 열람하려는 공무원은 그 권한을 표시하는 증표를 지니고 이를 관계인에 내보여야 한다.

해설 공무원은 법에서 허용되는 범위 내에서 무상집행이 가능하다.

15 식품위생법상 영업 중 '신고를 하여야 하는 변경 사항'에 해당하지 않는 것은?

① 식품운반업을 하는 자가 냉장 · 냉동 차량을 증감하려는 경우

② 식품 자동판매기 영업을 하는 자가 같은 시 · 군 · 구에서 식품 자동판매기의 설치 대수를 증감하려는 경우

③ 즉석판매 · 제조가공업을 하는 자가 즉석판매 제조 · 가공대상 식품 중 식품의 유형을 달리하여 새로운 식품을 제조 가공하려는 경우(단, 자가 품질 검사 대상인 경우)

④ 식품첨가물이나 다른 원료를 사용하지 아니한 농 · 임 · 수산물 단순가공품의 건조 방법을 달리하고자 하는 경우

해설 식품 첨가물이나 다른 원료를 사용하지 아니한 농 · 임 · 수산물 단순가공품의 건조 방법을 달리하고자 하는 경우는 해당되지 않는다.

16 식품 또는 식품첨가물의 완제품을 나누어 유통할 목적으로 재포장, 판매하는 영업은?

① 식품제조 · 가공업

② 식품운반

③ 식품 소분업

④ 즉석판매 · 제조 · 가공업

해설 식품 소분업은 식품 또는 식품첨가물을 나누어 유통할 목적으로 재포장 · 판매하는 영업이다.

17 식품위생법상 영업 신고를 하지 않는 업종은?

① 즉석판매제조 · 가공업

② 양곡관리법에 따른 양곡가공업 중 도정업

③ 식품운반법

④ 식품소분, 판매업

해설 양곡관리법에 따른 양곡가공업 중 도정업은 영업 신고를 하지 않아도 된다.

18 영업의 종류 및 식품접객업이 아닌 것은?

① 보건복지부령이 정하는 식품을 제조 · 가공 업소 내에서 직접 최종소비자에게 판매하는 영업

② 음식류를 조리 · 판매하는 영업으로서 식사와 함께 부수적으로 음주행위가 허용되는 영업

③ 집단급식소를 설치 · 운영하는 자와의 계약에 의하여 그 집단급식소 내에서 음식류를 조리하여 제공하는 영업

④ 주로 주류를 판매하는 영업으로서 유흥종사자를 두거나 유흥시설을 설치할 수 있고 노래를 부르거나 춤을 추는 행위가 허용되는 영업

해설 식품접객업에는 휴게음식점영업, 일반음식점영업, 단란주점영업, 유흥주점영업, 위탁급식영업, 제과점영업 등이 있다.

19 판매를 목적으로 식품을 제조 · 가공 · 소분 · 수입 또는 판매한 영업자의 해당 식품이 위해와 관련이 있는 규정을 위반하여 유통 중인 해당 식품을 회수하고자 할 때 회수계획을 보고해야 하는 대상이 아닌 것은?

① 시 · 도지사
② 식품의약품안전처장
③ 보건소장
④ 시장 · 군수 · 구청장

해설 영업자는 회수 계획을 식품의약품안전처장, 시 · 도지사 또는 시장 · 군수 · 구청장한테 보고해야 한다.

20 식품위생법상 영업에 종사하지 못하는 질병의 종류가 아닌 것은?

① 비감염성 결핵
② 세균성 이질
③ 장티푸스
④ 화농성질환

해설 영업에 종사하지 못하는 질병 중 3군 감염병인 결핵은 비감염성인 경우는 제외한다.

21 다음 중 영양사의 직무가 아닌 것은?

① 식단 작성
② 검식 및 배식 관리
③ 식품 등의 수거지원
④ 구매 식품의 검수

해설 식품 등의 수거지원은 영양사의 직무가 아니다.

22 아래는 식품위생법상 교육에 관한 내용이다. (　)안에 알맞은 것을 순서대로 나열하면?

> (　　)은 식품위생 수준 및 자질 향상을 위하여 필요한 경우 조리사와 영양사한테 교육받을 것을 명할 수 있다. 다만, 집단급식소에 종사하는 조리사와 영양사는 (　　)마다 교육을 받아야 한다.

① 식품의약품안전처장, 1년
② 식품의약품안전처장, 2년
③ 보건복지부 장관, 1년
④ 보건복지부 장관, 2년

해설 조리사와 영양사에게 교육받을 것을 명할 수 있는 사람은 식품의약품안전처장이다.

23 식품위생법상 식품위생의 정의는?

① 음식과 의약품에 관한 위생을 말한다.
② 농산물, 기구 또는 용기 · 포장의 위생을 말한다.
③ 식품 및 식품첨가물만을 대상으로 하는 위생을 말한다.
④ 식품, 식품첨가물, 기구 또는 용기 · 포장을 대상으로 하는 음식에 관한 위생을 말한다.

해설 식품위생은 식품, 식품첨가물, 기구 또는 용기 · 포장을 대상으로 하는 음식에 관한 위생을 말한다.

24 집단급식소란 영리를 목적으로 하지 않으면서 특정다수인에게 계속하여 음식물을 공급하는 기숙사 · 학교 · 병원 그 밖의 후생기관 등의 급식 시설로서 1회 몇 인 이상한테 식사를 제공하는 급식소를 말하는가?

① 30명 ② 40명
③ 50명 ④ 60명

해설 ▶ 식품위생법상 집단급식소는 1회 50인 이상한테 식사를 제공하는 급식소를 말한다.

25 식품위생법상 조리사가 식중독이나 그 밖의 위생과 관련한 중대한 사고 발생의 직무상 책임에 대한 1차 위반 시 행정처분 기준은?

① 시정명령
② 업무정지 1개월
③ 업무정지 2개월
④ 면허취소

해설 ▶ 조리사가 식중독이나 위생과 관련된 사고 발생의 1차 위반 행정처분은 업무정지 1개월이다.

정답

NCS 떡제조기능사 필기실기

01 ①	02 ④	03 ②	04 ②	05 ③	06 ②	07 ④	08 ③	09 ②	10 ④
11 ④	12 ③	13 ①	14 ②	15 ④	16 ③	17 ②	18 ①	19 ③	20 ①
21 ③	22 ②	23 ④	24 ③	25 ②					

제 **4** 장

우리나라 떡의 역사 및 문화

떡제조기능사
필기실기

제 4 장　우리나라 떡의 역사 및 문화

제1절　떡의 역사

　떡이란 곡식을 가루 내어 물과 반죽하여 찌거나, 삶거나, 지져서 만든 음식을 통틀어 이르는 말이며, 흰떡·시루떡·인절미·송편·화전·주악·경단 등이 이에 속한다. 농경문화의 정착과 그 역사를 함께하며 오랜 세월에 걸쳐 뿌리 깊게 전해 내려온 전통음식으로, 토속신앙을 배경으로 한 각종 제사의식에 사용되었으며, 통과의례·시절 및 명절의 행사 등에서 빼놓을 수 없는 우리나라 고유의 음식 중 하나이다.

　떡은 삼국시대(고구려, 신라, 백제) 이전부터 청동기시대의 유적인 나진초토 패총 및 삼국시대의 고분군에서 시루가 출토되고 있어 삼국이 정립되기 이전에 만들어 먹었을 것이라는 추론이 지배적이다.

① 떡의 어원

　떡이란 '찌다'의 동사에서 명사가 되어 찌기 → 떼기 → 떠기 → 떡으로 어원이 변화하였으며, 나누어 먹으며 덕을 베푸는 것이라는 덕(德)과 풍성함을 나타내는 떡의 속성을 나타내기도 한다. 중국 문화권에도 떡과 비슷한 음식은 있지만 우리의 떡과 비슷하게 발음되는 음식은 없으며, 우리 민족이 한자를 사용하게 되면서부터 고(糕), 병(餅) 등의 글자가 붙여졌지만 발음상 우리의 떡과 엄연히 다르다. 따라서 떡은 우리 민족이 고대로부터 발전시켜 온 우리 고유의 음식이고, 우리 민족이 사용해 온 고유의 단어인 것이다.

❷ 시대별 떡의 역사

떡은 그 탄생과정에서 살펴본 바와 같이 고대 인류의 공통된 음식의 한 형태로 시작되었다. 그러나 오늘날 우리의 떡이 언제부터 구체적인 형태와 제조법을 갖추게 되었는지는 정확히 알 수 없다. 다만 우리의 고대 유적과 중국의 문헌 등을 통해 미루어 짐작할 수는 있다.

1) 선사시대

역사가 기록되기 이전의 시대 즉, 선사시대는 구석기시대와 신석기시대로 나누어볼 수 있다. 구석기시대에는 수렵과 채취가 주된 식량 확보수단이었고, 채취한 곡식을 그대로 부수어 먹었으므로 그 시대 식생활에 대한 유물은 동물 뼈 정도로 빈약하다. 주로 동굴생활을 하였으며, 불 사용도 구석기 후기로 추측하고 있다.

(1) 구석기시대(BC 70만 년~BC 8000년)

① 수렵과 채취가 주된 식량 확보수단이었다.
② 채취한 곡식을 그대로 먹거나, 부수어 먹었으므로 그 시대 식생활에 대한 유물 또한 동물 뼈 정도이다.
③ 구석기 후기에 불을 이용했을 것으로 추측하고 있다.

(2) 신석기시대(BC 8000년~BC 1000년)

① 농사를 짓기 시작하여 갈판과 갈돌로 곡물을 가루 내어 먹었다.

② 피, 기장, 조, 수수, 콩, 보리 등의 밭농사 위주였다.

③ 불을 본격적으로 사용하기 시작했다.

④ 빗살무늬토기와 같은 그릇을 이용해 음식을 보관하고 만들어 먹었음을 알 수 있다.

2) 청동기시대(BC 10세기~BC 4세기)

(1) 벼농사를 짓고 밥을 해 먹기 시작했다.

(2) 갈돌의 발전단계인 돌확(확돌)이 발견되어 곡식을 갈아 먹었음을 뒷받침해 준다.

(3) 나진초토 패총에서 시루가 출토되어 떡이 존재했음을 증명해 준다.

3) 고조선(기원전 2333년)

(1) 단군조선은 제정일치(祭政一致)의 정치체제를 갖추었다.

(2) 제례 등이 존재한 사회라 신께 올리는 음식이 필요했는데, 이때 떡은 중요한 제례 음식이었을 것으로 보인다.

4) 삼국시대와 통일신라시대

본격적인 농경시대가 전개되면서 쌀을 중심으로 한 곡물의 생산량이 증대되어 쌀 이외의 곡물을 이용한 떡도 다양해졌다. 고구려시대 무덤인 황해도 '안악 3호분 고분벽화'에는 시루에 무엇인가를 찌는 모습이 보인다. 한 아낙이 오른손에 큰 주걱을 든 채 왼손의 젓가락으로 떡을 찔러서 잘 익었는지를 알아보는 듯한 모습이 그려져 있다. 『삼국사기』, 『삼국유사』 등의 문헌에도 떡에 대한 이야기가 유달리 많아 당시 식생활에서 떡의 비중을 짐작하게 한다.

(1) 삼국사기(三國史記)

① 「신라본기 유리왕 원년(298년)조」에는 남해왕의 서거 후 유리(儒理)와 탈해(脫解)가 서로 왕위를 사양하다 떡을 깨물어 잇자국이 많은 사람이 왕위를 계승했다는 기록이 있다. 성스럽고 지혜 있는 사람이 이의 수효(數爻)가 많다고 여겨 떡을 씹어보아 결국 유리가 잇자국이 많아서 왕이 되었다는 것이다.

② 「열전(列傳) 백결선생조(百結先生條)」에는 신라 자비왕대(458~479년)에 가난하여 세모에 떡을 치지 못하는 부인을 위해 거문고로 떡방아 찧는 소리를 내서 위로했다는 기록이 있다.

(2) 삼국유사(三國遺事)

① 「신라 효소왕대(692~702년) 죽지랑조(竹旨郞條)」에는 "죽지랑이 부하인 득오가 부산성의 창직(創直)으로 임명되어 급히 떠난 것을 알고 설병(雪餠) 한 합과 술 한 병을 가지고 노복을 거느리고 찾아가서 술과 떡을 먹었다"고 기록되어 있다.

② 「가락국기(駕洛國記)」에 "세시마다 술, 감주와 떡, 밥과 과실, 차 등의 여러 가지를 갖추고 제사를 지냈다"는 기록이 있다.

5) 고려시대

역사상 최고의 번성기를 맞은 불교의식 등에 따라 떡도 다양한 모습으로 발전하게 된다. 불교의 영향으로 육식을 멀리하고, 차를 즐기는 풍속이 상류층을 중심으로 유행한 것도 떡과 정과류 발전에 크게 기여하는 계기가 되었다.

(1) 이수광의 『지봉유설』에는 송사(宋史)의 기록을 인용하여 "고려에서는 상사일(上巳日, 음력 3월 3일)에 '청애병(靑艾餠, 쑥떡)'을 으뜸으로 삼는다"라고 하였다.

(2) 한치윤의 『해동역사』에는 "고려인이 율고를 잘 만든다"는 중국인의 견문이 소개되어 있다(원나라 문헌인 『거가필용(居家必用)』에 '고려 율고'라는 밤설기떡을 소개하고 있음).

(3) 공양왕 때 목은 이색의 저서 『목은집(牧隱集)』에는 "유두일에는 수단을 만들었고 찰수수로 전병을 만들어 부쳐 팥소를 싸서 만든 차전병이 매우 맛이 좋았다"는 기록과 함께 '점서(點黍)'라는 제목으로 수수전병을 예찬하는 시도 수록되어 있다.

(4) 『고려가요』에 당시 고려에 와 있던 상인과 고려 여인과의 남녀관계를 노래한 속 요가 나온다. 그 내용에 〈쌍화점〉이 등장하는 것으로 보아 당시 최초의 떡집이 생겨났고 떡이 상품화되어 일반에 널리 보급되었음을 알 수 있다(밀가루에 술을 넣고 부풀려 채소로 만든 소와 팥소를 넣고 찐 증편류로 원나라 영향을 받아 도 입되었음).

(5) 『고려사』의 떡에 관한 기록에는 광종이 걸인들에게 떡으로 시주했다는 것과 신돈 이 부녀자들에게 떡을 던져주었다는 기록 등이 있어 떡문화가 널리 일반화되고 상품화까지 진행되었음을 알 수 있다.

6) 조선시대

우리 고유 음식의 원류(源流)와 전통이 완성된 시기라 할 수 있다. 농업기술과 조리 가공법이 발달하고 유교와 왕실, 사대부의 정착으로 각 계층과 법도에 따른 음식문화가 다양하게 발전하게 되는데 지역에 따른 특성도 가미되면서 방대한 민속음식의 체계가 마련된다.

그중에서도 떡은 조과류(다식, 정과)와 함께 관혼상제 등의 의례와 세시행사에 없어 서는 안 되는 전통음식으로 자리 잡게 된다. 또한 궁중과 반가를 중심으로 더욱 사치스 럽게 발전하여 조선시대 음식관련 조리서에 등장하는 떡의 종류만 해도 무려 198가지에 이르고, 떡을 만드는 데 사용된 재료도 95가지나 된다.

특히, 궁중에서는 사치의 정도가 심하여 떡을 높게 고여 연회에 사용하였다는 기록을 볼 수 있어 당시 조선 후기를 휩쓸었던 사치풍조가 떡에도 반영되었음을 알 수 있다.

① 우리나라의 식품 전문서로 가장 오래된 책인 『도문대작』(1611년)에는 자병(煮餅) 등 19종류의 떡이 기록되어 있다.

② 우리나라 최초의 한글 조리서인 『음식지미방』(1670년)에는 셩이편법, 밤셜기법, 젼

화법, 빈쟈법, 잡과편법, 상화법, 증편법, 섭산법 등 8가지 떡 만드는 방법이 수록되어 있다.

③ 『수문사설』(1740년)에는 오도증(烏陶甑, 시루밑)이라는 떡을 만드는 도구가 나오며 「식치방(食治方)편」에는 떡이 병으로 표시되어 있다. 우병(芋餠)이라는 토란떡과 사삼병(沙蔘餠)이라는 더덕떡 등의 새로운 떡이 나온다.

④ 1815년 『규합총서(閨閤叢書)』에는 '석탄병(惜呑餠)'의 유래에 대해 적혀 있는데, "맛이 차마 삼키기 아까운고로 석탄병이라 한다"고 소개하고 있다.

이외에 백설기, 밤설기 등 설기류 외에 혼돈병, 복령조화고, 도행병, 무떡, 기단가오, 신과병, 토란병, 송기떡, 서여향병, 석이병, 상화, 밤조악, 대추조악 등 27종의 떡 이름과 만드는 법이 기록되어 있다.

⑤ 1916~1917년에 장지연이 편집한 『조선세시기』는 1년을 열두 달로 나누어 각 달마다 먹는 음식을 기록하고 있다.

⑥ 이외에도 『음식지미방』, 『음식보』, 『증보산림경제』, 『동국세시기』, 『음식방문』, 『시의전서』, 『부인필지』, 『음식 만드는법』, 『군학회등』, 『옹희잡지』, 『주방문』, 『술 빚는 법』, 『요록』, 『조선요리제법』, 『시의방』, 『간편조리조선요리제법』, 『조선요리』, 『우리 음식 만드는 법』, 『이조궁중음식연회고』, 『규곤요람』, 『조선상식』, 『성호사설』, 『열양세시기』, 『음식법』 등에 다양한 기록이 남아 있다.

7) 근대

1910년부터 1960년대까지는 떡의 암흑기라 할 수 있다. 일제 강점기와 6·25전쟁 등으로 연명에 급급했던 시기였고, 가난의 굴레를 벗어나지 못해 음식문화 또한 피폐할 수밖에 없었다. 게다가 일제 강점기에 들어온 일본식 떡과 빵, 서양음식에 가려져 떡은 한동안 특별한 발전 없이 근근이 명맥을 유지하는 수준에 머물렀다.

① 『조선무쌍신식요리제법』(1924년)에는 근대 초기의 떡에 관해 비교적 상세히 알려주는 문헌이다.

② 『임원십육지』는 조선의 음식조리법 중 중요한 항목들을 뽑고, 신식조리법과 서양·일본·중국음식을 국역하여 간단히 덧붙인 책으로 근대요리서의 효시라고 할 수 있다. 찌는 떡 37종, 치는 떡 19종, 삶는 떡 7종, 지지는 떡 16종 등 80여 종의 떡이 소개되어 있는데 '떡 곰팡이 안 나는 법' 등도 실려 있다.

8) 현대

1970년 이후 국가경제 상황이 나아지면서 음식문화도 새로운 국면을 맞이하게 되었다. 빵과 케이크 등은 물론 세계 각국의 음식과 패스트푸드 등이 생활화되면서 떡의 위상이 한층 약화되는 듯했으나, 1990년대 이후 복고 바람과 떡의 건강성이 부각되면서 점차 새로운 부흥기에 접어들게 되었다. 우리 민족의 정신이 담긴 우리 떡을 다시 발전시키려는 떡류 가공단체의 노력과 전통음식을 연구하는 학계, 전통음식 기능보유자, 일반 떡 연구가 등을 중심으로 한층 더 다양한 떡들이 만들어지고, 떡 제조기술 또한 비약적으로 발전하고 있다.

출제예상문제

01 떡이 만들어진 시기로 추정되는 시기는?

① 삼국시대 이전
② 통일신라시대
③ 고려시대
④ 조선시대

해설 ▶ 우리 민족이 언제부터 떡을 먹기 시작하였는지 정확히 알 수는 없다. 그러나 대부분의 학자들은 삼국이 성립되기 이전인 부족국가 시대부터 만들어진 것으로 추정하고 있다. 그 이유는 이 시기에 떡의 주재료가 되는 곡물이 이미 생산되고 있었고, 떡의 제조에 필요한 갈판과 갈돌, 시루가 당시의 유물로 출토되고 있기 때문이다.

02 신라시대 백결선생이 가난하여 세모에 떡을 치지 못하자 거문고로 떡방아 소리를 내어 부인을 위로했다는 기록이 있는 고서는?

① 삼국사기　② 삼국유사
③ 정창원문서　④ 영고탑기략

해설 ▶ 『삼국사기』는 고려 인종 때인 1145년에 김부식이 펴낸 역사책으로 삼국의 역사에 대해 기록해 놓았으며, 현재까지 전해 오는 우리나라 역사책 중에서 가장 오래된 책이다.

03 유리와 탈해가 서로 왕위를 사양하다가 떡을 깨물어 잇자국이 많은 '유리왕'이 왕위를 계승했다는 이야기가 기록된 곳은?

① 삼국사기　② 삼국유사
③ 규합총서　④ 가락국기

해설 ▶ 삼국사기에는 잇자국이 많은 사람이 지혜롭고 성스럽다 하여 잇자국으로 왕위를 계승하였다는 기록이 있다.

04 신라 21대 소지왕 때 임금의 생명을 구해 준 까마귀의 은혜를 갚기 위해 만들었다는 음식은?

① 율고　② 약과
③ 약식　④ 오병

해설 ▶ 신라 21대 소지왕이 왕위에 오르고 10년 되는 해의 정월 대보름날에 재앙을 미리 알려줘 목숨을 살려준 까마귀에 대한 보은으로 이날을 까마귀 제삿날로 삼아 찰밥을 지어 까마귀한테 먹이도록 하니 이 풍습이 지금까지 내려와 지금도 우리나라 어느 곳에서나 만들어 먹는 정월 대보름의 절식이다.

05 쌀가루 경단은 꿀물에 실백을 띄운 것으로 『목은집』에서 "백설같이 흰 살결에 달고 신맛이 섞였더라"라고 설명한 이 떡의 이름은?

① 율고　② 수단
③ 상화　④ 애고

해설 ▶ 수단은 작고 동글납작하게 만든 멥쌀 흰떡을 녹말가루를 묻혀 끓는 물에 익혀 차가운 꿀물이나 오미자국에 띄워 시원하게 먹는 화채이다.

06 농업기술과 조리가공법의 발달로 전반적인 식생활 문화가 향상됨에 따라 떡의 종류와 맛도 더 한층 다양해진 시기는?

① 고려시대

② 조선시대

③ 해방 후

④ 일제시대

해설 조선시대에 들어와 농업을 비롯한 생산의 여러 분야에서 더욱 새로운 발전이 이루어져 그 어느 시기보다 식재료가 늘어나게 되었다.

07 다음 중 시루가 처음 발견된 시기로 알맞은 것은?

① 청동기시대

② 신석기시대

③ 구석기시대

④ 통일신라시대

해설 청동기시대의 유적지인 나진초토 패총에서 시루가 처음 발견되었다.

08 『음식방문』에서 "백미 정히 쓿어 떡가루로 가는 체에 쳐서 꿀물 진히 타서 버무리되 삶은 밤과 대추씨 발라 넣어 버무려 쓰라"고 한 떡은?

① 유고

② 막우설기

③ 남방감저병

④ 기단가오

해설 백설고 외에 밤설기, 막우설기로 소개되었으며, 흰무리 또는 무리떡이라고 한다.

09 감설기에 밤, 귤병, 계핏가루, 잣, 꿀을 더해 만든 떡으로, 『규합총서』에서 맛이 차마 삼키기 아깝다고 말한 떡은?

① 꿀 감설기

② 꿀편

③ 석탄병

④ 두텁떡

해설 석탄병은 단단한 감을 저며 말려서 만든 감가루를 쌀가루에 섞고 잣가루, 계핏가루, 대추, 밤을 넣고 버무려 녹두고물을 깔고 그 위에 떡가루를 넣고 다시 녹두고물을 얹어 시루에 찐 떡이다.

10 이수광의 『지봉유설』에 기록된 청애병(靑艾餠)이란?

① 쑥떡

② 상화병

③ 모시떡

④ 가래떡

해설 어린 쑥 잎을 쌀가루에 섞어 쪄서 고를 만드는데, 이것을 애고라 한다고 하여 쑥설기임을 알려주는 것이다.

11 1815년 「규합총서(閨閣叢書)」에 소개한 떡 중 '기단가오'에 들어가는 주재료는 무엇인가?

① 감자가루

② 메조가루

③ 마가루

④ 연잎가루

해설 기단가오는 메조가루에 대추나 팥을 섞어 찐 떡이다.

12 다음 중 떡의 어원변화가 맞는 것은?

① 찌기 – 떼기 – 떠기 – 떡

② 떼기 – 떠기 – 찌기 – 떡

③ 뗄기 – 떼기 – 떠기 – 떡

④ 떼기 – 떠기 – 떨기 – 떡

해설 떡이라는 단어는 옛말의 동사 찌다가 명사화되어 찌기-떼기-떠기-떡 순으로 변화한 것으로 본래는 찐 것이라는 뜻이다.

13 떡과 관련된 기록으로 옳지 않은 것은?

① 『거가필용』, 『해동역사』에는 고려인이 율고를 잘 만든다고 기록되어 있다.

② 『삼국사기』 중 '신라본기'에는 유리와 탈해가 서로 왕위를 사양하다 떡을 깨물어 잇자국이 많으면 지혜롭고 성스럽다 하여 유리왕이 왕위를 계승했다는 기록이 있다.

③ 고구려 안악 3호분 고분벽화에는 한 아낙이 시루에 무언가를 찌고 그것을 젓가락으로 찔러보는 모습이 그려져 있다.

④ 『삼국사기』 중 '가락국기'에는 "세시마다 술, 감주, 떡, 밥, 과실, 차 등의 여러 가지를 갖추고 제사를 지냈다"고 하였다. 이로써 제사 때 떡이 쓰였음을 알 수 있다.

해설 가락국기는 『삼국사기』가 아니라 『삼국유사』에 기록되어 있다.

14 조선시대의 떡을 기록한 문헌이 아닌 것은?

① 주례　　　　② 규합총서
③ 도문대작　　④ 음식디미방

해설 주례는 한대(韓代) 이전의 문헌이다.

15 떡이 일반적으로 널리 보급되었던 시대는?

① 조선시대　　② 삼국시대
③ 고려시대　　④ 청동기시대

해설 고려시대에는 떡문화가 널리 일반화되고 상품화까지 진행되었음을 알려준다.

16 떡은 삼국(三國)이 정립되기 전 상고시대에 만들어졌을 것이라는 추론으로 옳지 않은 것은?

① 쌀, 피, 기장, 조, 수수 등을 생산하였으며, 그중에 많이 이용한 것은 쌀이다.

② 신석기시대 유적지에서 원시적 도구인 갈돌이 발견되었다.

③ 청동기시대의 유적지에서 시루가 출토되었다.

④ 출토된 유적으로 보아 곡물을 가루로 찐 시루떡을 해 먹었을 것이다.

해설 삼국시대 이전 상고시대에는 쌀떡보다는 잡곡떡이 더 많았다.

17 『주례』에 나온 말로 현대의 인절미와 비슷한 떡은?

① 석탄병(惜呑餠)
② 설병(雪餠)
③ 탕중뢰환(湯中牢丸)
④ 구이분자(糗餌粉資)

해설 석탄병은 『규합총서』, 설병은 『삼국유사』, 탕중뢰환은 『조선무쌍식요리제법』에 기록되어 있다. 구이분자는 쳐서 만든 떡에 콩가루를 묻힌 것으로 지금의 인절미와 비슷하다.

18 한글로 떡이라고 기록한 문헌의 이름은?

① 규합총서　　② 요록
③ 수운잡방　　④ 해동역사

해설 『음식디미방』에서는 떡을 편이라 하였고, 『규합총서』에는 떡이라고 기록했다.

19 고려시대 속요에 등장하는 〈쌍화점(雙花店)〉과 관련이 있는 떡은?

① 인절미   ② 증편

③ 바람떡   ④ 상화병

해설 쌍화점은 고려가요(속요) 중 하나이다. 고려 충렬왕 때 이루어진 것이라 전하는데 정확하지 않으며, 밀가루에 술을 넣고 부풀려 채소로 만든 소와 팥소를 넣고 찐 증편류로 원나라 영향을 받아 도입되었다.

20 청동기시대에 떡을 해서 먹었음을 추측할 수 있는 유물은?

① 질시루   ② 떡메

③ 디딜방아   ④ 떡판

해설 나진초토 패총에서 시루가 출토되어 떡이 존재했음을 증명해 준다.

21 상고시대 유적지에서 발견된 유물이 아닌 것은?

① 갈돌-곡물의 껍질을 벗기고 가루를 내는 도구

② 강판-곡물을 갈 때 쓰이는 도구

③ 질시루-곡물을 가루 내어 찌는 도구

④ 돌확(확돌)-곡물이나 부재료를 찧거나 가는 도구

해설 곡물을 갈 때 사용하는 도구는 풀맷돌, 맷지게 등이다.

22 조선시대 떡문화의 특징으로 적절하지 않은 것은?

① 조선시대의 떡은 제례·빈례·혼례

등의 각종 의례행사는 물론 대소연회·무속의례에도 사용되었다.

② 의례식의 발달로 떡은 고임상(큰상)의 중요한 위치를 차지하게 되었다.

③ 조선시대에는 최초로 개피떡이 문헌에 등장한다.

④ 궁중과 반가를 중심으로 발달한 떡은 종류와 맛이 한층 다양하고 고급화되었다.

해설 1800년대 말 『시의전서』에 개피떡이라 하였고, 1924년 『조선무쌍신식요리제법』에서는 가피병(加皮餅)이라 하였다.

23 떡이 기록된 고조리서의 내용에 대한 설명으로 옳지 않은 것은?

① 1600년대 허균이 지은 『도문대작』은 식품서로는 가장 오래된 책이며 떡은 기록되어 있지 않다.

② 1700년대 『수문사설』에는 도도중(시루밑)이라는 떡을 만드는 도구가 나온다.

③ 1900년대 장지연이 편찬한 『조선세시기』에는 각 나라마다 먹는 음식을 열두 달로 나누어 기록하고 있다.

④ 1800년대 빙허각 이씨가 지은 한글 가정 대백과사전인 『규합총서』에는 떡 종류 27종이 기록되어 있다.

해설 1611년 허균의 『도문대작』에는 「서울의 시식(時食)」편에서 증병(蒸餅), 월병(月餅), 삼병(蔘餅), 송고유밀(松膏油蜜 : 송기떡), 자병(煮餅 : 전병) 등에 대해 기록하였다.

24 곡물 생산이 늘어나고 불교의 성행으로 '음다(飮茶)풍습'이 유행되어 떡의 종류와 조리법이 매우 다양해진 시대는?

① 조선시대

② 고려시대

③ 삼국시대

④ 통일신라시대

해설 고려시대에는 불교의 영향으로 육식을 멀리하고 차를 즐겨 마시는 풍습으로 인하여 과정류와 함께 떡이 발전하게 되면서 떡의 종류와 조리법이 발전하였다.

25 양반들의 잔칫상에 오르던 웃기떡으로 크기가 다른 바람떡을 두 개 겹쳐서 만든 떡의 이름은?

① 여주산병

② 재증병

③ 혼돈병

④ 개피떡

해설 멥쌀가루로 찌고 친 떡을 얇게 민 다음 큰 개피떡과 작은 개피떡을 만들어 두 개를 포개서 붙인 여주산병은 여주지방의 향토떡이다.

26 『규합총서』에 찹쌀가루, 승검초가루, 후춧가루, 계핏가루, 건강, 꿀, 잣 등을 사용하여 두텁떡과 유사하게 조리하였다고 기록된 떡은?

① 두텁떡

② 구름떡

③ 송기떡

④ 혼돈병

해설 혼돈병은 찹쌀가루에 꿀과 계핏가루를 넣고 찌는 떡을 말한다. 거피팥 고물을 만들어 볶고 소를 만들며, 떡을 안치는 순서와 찌는 시간, 간을 하고 버무리는 시간까지도 오래 걸리는 까다로운 떡으로 두텁떡과 비슷한 떡이지만 두텁떡보다 재료를 더 많이 사용한다.

27 『요록』에 "찹쌀가루로 떡을 만들어 삶아 익힌 뒤 꿀물에 담갔다가 꺼내어 그릇에 담아 다시 그 위에 꿀을 더한다"고 한 떡은?

① 화전

② 보리수단

③ 개성주악

④ 경단

해설 경단도 찹쌀가루를 끓는 물로 익반죽하여 밤톨만큼씩 빚어 삶아 여러 가지 고물을 묻혀 만든 떡으로 초겨울의 시식(時食) 떡이다.

28 다음 떡의 이름이 쓰여진 고조리서와 짝이 맞지 않는 것은?

① 단자류는 『증보산림경제』에 향애 단자로 처음 기록되었다.

② 경단류는 『임원십육지』에 경단병이란 이름으로 처음 기록되었다.

③ 화전은 『도문대작』에 기록되어 있다.

④ 설기떡은 『성호사설』에서 기록을 찾아볼 수 있다.

해설 경단류는 1680년 『요록』에 '경단병'으로 처음 기록되었다.

29 떡을 일컫는 한자어로 내용이 적절하지 않은 것은?

① 이(餌) : 쌀가루에 꿀을 넣어 찐 것

② 자(餈) : 쌀을 쪄서 치는 것

③ 혼돈(餛飩) : 찹쌀가루를 쳐서 둥글게 만들어 가운데 소를 넣는 것

④ 유병(油餅) : 기름에 지진 것

해설 이(餌)는 『성호사설』에서 곡분(쌀가루, 보릿가루, 밀가루)을 시루에 넣어 찐 떡이라고 하였다.

30 조선시대 도문대작에 자병(煮餠)이라 기록된 떡의 종류는?

① 삶는 떡   ② 치는 떡

③ 빚는 떡   ④ 지지는 떡

해설▶ 자병(煮餠 : 전병)은 찹쌀가루 · 밀가루 · 수수 가루 등을 반죽하여 기름에 지진 떡으로 유전병(油煎餠)이라고도 한다.

31 고려시대의 떡 종류가 아닌 것은?

① 율고   ② 청애병

③ 토란병   ④ 상화병

해설▶ 『해동역사』-고려율고, 『지봉유설』-청애병, 『고려가요』-상화는 고려시대에 소개된 떡이고, 토란병은 조선시대 『수문사설』에 토란떡(우병)이라고 소개되어 있다.

32 고려시대의 떡이 언급된 저서가 아닌 것은?

① 해동역사   ② 도문대작

③ 목은집   ④ 지봉유설

해설▶ 『도문대작』은 푸줏간 앞에서 입맛을 쩝쩝 다신다는 뜻으로, 1611년 허균이 한글 소설뿐만 아니라 음식 품평서도 최초로 썼다. 가장 오래된 식품 전문서로 19종류의 떡이 기록되어 있다.

33 조선시대 왕 중 인조가 피난 중일 때 임씨라는 사람이 임금님께 진상한 떡은?

① 절편   ② 고치떡

③ 인절미   ④ 쑥단자

해설▶ 인절미는 공주시 우성면 목천리 마을에서 유래되고 있으며, 인조가 피난 중일 때 임씨라는 농부가 찰떡을 만들어 임금님께 진상하였는데 처음 먹어보는 떡으로 임씨라는 농부를 찾았으나, 찾지 못하여 '임서방이 만든 절묘한 맛'의 떡이란 의미로 '임절미'라 한 것이 오늘날 인절미로 바뀌었다고 한다.

34 『해동역사』에 중국인이 칭송한 고려시대 떡의 이름은?

① 청애병   ② 석탄병

③ 무떡   ④ 율고

해설▶ 청애병은 『지봉유설』, 석탄병과 무떡은 『규합총서』에 기록되어 있다.

35 『열양세시기』에 권모(拳模)라고 불린 떡은?

① 송병   ② 증병

③ 가피떡   ④ 가래떡

해설▶ 권모란 가락을 짧게 자른 흰떡으로 가래를 길고 가늘게 만들어 식구들의 무명 장수를 기원하는 의미이다.

정답   NCS 떡제조기능사 필기실기

01 ①	02 ①	03 ①	04 ③	05 ②	06 ②	07 ①	08 ②	09 ③	10 ①
11 ②	12 ①	13 ④	14 ①	15 ③	16 ①	17 ④	18 ①	19 ④	20 ①
21 ②	22 ③	23 ①	24 ②	25 ①	26 ④	27 ④	28 ②	29 ①	30 ④
31 ③	32 ②	33 ③	34 ④	35 ④					

제2절 시·절식으로서의 떡

우리 민족은 떡을 음식으로서만이 아니라 떡이 지닌 상징성도 중요시하였다. 단순히 먹기 위해서 만드는 떡이 아닌 조상한테 실제 올리는 제례음식으로, 각종 의례와 잔치에 흥을 돋우는 매개음식으로, 이웃 간의 정을 나누는 음식으로 굳게 자리매김되어 왔다.

떡은 주식이 아닌 별식이지만 계절이나 제품에 맞게 상호 보완적인 천연재료만을 적절히 배합하여 떡마다 균형 잡힌 영양소 공급원이 될 수 있도록 만들어졌으며, 몸에 이로운 각종 효능도 기대할 수 있도록 발전시켜 왔다. '정을 나누는 떡', '건강한 떡', '약이 되는 떡'이라는 말은 떡의 상징성과 쓰임새를 잘 나타내는 함축된 표현이다.

① 시식(時食)으로서의 떡

1) 청애병(靑艾餠)

봄에 쑥과 쌀가루를 이용하여 만든 떡이다. 동국세시기에 단오(5월 5일)인 수릿날이면 쑥을 뜯어 멥쌀가루에 넣고 반죽해 수레바퀴 모양의 떡을 만들어 먹는다고 나온다. 그러나 삼짇날(3월 3일)도 동국여지승람과 중국 송사(宋史)를 보면 고려에서는 상사일(上巳日)에 쑥떡을 만든다고 했다. 상사일은 첫 번째 뱀의 날로 보통의 경우 삼짇날과 겹친다. 뱀은 쑥을 싫어하기 때문에 삼짇날 쑥떡을 먹는 것으로 전해진다.

2) 느티떡

느티떡은 석가탄신일인 사월 초파일에 해 먹던 불가의 떡으로 어린 느티잎을 멥쌀가루에 섞어 거피팥 고물을 얹어 찐 떡으로 맛이 매우 특별하다. 시기가 조금만 지나도

느티잎이 억세져서 먹지 못하므로 음력 사월 초파일에만 맛볼 수 있는 떡이기도 하다.

3) 진달래화전

화전은 찹쌀가루를 익반죽하여 전을 부치듯이 지져서 대추나 쑥갓을 이용하여 꽃 모양 장식을 하여 만든 떡으로 잔칫상이나 명절에 주로 먹는 음식이다. 봄에는 진달래 화전, 여름에는 장미화전, 가을에는 감국화전, 겨울에는 대추를 이용한 화전을 만들어 계절에 따라 재료를 달리하여 계절의 향기를 느낄 수 있는 음식이다. 특히 봄에 화사하게 핀 진달래로 만든 화전을 으뜸으로 친다.

4) 상추시루떡

상추시루떡은 여름철 서울에서 만들어서 바로 먹는 떡으로 '와거병(萵苣餠)'이라고도 부른다. '와거'는 한방에서 상추를 일컫는 말이다. 멥쌀가루에 상추를 뜯어 섞어 거피팥 고물 위에 올려 찌는데 고물 사이에 보이는 푸른색 상추가 보기도 좋고 상추의 쌉싸름한 맛과 씹히는 맛이 독특한 떡이다.

5) 신과병(新果餠)

무더운 여름이 가고 신선한 바람과 싱그러운 가을의 정취와 추수의 풍요로움을 만끽할 수 있는 가을이 되면 그해 정성 들여서 가꾸어 수확한 탱글탱글한 햇과일과 쌀가루가 조화를 이루어 먹음직스런 떡이 되는 것이다.

신과병이 소개된 고조리서『규합총서』에는 "햇밤 익은 것, 풋대추 썰고, 좋은 침감 껍질 벗겨 얇게 저미고 풋청태콩을 가루에 섞어 꿀 버무려 햇녹두 거피하여 뿌려 찌라"고 되어있다. 추수한 벼에서 얻어낸 쌀가루에 토실토실한 풋대추와 햇밤을 먹음직스럽게 썰고 침감은 얇게 저며 들어가고 청태콩과 함께 넣는다. 여기에 달콤함을 더하기 위해 꿀을 넣어 고루 버무린다.

햇녹두를 시간을 넉넉히 하여 잘 불려 정성스레 거피하고 따로 쪄서 가루고물로 하지 않고 모양 그대로 쌀가루 위에 뿌려서 함께 쪄낸다. 손쉽게 만들 수 있을 뿐 아니라 과일이 들어가 새콤달콤하고 영양 면에서도 손색 없는 우리 고유의 떡인 신과병이야말로 가을을 닮은 떡이다.

❷ 절식(節食)으로서의 떡

오랜 세월 동안 굳어져 온 우리 민족의 생활양식과 자연환경에 의해 계절이나 세시에 따른 절일이 만들어졌다. 떡은 세시 풍습과 절일에 없어서는 안 되는 중요한 음식으로 발전되어 왔는데, 각 절일에 쓰인 떡들과 그 의미는 다음과 같다.

1) 설날

각 절일의 절식은 정월 초하루(음력 1월 1일)의 설음식으로 시작한다. 설날에는 흰떡국을 주로 먹는데, 하얀 떡의 색깔처럼 1년 내내 순수하고 무탈하기를 기원하는 의미가 담겨 있다. 떡국을 '첨세병(添歲餅)'이라고도 하는데 이는 떡국을 먹음으로써 나이를 한 살 더 먹기 때문에 붙여진 이름이다. 쌀이 많이 나지 않는 북쪽 지방에서는 떡국 대신 만둣국이나 떡만둣국을 먹기도 하고 개성 지방에서는 '조랭이떡국'을 먹었다.

2) 정월 대보름

상원(上元)이라고도 하며, 음력 1월 15일로써 1년 중 첫 보름을 기리는 절일이다. 이날의 날씨와 보름달의 밝기 등으로 1년의 길흉화복(吉凶禍福)을 점치기도 했던 날로 새해맞이 잔치 분위기를 마감하고, 새로운 1년 농사를 준비하는 날이다. 쥐불놀이와 다리 밟기 등의 민속놀이와 함께 묵은 나물, 복쌈, 부럼, 귀밝이술, 약식 등을 먹었다. 약식은 신라 소지왕을 구한 까마귀의 깃털색을 닮은 약밥으로 까마귀에게 고마움을 표하던 것이 점차 약식으로 발전해 정월 대보름의 절식이 되었다.

3) 중화절

음력 2월 초하룻날, 왕이 신하들에게 농업에 힘쓰라는 의미로 중화척(中和尺)이라는 자를 하사한 데서 비롯된 절일이다. 민간에서는 머슴날 또는 노비일이라 하여 농사를 시작하기 전 일꾼들을 격려하는 의미에서 커다란 송편을 만들어 먹었다. 이 떡은 노비들을 위한 송편이라는 의미에서 '노비송편'이라고도 하고, 2월 초하루에 빚었다 하여 '삭일송편'이라고도 한다.

4) 3월 삼짇날

중삼절(重三節)이라고도 부르는 음력 3월 3일은 만물이 활기를 띠고 강남 갔던 제비도 돌아온다는 날이다. 이날에는 '화전놀이'라 하여 찹쌀가루와 번철을 들고 야외로 나가 진달래꽃을 따서 그 자리에서 화전을 만들어 먹었다. 화창한 봄날 자연을 즐기며 만개한 진달래로 봄을 음미하던 풍류 음식인 화전은 『동국세시기』에도 화면(花麪)과 함께 삼짇날의 으뜸 음식이라고 기록되어 있다. 화면은 녹두가루를 익반죽하여 익힌 후 가늘게 썰어 꿀을 섞은 오미자물에 띄워 만든 화채의 일종이다. 『동국세시기』는 정조 때의 학자 홍석모가 한국의 열두 달 행사와 그 풍속을 설명한 책이다.

5) 한식

동지로부터 105일째 되는 양력 4월 5일경이 한식(寒食)이다. 날씨가 따뜻해져 찬 음식을 먹어도 크게 부담되지 않는 절기로써 이때 돋아난 쑥을 뜯어 쑥떡을 해 먹었다. 멥쌀에 쑥을 버무려 찌고, 이것을 조상님께 먼저 올린 다음 먹었다. 겨울 동안 문제가 생기지 않았는지 조상묘소를 살피는 한식 성묘도 떡과 무관하지 않다.

6) 초파일

음력 4월 8일은 석가탄신을 기념하는 날이다. 고려시대부터 일반인들도 이날을 기렸는데, 초파일과 관련된 떡으로는 느티떡과 장미화전이 있다. 느티떡은 새로 돋아난 느티나무 어린 순을 따서 멥쌀가루에 넣고 거피팥 고물을 켜켜이 넣어 찐 시루떡이다. 장미 화전은 그 시기에 핀 장미 꽃잎을 찹쌀가루 반죽 위에 올려 부친 떡이다.

7) 단오

음력 5월 5일이며 수릿날, 천중절(天中節), 중오절(重五節)이라고도 한다. 수릿날의 수리는 수레를 뜻하며, 이날 수레바퀴 모양의 수리취 절편을 먹었다. 멥쌀가루에 수리취를 섞어 찐 다음 떡메로 쳐서 동글납작하게 떼어내 수레바퀴 모양의 떡살로 찍어낸다 하여 차륜병(車輪餠)이라고도 불린다. 단오는 조선시대 3대 명절의 하나로 지켜질 만큼 큰 명절로, 부녀자들은 창포에 머리를 감고 액막이를 위해 창포의 뿌리로 만든 비녀를 꽂고 그네뛰기를 즐겼으며 남자들은 씨름 등의 민속놀이로 하루를 즐겼다.

8) 유두

음력 6월 15일은 유두절(流頭節)로 곡식이 여물어갈 무렵, 몸을 깨끗이 하고 조상과 농신께 가족의 안녕과 풍년을 기원하는 날이다. 유두는 동쪽에 흐르는 개울에서 머리를 감고 목욕을 하는 세시풍속과 물맞이를 하면 여름에 더위를 먹지 않는다고 한다. 이날은 아침 일찍 밀국수, 떡, 참외, 과일 등으로 조상께 제사를 지내고 논에 나가 고사를 지냈다. 절식으로는 꿀물에 둥글게 빚은 흰떡을 넣어 만든 수단을 시원한 음료로 즐겼으며, 밀가루를 술로 반죽하여 콩이나 깨에 꿀을 섞어 만든 소를 넣은 상화병과 밀전병을 주로 만들어 먹었다.

9) 칠석과 삼복

음력 7월 7일은 견우와 직녀가 만나는 칠석(七夕)으로 햇벼가 익으면 흰 쌀로만 백설기를 만들어 사당에 천신(天神)하고 먹었다. 또 절식으로는 밀국수와 밀전병을 먹었는데 이는 밀가루 음식이 철 지나면 밀 냄새가 난다 하여 이때까지만 먹었기 때문이다.

삼복에는 증편과 주악을 주로 먹었다. 증편은 생막걸리로 반죽하여 발효시킨 떡이고,

주악 또한 찹쌀가루를 익반죽하여 소를 넣고 기름에 지진 떡으로 더위에 쉽게 상하지 않는다는 공통점이 있다.

10) 추석

음력 8월 15일은 우리 민족의 2대 명절 중 하나로 한가위, 중추절, 가배 등으로도 불린다. 추석은 추수를 시작하는 시기여서 햇곡식과 햇과일로 조상께 제사 지내는 추수감사제의 성격이 신라시대 '가위' 풍속에 더해져서 이어져 오고 있다.

추석에는 햅쌀로 만든 시루떡, 송편을 절식으로 만들어 먹었는데, 추석 송편은 올벼로 빚은 송편이라 하여 '오려 송편'이라 부르고, 2월 중화절에 빚는 '삭일 송편'과 구별하였다. 송편이라는 이름은 떡끼리 붙지 않도록 솔잎을 켜켜이 깔고 그 위에 떡을 얹어 쪘기 때문에 붙여진 이름이다.

11) 중양절

음력 9월 9일로 오늘날에는 그 풍속이 사라졌다. 양수인 9가 겹치는 날이라는 뜻으로 햇벼가 나지 않아 추석 때 차례를 지내지 못한 북쪽이나 산간지방에서 지내던 절일이다.

이날은 국화 꽃잎을 따다가 국화전을 부쳐 먹거나, 밤을 삶아 으깨어 찹쌀가루에 버무려 시루에 찐 밤떡을 해 먹었다.

12) 상달

음력 10월은 1년 농사가 끝나고 곡식과 과일이 가장 풍성한 달이다. 1년 중 가장 으뜸가는 달이라 해서 '시월 상달'이라 부르고 당산제와 고사를 지내 마을과 집안의 풍요를 빌었다. 상달의 마지막 날에는 백설기나 팥 시루떡을 쪄서 시루째 대문, 장독대, 대청 등에 놓고 제사를 지냈다. 팥 시루떡 외에도 무 시루떡과 애단자(艾團餈), '밀단고' 등도 만들어 먹었으며, 상달의 무오일(戊午日)에는 팥 시루떡을 시루째 마굿간에 놓고 말의 무병을 빌었다. 애단자는 쑥에 찹쌀가루를 섞어 떡을 만든 다음, 볶은 콩가루를 꿀에 섞어 바른 음식이다. 밀단고(蜜團餻)는 찹쌀가루를 동그랗게 반죽해서 삶아낸 후 꿀을 바르고 고물을 묻힌 달고 작은 떡으로 지금의 경단과 비슷하다고 할 수 있다.

13) 동지

동짓날은 낮의 길이가 가장 짧고 밤의 길이가 가장 긴 날이다. 죽어가던 태양이 이날부터 다시 살아나는 것을 경축하는 날이고, 새로운 태양이 시작되는 날이라 '작은설'이라고도 불렀다. 절식으로는 붉은 팥죽을 쑤어 먹고, 이를 집안 곳곳에 뿌려 귀신을 쫓았다. 찹쌀경단(새알심)을 만들어 나이 수만큼 팥죽에 넣어 먹었다.

14) 납일

납일은 동지 뒤 세 번째 미일(未日)로 대개 음력으로 연말에 해당된다. 1년을 돌아보고 무사히 지내도록 도와준 천지신명과 조상께 감사의 제사를 지내는 날이다. 납일이 있는 납월(12월)에는 팥소를 넣고 골무모양으로 빚은 골무떡을 먹었으며, 특히 섣달 그름에는 시루떡과 정화수로 고사를 지내고, 색색의 골무떡을 빚어 나누어 먹기도 했다.

출제예상문제

01 명절에 따로 차려 먹는 음식은 절식, 시절에 맞춰 먹는 음식은 시식(時食)이라 하는데 다음 중 동지팥죽은 무엇인가?

① 화채시식　　② 동지시식

③ 동절기식　　④ 납향절식

해설 동지시식은 동짓날에 찹쌀, 새알심을 넣고 쑤어 먹는 팥죽이다.

02 예로부터 우리 민족의 4대 명절이 아닌 것은?

① 설날　　　　② 정월 대보름

③ 한식　　　　④ 추석

해설 우리나라 3대 명절은 설날, 단오, 추석을 말하며, 4대 명절은 한식을 포함하는 것을 말한다.

03 다음 중 절일(節日)과 절식이 잘못 연결된 것은?

① 한식-쑥떡　　② 초파일-느티떡

③ 단오-차륜병　　④ 추석-삭일 송편

해설 음력 2월 1일을 삭일(朔日)이라 하며, 일꾼들을 위해 삭일 송편을 해 먹었다.

04 시절(時節)과 음식이 잘못 연결된 것은?

① 설날-첨세병(添歲餅)

② 상원-약밥

③ 중화절-노비송편

④ 삼짇날-감국화전

해설 감국화전은 9월 중양절(重陽節)에 먹는 시절식으로 찹쌀가루를 익반죽하여 둥글납작하게 빚은 후 프라이팬에 지지면서 국화잎을 붙이거나 꽃잎을 찹쌀가루 반죽에 섞어 지진 떡을 말한다.

05 계절과 떡이 잘못 연결된 것은?

① 봄-쑥떡, 느티떡

② 여름-수리취떡, 깨찰편

③ 가을-감떡, 물호박떡

④ 겨울-화전, 호박고지떡

해설 겨울에는 약식, 인절미, 골무떡, 온시루떡 등을 해 먹었다.

06 설날의 풍경을 설명한 것으로 옳지 않은 것은?

① 시루떡을 쪄서 올린 뒤 신에게 빌고, 삭망 전에 올리기도 한다.

② 일제 강점기에 음력설을 말살하고자 방앗간을 섣달그믐 전 1주일 동안 영업을 금하였다.

③ 떡국은 꿩고기를 넣고 끓이는 것이 제격이나 꿩고기가 없는 경우에는 닭고기를 넣고 끓였다. 그리하여 '꿩 대신 닭'이라는 말이 유래되었다.

④ 나이를 한 살 더 먹는 떡이라는 뜻으로 설날에 먹는 떡국을 첨세병(添歲餅)이라고도 한다.

해설 일제 강점기에 일본은 민족문화 말살정책의 일환으로 양력설을 강요하며 우리의 음력설 풍습을 박해했으나 방앗간 영업까지 금지하지는 않았다.

07 『열양세시기(洌陽歲時記)』에서 전하는 풍습으로, 설부터 3일간 아는 사람한테 반갑게 '승진하시오', '생남하시오' 등 남이 바라는 바를 인사와 함께 전하는 것을 무엇이라 하는가?

① 덕담   ② 세배

③ 세찬   ④ 하례

해설 『열양세시기』에서 전하기를, 설부터 3일간 길거리에 많은 남녀들이 떠들썩하게 왕래하는데 울긋불긋한 옷차림이 빛났다. 아는 사람을 만나면 반갑게 "새해에 안녕하시오" 하고, "올해는 꼭 과거에 급제하시오", "부디 승진하시오", "생남하시오", "돈을 많이 버시오" 등 좋은 일을 들추어 하례했다.

08 설날에 사용되는 용어를 설명한 것으로 옳지 않은 것은?

① 설날엔 사랑에서 제사를 지낸다.

② 설날 아이들이 입는 새 옷을 세장이라고 한다.

③ 설날 어른들을 찾아뵙고 새해 인사 드리는 일을 세배라 한다.

④ 설날 대접하는 시절음식을 세찬이라 하고, 이에 곁들인 술을 약주라 한다.

해설 설날에 입는 새 옷을 설빔이라 하고, '세장(歲粧)'이라고도 했다. 한 해를 맞이하는 새날 아침 고운 설빔을 입고 조상과 이웃에게 새해 인사를 올렸다.

09 명절과 음식이 잘못 연결된 떡은?

① 정월 대보름–약식

② 설날–가래떡

③ 추석–송편

④ 동짓날–팥경단

해설 동지가 음력 11월 10일 안에 들면 애동지, 중순이면 중동지, 그믐이면 노동지라고 부른다. 애동지에는 아이들에게 좋지 않다는 이유로 팥죽을 쑤어 먹지 않고 대신에 **팥 시루떡**을 먹는다.

10 음력 2월 1일의 명절을 말하는 것으로 의미가 다른 하나는?

① 중양절   ② 하리아드랫날

③ 노비일   ④ 머슴날

해설 조선시대에 농사철의 시작을 기념하는 음력 2월 1일을 명절로 이르던 말. 정조 20년(1796) 이날에 임금이 재상(宰相)과 시종(侍從)들에게 잔치를 베풀고, 중화척(中和尺)이라는 자를 나누어주면서 비롯되었다. 하리아드랫날은 노비날이다.

11 삼짇날에 대한 설명으로 옳지 않은 것은?

① 삼사일 또는 '중삼절'이라 하고 음력 3월 1일을 말한다.

② 꽃이 필 때 남녀노소가 각기 무리를 이루어 하루를 즐겁게 노는 화전놀이가 있었다.

③ 진달래꽃으로 화전, 녹두가루 반죽을 꿀에 타 잣을 넣어서 먹는 화면을 즐겼다.

④ 집안의 우환을 없애고 소원성취를 비는 신제를 지냈다.

해설 삼짇날은 음력 3월 3일로 겨우내 움츠렸던 마음을 펴고, 이제 다시 새로운 농사일을 시작할 시점에서 서로 마음을 다잡고 한 해의 건강과 평화를 비는 명절이다.

12 단오(端午)의 절식으로 알맞은 떡은?

① 꽃산병

② 증편

③ 수리취절편(차륜병)

④ 백설기

해설 찐 멥쌀가루에 수리취를 다져 넣은 다음 둥글넓적하게 밀어 빚은 다음 수레바퀴 문양(紋樣)의 떡살로 만든 떡이다.

13 진달래화전의 다른 이름이 아닌 것은?

① 진달래 꽃전

② 두견화전

③ 참꽃전

④ 황매화전

해설 황매화란 홑꽃으로 다섯 장의 꽃잎을 활짝 펼치면 5백 원짜리 동전 크기보다 훨씬 크다. 봄에 진달래와 같이 화전(花煎)의 재료로 쓰이기도 한다.

14 화전에 대한 설명으로 옳지 않은 것은?

① 화전의 반죽은 약간 진 것이 좋다.

② 진달래가 없는 계절에는 대추와 쑥갓을 대신 얹어 떡을 지지기도 한다.

③ 찹쌀가루에 메밀가루를 섞어 진달래와 장미를 넣어 지지기도 한다.

④ 진달래 대신 들깻잎을 넣고 지지면 찹쌀가루에 향이 배어 맛이 더욱 좋다.

해설 들깻잎은 화전으로 사용하지 않는다.

15 화전을 할 때 계절에 적합한 꽃으로 잘못 짝지어진 것은?

① 봄-진달래

② 여름-장미

③ 여름-코스모스

④ 가을-국화

해설 찹쌀가루를 반죽하여 두견화(진달래), 장미, 황매화, 국화의 꽃잎이나 대추를 붙여서 기름에 지진 떡이다.

16 동지(冬至) 후 105일째 되는 날, 한식(寒食)의 절식(節食)이 아닌 것은?

① 한식면

② 메밀국수

③ 쑥떡

④ 화면

해설 한식은 날씨가 따뜻해져 찬 음식을 먹어도 되는 절기로 이때 돋아난 쑥을 뜯어 쑥떡을 해 먹고 한식면(한식날 먹는 메밀국수)을 해 먹었다.

17 중화절(노비일)에 큼직하게 만들어 하인(下人)들에게 나이 수대로 나눠주었던 떡은?

① 떡국떡   ② 꽃산병

③ 노비송편   ④ 잡과편

해설 노비송편은 음력 2월 1일 중화절에 집에서 일하는 사람들한테 1년 농사를 잘 부탁한다는 격려가 들어 있다. 머슴의 나이만큼 나눠주며, 삭일 송편이라고도 한다.

18 초파일에 먹는 불가의 떡으로 느티나무의 어린잎을 멥쌀가루에 섞어 거피팥 고물을 올려 찐 떡은?

① 봉치떡   ② 느티떡

③ 화전   ④ 상추시루떡

해설 유엽병(榆葉餅)이라고도 하며, 사월 초파일에 먹는 절식의 하나이다. 멥쌀과 느티나무의 어린잎을 빻아 함께 섞은 것을 시루에 깔고 거피팥 고물을 뿌려 켜로 안쳐서 쪄낸다.

19 섣달그믐날 집에 남아 있는 재료들을 모두 넣어 따뜻하게 해 먹은 떡은?

① 만경떡   ② 잡과편

③ 온시루떡   ④ 개피떡

해설 온시루떡은 섣달 그믐에 남은 재료로 떡을 해 먹었다.

20 단옷날 해먹는 떡으로 같은 떡이 아닌 것은?

① 단오떡   ② 수리취절편

③ 차륜병   ④ 장미화전

해설 단오떡, 수리취절편, 차륜병은 음력 5월 5일 단옷날 해 먹는 떡이다. 단오는 우리나라 명절의 하나로, 여자들은 창포물에 머리를 감고 그네를 뛰며 남자들은 씨름을 한다.

21 유두절은 무엇의 준말인가?

① 동류수두목욕

② 유두연

③ 유두천신

④ 유두잔치

해설 유두절은 동류수두목욕(東流水頭沐浴)의 약자로

동쪽으로 흐르는 물에 머리를 감고 목욕을 한다는 뜻이다.

22 다음에서 유두일(流頭日)의 절식이 아닌 것은?

① 수단(水團)

② 증편

③ 상화병

④ 연병(밀전병)

해설 유두일의 절식은 수단, 상화병, 연병 등이다.

23 유두일의 절식으로 술로 반죽하여 소를 넣고 빚어 찐 떡은?

① 상화병   ② 밀전병

③ 석탄병   ④ 해장떡

해설 상화병은 밀가루를 막걸리로 반죽하여 발효시킨 뒤 팥소를 넣고 둥글게 빚어 쪄낸 떡으로 유두일의 절식이다.

24 삼복에 대한 설명 중 잘못된 것은?

① 복날은 해에 따라서 중복과 말복 사이가 20일이 되기도 하며 이를 월복이라고 한다.

② 초복, 중복, 말복을 통틀어 이르는 말이다.

③ 삼복에는 주로 삼계탕과 수박을 먹는다.

④ 삼복에 먹는 떡으로 증편, 주악이 있다.

해설 복날은 10일 간격으로 오기 때문에 초복과 말복까지는 20일이 걸리지만, 입추 뒤 첫 경일이기 때문에 말복은 흔히 달을 건너뛰어 월복(越伏)하게 된다.

25 칠석(七夕, 음력 7월 7일)날, 아기의 장수를 기원하는 칠성제에 올린 떡은?

① 증편

② 복숭아화채

③ 밀애호박 부꾸미

④ 백설기

해설 칠석날은 견우와 직녀가 까마귀와 까치들이 놓은 오작교에서 1년에 한 번씩 만났다는 전설에서 비롯되었다. 여름 장맛비에 흙탕이 된 우물을 청소하여 우물고사를 지내며, 아기의 수명장수를 기원하면서 백설기를 쪄서 칠성제를 지냈다.

26 이날은 음력 7월 15일로, 그해 농사가 가장 잘된 집의 머슴을 뽑아 소에 태워 마을을 도는 '호미씻이'와 노총각 머슴을 장가보내주는 풍습이 있었다. 이날을 불가에서는 무엇이라 하는가?

① 백중일　　② 중원

③ 망혼일　　④ 우란분절

해설 백중에 각 가정에서는 익은 과일을 따서 사당에 천신을 올렸으며 궁중에서는 종묘에 이른 벼를 베어 천신을 올렸다. 머슴들과 일꾼들은 특별히 장만한 아침상과 새 옷, 돈을 받는데 이것을 '백중돈 탄다'라고 하였다. 그해에 농사가 잘된 집의 머슴을 뽑아 소에 태워 마을을 돌며 즐기는데 이를 '호미씻이'라 하였다. 마을 어른들은 머슴이 노총각이나 홀아비면 마땅히 처녀와 과부를 골라 장가를 보내주고 살림도 장만해 주어 '백중날 장가 간다'라는 말도 생겼다.

27 다음 중 추석을 일컫는 고어로 틀린 것은?

① 팔월 보름날　② 중추절

③ 중양절　　　④ 가배(嘉俳)

해설 세시 명절의 하나로 음력 9월 9일, 9는 원래 양수이며, 양수가 겹쳤다는 뜻으로 중양절이라 한다.

28 절식으로 먹는 떡의 연결로 올바르지 않은 것은?

① 정월 대보름–약식

② 2월 초하룻날–노비송편

③ 9월 9일 중양절–상화병

④ 4월 초파일–느티떡

해설 중양절은 음력 9월 9일을 이르는 말로 중구(重九)라고도 한다. 시절음식인 국화주(菊花酒), 국화전(菊花煎), 밤떡(栗糕) 등을 해 먹었다.

29 시월 상달의 시식으로 쑥과 찹쌀가루로 만든 떡에 볶은 콩가루를 꿀에 섞어 바른 떡을 무엇이라 하는가?

① 애단자　　　② 밀단고

③ 콩강정　　　④ 깨강정

해설 애단자(艾團餈)는 쑥을 찹쌀가루에 섞어 떡을 만든 다음, 볶은 콩가루를 꿀에 섞어 바른 떡이다.

30 시월 상달에 가을 고사일을 택하여 풍파가 없기를 기원하면서 만들어 올린 떡은?

① 인절미

② 붉은팥 시루떡

③ 녹두고물 시루떡

④ 갖은 편

해설 10월은 상달이라 하여 민가에서는 가장 높은 달이라 하였고, 붉은팥 시루떡을 올려놓고 고사를 지냈다.

31 시월 상달에 먹는 절식으로 옳지 않은 것은?

① 팥시루떡　　② 애단자

③ 밀단고　　④ 골무떡

해설▶ 골무떡은 납월(섣달)의 절식으로 전해오고 있다. 조선시대의 서울 풍속을 적은 『열양세시기(洌陽歲時記)』에 "좋은 쌀을 빻아 체로 쳐서 고수레한 다음 시루에 쪄서 안반 위에 놓고 떡메로 쳐서 조금씩 떼어 손으로 비벼서 둥글고 길게 문어발같이 늘이는데 이것을 권모(골무떡)라고 한다."라고 기록되어 있다.

32 상달의 무오일에는 마굿간 앞에 팥시루떡을 놓고 고사를 지내고 길일을 택해 떡을 찌고 술을 빚어 터줏대감굿을 하였는데 이 명칭은?

① 성주제　　② 농공제

③ 당산제　　④ 상달고사

해설▶ 성주제는 시월 상달에 마을의 각 집에서 성주신한테 지내는 제사이다. 이를 가을고사, 안택고사라고도 한다.

33 동지와 동지팥죽의 풍습에 대해 잘못 말한 것은?

① 초순에 드는 동지를 애동지라 하는데, 이때는 팥죽을 먹지 않고 거피팥시루떡을 먹는다.

② 동지팥죽의 새알심은 먹는 사람의 나이 수만큼 넣어 먹는다.

③ 동짓날을 아세라 했고 민간에서는 작은설이라 했으며 이것은 태양의 부활을 뜻하는 큰 의미를 지니고 있어 설다음 가는 작은설의 대접을 받았다.

④ 동지팥죽을 솔잎에 적시거나 숟가락으로 떠서 대문이나 벽에 발라 잡귀가 드나드는 것을 막는 주술적인 의미로도 쓰였다.

해설▶ 초순에 드는 동지를 애동지라 하는데, 이때는 팥죽을 먹지 않고 팥시루떡을 먹는다.

34 다음 중 김장 무가 나오는 상달에 별미로 해 먹는 떡은?

① 팥시루떡

② 무시루떡

③ 녹두편

④ 인절미

해설▶ 김장 무가 나오는 10월 상달에 별미로 해 먹는 것은 서민적이며 토속적인 떡으로 『규합총서』(1815), 『임원십육지』(1827), 『부인필지』(1855) 등에 기록되어 있다.

35 납일에 대한 설명으로 잘못된 것은?

① 납일이란 동지 뒤의 둘째 미일이다.

② 민간에서는 마마를 깨끗이 한다고 해서 참새를 잡아 어린이들에게 먹이는 풍습도 있었다.

③ 납월의 절식으로는 골동반(비빔밥), 장김치 등이 전해지고 떡으로는 골무떡이 있다.

④ 섣달그믐에는 온시루떡과 정화수를 떠놓고 고사를 지냈다.

해설▶ 납일은 동지로부터 세 번째의 미일(未日)이다.

36 중양절에 대한 설명으로 옳지 않은 것은?

① 음력 9월 9일로 양수인 9가 겹치는 날이다.

② 햇벼가 나지 않아 추석 때 제사를 지내지 못한 북쪽 산간지방에서 지내던 절일이다.

③ 최근까지도 그 풍속을 이어오고 있다.

④ 국화전, 밤떡을 먹었다.

해설▶ 최근까지 중양절의 풍속이 이어지지는 않는다.

37 『규합총서』, 『임원십육지』, 『부인필지』에 기록된 무를 넣어 만든 떡의 이름은?

① 남방감저병　② 신과병

③ 약편　　　④ 나복병

해설▶ 무 시루떡을 멥쌀가루에 굵게 채 썬 무와 팥고물을 켜켜이 놓아가며 안쳐 찐 떡으로 나복병(蘿葍餅)이라고도 불린다.

38 납일에 빚어 먹는 작은 절편은?

① 애단고　　② 인절미

③ 골무떡　　④ 수수부꾸미

해설▶ 납일의 절식으로는 골동반, 장김치, 골무떡 등을 꼽을 수 있다.

39 『조선무쌍신식요리제법』에 '북꾀미'라 하여 소를 넣고 반으로 접어 다시 지지는 것이 특징인 떡은?

① 개성주악　② 국화전

③ 수수부꾸미　④ 토란병

해설▶ 수수부꾸미는 찹쌀가루와 수수가루를 섞어서 익반죽하여 팥소를 넣고 기름에 지진 떡이다. 수수

는 성질이 따뜻하여 겨울에 많이 먹는데 기름에 지지는 떡이기 때문에 추운 겨울철 열량이 부족할 때 해 먹음으로써 자연스럽게 에너지를 섭취할 수 있었다.

40 골무떡을 잘못 설명한 것은?

① 멥쌀가루를 쪄 안반에 쳐서 모양을 낸 떡

② 납월(臘月)의 절식으로 전해오고 있다.

③ 흰떡을 쳐서 갸름하게 자르되 손가락 두께처럼 하여 한 치 너비에 한 치 닷 푼 길이로 잘라 살 박아 기름 발라 써라.

④ 조선시대 규합총서에 나오는 마로 만든 궁중 떡이다.

해설▶ 멥쌀가루로 만든 작은 절편으로 크기가 골무만 하다 하여 골무떡이라 하였으며, 『시의전서(是議全書)』에 나오는 절식이다.

41 지지는 떡으로 진달래, 장미, 감꽃, 황국화 등의 갖가지 꽃잎을 얹어 계절의 정취를 즐기는 떡의 이름은?

① 토란병　② 감떡

③ 화전　　④ 석류병

해설▶ 화전은 찹쌀가루 반죽을 둥글고 납작하게 빚어 기름에 지져내는 떡으로 계절에 따라 다양한 꽃을 고명으로 얹는다.

42 쌀가루를 익반죽하여 콩, 깨, 밤 등을 소로 넣고 반달, 조개처럼 빚어 시루에 솔잎을 깔아 쪄낸 떡은?

① 산병　　② 재증병

③ 토란병　④ 송편

43 경단을 만드는 방법으로 옳지 않은 것은?

① 찹쌀가루에 끓는 물을 넣어 익반죽한다.

② 경단을 삶을 때 떠오른 뒤 찬물을 조금 넣어 다시 떠오를 때까지 기다린다.

③ 경단은 삶을 때 떠오르면 바로 건진다.

④ 건져낸 떡에 설탕을 뿌려두면 수분이 빠지면서 고물도 잘 묻고 보존기간이 길어진다.

해설 경단을 삶을 때는 떠올라도 익으면 건져내야 한다.

44 찹쌀가루나 차수수 가루를 익반죽하여 지진 후 소를 넣고 반을 접어 붙여 모양을 낸 떡은?

① 메밀주악   ② 노티떡

③ 국화전   ④ 부꾸미

해설 부꾸미는 찹쌀가루, 찰수수 가루를 반죽하여 둥글넓적하게 하여 번철이나 프라이팬에 지진 떡. 팥소를 넣고 반으로 접어서 붙이기도 한다.

45 복령조화고 제조 시에 들어가는 재료가 아닌 것은?

① 차조   ② 연육

③ 백복령   ④ 산약

해설 복령조화고는 한약재가루인 연육, 산약, 백복령, 검인 등으로 찐 약떡이다.

정답

01 ②	02 ②	03 ④	04 ④	05 ④	06 ②	07 ①	08 ①	09 ④	10 ①
11 ①	12 ③	13 ④	14 ④	15 ③	16 ④	17 ③	18 ②	19 ③	20 ④
21 ①	22 ②	23 ①	24 ①	25 ④	26 ①	27 ③	28 ③	29 ①	30 ②
31 ④	32 ①	33 ①	34 ②	35 ①	36 ③	37 ④	38 ③	39 ③	40 ④
41 ③	42 ④	43 ③	44 ④	45 ①					

제3절 통과의례와 떡

'통과의례'란 사람이 일생 동안 거쳐야 할 고비마다의 의례를 말한다. 이들 의례에는 규범화된 의식이 있고, 의식에는 민족 고유의 풍속에 의한 음식이 따르기 마련이어서 각 통과의례 때마다 사용하는 떡도 달랐다.

1 출생, 백일, 첫돌 떡의 종류 및 의미

1) 출생(出生)

산모가 아기를 갖게 되면 태아를 위하여 행동을 조심하고 태교를 시작한다. 먹는 것도 가려서 먹고 나쁘다고 하는 것들은 꺼리게 된다. 산달이 다가오면 시부모님이나 남편이 산미(産米)와 산곽(産藿)을 마련한다. 쌀은 특상미로 골라서 소반에 놓고 돌과 뉘를 가려 자루에 담아서 정한 곳에 마련해 둔다. 미역은 장에 가서 길이가 긴 미역을 골라 구입하여 꺾지 않고 둘둘 말아 어깨에 메고 와서 시렁이나 선반에 매달아 놓는다. 미역을 꺾는다는 것은 '사람이 꺾인다'고 하여 꺼리는 것이다. 산기가 있으면 산실 윗목 소반에 백미를 소복이 담아 놓고 정화수 한 그릇과 미역을 올려놓은 삼신상(三神床)을 차린다. 산곽(産藿)을 쌀 위에 걸쳐놓고 산간을 하는 어머니가 순산을 빈다. 아기가 태어나면 그 쌀로 밥을 지어서 사발에 세 그릇을 가득 담고, 미역국도 세 그릇 떠서 다시 삼신상을 차린다. 아기 출생 후 처음 산모가 먹는 미역국과 흰밥을 첫국밥이라 한다. 첫국밥은 산모를 위해 흰밥을 따로 짓고, 미역국의 간은 장독에서 새로 떠온 간장으로 한다.

2) 삼칠일

아기가 태어난 지 21일째(3×7)를 축하하는 날이다. 이날이 되면 아기와 산모가 어느 정도 안정을 찾게 되므로 산실의 금기를 철폐하고, 아기한테 제대로 옷을 갖춰 입혔으며, 금줄을 걷어 외부인의 출입도 허용하였다. 아기와 산모를 속인의 세계와 섞지 않고 신성한 산신(産神)의 보호 아래 둔다는 의미이다. 흰쌀밥과 미역국, 삼색나물 반찬을 차려놓고 아기의 무병장수를 빈 뒤 삼신상에 놓았던 음식들을 집안에 모인 가족과 친지들끼리만 나누어 먹고 대문 밖으로는 내보내지 않았다.

3) 백일

아이가 태어난 지 100일째를 축하하는 날이다. 백일의 백(百)은 완전·성숙 등을 의미하므로 아이가 속인의 세계와 섞여서 살 수 있을 만큼 완성되었음을 축하하는 것이다. 백일에는 아이의 무병장수와 큰 복 받기를 기원하는 뜻에서 백설기를 만들어 이웃의 백 집에 돌리는 풍습이 있었는데, 떡을 받은 집에서는 빈 그릇으로 돌려보내지 않고 무명실이나 쌀을 담아 보냈다. 백일에는 백설기와 붉은팥 수수경단, 인절미, 오색송편을 만들어주었다.

백설기에는 삼칠일과 같이 신성의 의미가 담겨 있고, 붉은팥 수수경단의 붉은색은 귀신으로부터 아이를 보호하는 액막이 의식이 담겨 있으며, 오색송편에는 오행(五行), 오덕(五德), 오미(五味) 등 만물과 조화를 이루며 살라는 의미가 있다. 백일의 오색송편은 평상시의 송편보다 작고 예쁘게 만들었으며, 붉은팥 수수경단과 함께 아이가 10살이 될 때까지 생일이나 책례에 반드시 해주는 풍속(風俗)이 있었다.

4) 첫돌

아이가 태어나 첫 번째로 가장 잘 차려진 잔칫상을 받는 날이다. 태어난 지 만 1년이 되는 날로 아이의 '장수복록(長壽福錄)'을 축원하며 돌 의상을 갖추어 입히고 돌상을 차려주었다. 돌상에는 아이를 위해 새로 마련한 밥그릇과 국그릇에 흰밥과 미역국을 담고 푸른나물과 과일 등을 차린다.

떡의 경우 백설기와 붉은팥 수수경단은 백일 때와 같으며, 무지개떡이나 각종 과일은 아이의 밝고 조화로운 미래를 기원하는 의미가 있다. 돌상에는 돌잡이를 위한 물품도 준비하는데 남자아이는 쌀, 흰 타래실, 책, 종이, 붓, 활과 화살, 여자아이는 활과 화살 대신 가위, 바늘, 자 등을 놓고 잡게 해서 아이의 장래를 점치기도 했다.

❷ 책례, 관례, 혼례 떡의 종류 및 의미

1) 책례

지금은 사라진 풍속이지만 아이가 자라 서당에 다니면 한 권의 책을 끝낼 때마다 떡과 음식으로 어려운 책을 뗀 것을 축하하고, 학문에 더욱 정진할 것을 격려했다. 책례 때에는 작은 모양의 오색송편을 속이 꽉 찬 모양과 속이 빈 모양의 두 가지로 만들어 먹었는데, 속이 찬 것은 학문적 성과를 나타내고, 속이 빈 송편은 마음을 비워 자만하지 말고 겸손할 것을 당부하는 의미가 담겨 있다.

2) 관례

남자는 관례, 여자는 계례(笄禮)인 성년식이 갑오경장 이후 없어졌지만, 남아는 15~20세 때 정월 중에 택일하여 장가를 가지 않았어도 관례를 행하였다. 관례날을 택일하고 이삼일 전에 사당에 고유(告由)하는데, 제수는 주(酒), 과(果), 포(脯) 또는 해(醢) 등 간소하게 차린다. 현재는 민법상으로 20세를 성년으로 하며, 성년식은 5월 셋째 주 월요일을 성년의 날로 정하고 있다.

3) 혼례

혼례는 육례(六禮)라 하여 여섯 단계의 절차를 거쳐 진행될 정도로 중요한 통과의례였다. 전통혼례는 보통 혼담, 사주, 택일, 납폐, 예식, 신행 등 6단계로 치러졌으나, 조선시대에는 주자가례 등의 영향으로 그 용어가 더 어렵고 까다롭게 불리기도 했다. 그중에서도 신랑 측으로부터 함을 받는 납폐(納幣)의식에서는 꼭 봉치떡(봉채떡)을 하는 풍습이 있었다. 봉치떡은 찹쌀 3되와 붉은팥 1되로 2켜의 시루떡을 안치고 그 위 중앙에 대추 7알을 방사형으로 올려 찐 찹쌀시루떡이다. 신부집은 함이 들어올 시간에 맞춰 대청에 북향으로 돗자리를 깔고 상을 놓는다. 상 위에는 붉은색 보를 덮은 뒤 떡시루를 엎어 기다리다가 함이 들어오면 시루 위에 올리고 북향재배한 후 함을 열어보는 것이 절차였다. 봉치떡의 찹쌀은 부부 간의 금슬을, 붉은팥에는 액막이를, 떡 2켜는 부부 한 쌍을, 대추 7알은 아들 7명을 의미한다.

또 혼례식 당일의 혼례상에는 달떡과 색떡이 올랐다. 달떡은 둥글게 빚은 절편으로 21개씩 쌓아 두 그릇을 올렸는데, 보름달처럼 가득 채우며 밝게 살라는 의미를 지녔다. 색떡도 여러 가지 색으로 물들인 절편을 암·수탉 모양으로 쌓아 신랑 신부를 의미했다. 이외에도 초례(醮禮, 혼례식)를 치른 신랑에게 신부 집에서 큰상을 차려주고 폐백을 행한 신부한테 시부모도 큰상을 차려주었는데, 이때도 여러 가지 떡으로 신랑·신부를 환영하였다. 신부집에서 보내는 이바지 음식에도 떡은 빠지지 않았는데 주로 인절미와 절편을 만들어 푸짐하게 보냈다.

❸ 회갑, 회혼례 떡의 종류 및 의미

1) 회갑

태어난 지 60년이 되어 '육십갑자'가 다시 시작되는 해의 생일을 회갑(回甲) 또는 환갑(還甲)이라 한다. 평균 수명이 60세가 되지 않던 시기의 회갑은 대단히 경사스러운 일이어서 자손들로부터 축하를 받고 가족 전체를 모아 잔치를 벌였다. 회갑연에 차리는 상차림을 큰상이라 하는데 혼례와 70세를 기념하는 희수연(稀壽宴)에도 이 상차림을 했다.

큰상차림은 가문과 지역 또는 계절에 따라 약간씩 다르지만 대부분 과정류와 생실과, 떡, 전과류, 편육류, 전류, 건어물류, 건과류, 육포, 어포 등을 30~60cm까지 원통형으로 괴고 색상을 맞추어 2~3열의 줄로 배열한다. 이때의 상차림을 높이 고인다 해서 고배상

(高排床) 또는 바라보는 상이라 해서 망상(望床)이라고도 불렀다.

회갑연에 사용되는 떡은 갖은 편이라 하여 백편, 꿀편, 승검초편을 주로 만드는데 이때 만들어진 편을 직사각형으로 크게 썰어 편틀에다 차곡차곡 높이 괸 다음 화전이나 주악, 각종 고물을 묻힌 단자 등을 웃기로 예쁘게 얹었다. 인절미 등도 층층이 괸 다음 주악, 부꾸미, 단자 등을 얹어 웃기로 장식하기도 했다. 조선시대의 큰상차림은 여러 가지 떡을 맛있고 화려하게 만들 필요성을 느끼게 했고, 이로 인해 떡은 더 다양하게 발전할 수 있었다.

2) 회혼례

회혼례는 백년가약을 맺은 지 60년이 되는 날을 축하하는 잔치로 자손들이 모두 생존해 있어야만 치를 수 있었다. 부부가 명이 길어 회혼례를 하는 경우는 극히 드문 일로 모두가 부러워하는 잔치였다. 혼례와 똑같이 예를 올리지만 자식들이 일가친척을 초대하여 가무를 하고 헌수를 한다. 또한 고배상도 혼례상처럼 차리고 고배례를 거행한 후에는 고임으로 준비한 수연상(壽宴床)에 부부가 같이 자리 잡고 앉아 절을 받는다. 마른 과일로 만수무강의 글을 새기고 오래오래 사시기를 기원한다.

4 상례, 제례 떡의 종류 및 의미

1) 상례

고인이 된 조상들을 추모하여 자손들이 올리는 의식이 제례이다. 제례에 올리는 상차림은 지역이나 가문에 따라 그 예법이 다른데 떡 종류로는 시루떡과 편류가 주류를 이루고, 인절미 등도 사용되었다. 붉은팥 고물은 귀신을 쫓는다 하여 제례에는 사용하지 않는 풍습이 있으나, 지역에 따라서는 설·추석 등의 차례와 제례에 팥시루떡을 올리기도 한다.

2) 제례

제사는 유교문화를 상징하는 트레이드마크로 우리들 머릿속에 깊숙이 각인된 의례(儀禮)이다. 봉제사(奉際祀), 접빈객(接賓客)이라는 말에서 보듯이 예로부터 제사는 집안에서 가장 신경을 써야 하는 의례였다. 이러다 보니 제사는 종종 유교문화뿐만 아니라 한국의 전통문화를 상징하는 대표적인 기표 역할을 하기도 한다. 제사에는 설기떡을 하지 않고, 녹두 백편, 거피팥 백편, 흑임자 백편 등을 하여 편 틀에 포개어 고이고 주악, 단자 등을 웃기로 얹는다.

또한 유밀과를 많이 진설하였는데, 본래 불교의 소찬으로 발달하게 된 유밀과는 특히 불교의 전성기였던 고려시대에는 살생 금지로 생선이나 고기류 대신 올려지던 아주 중요한 제향 음식이었기 때문에 지금까지도 이러한 전통이 이어지고 있는 것이다. 그 외 매작과, 강정, 산자 등도 많이 사용하였고, 다식 또한 이들 못지않게 중요한 제례음식 중 하나이다. 그러나 제례에는 축의연 때와는 달리 무채색에 가까운 송화다식, 흑임자다식, 쌀다식만을 올린다.

출제예상문제

01 다음 중 통과의례(通過儀禮) 의식이라고 볼 수 없는 것은?

① 출생 ② 이혼

③ 상례 ④ 성년식

해설 이혼은 혼인의 본래적 목적인 부부의 영속적 공동생활을 파기하고 사회 기초단위인 가족의 해체를 초래하는 현상이다.

02 의식이나 잔치에 쓰는 음식을 높이 쌓아 올린 상의 이름으로 틀린 것은?

① 고임상 ② 고배상

③ 망상 ④ 입맷상

해설 입맷상은 잔치 때 큰상을 받기 전에 먼저 간단히 차려 대접하는 음식상으로 대체로 국수장국상으로 차린다.

03 우리나라에서 전통적으로 내려오는 혼인의 여섯 가지 예법인 '육례(六禮)'에 해당하지 않는 것은?

① 관례 ② 향례

③ 상견례 ④ 납폐의례

해설 관례(冠禮), 혼례(婚禮), 상례(喪禮), 제례(祭禮), 향례(鄕禮), 상견례(相見禮)를 말한다.

04 다음의 관례에 관한 설명으로 잘못된 것은?

① 남자는 관례, 여자는 계례를 행한 뒤

에야 사회적 지위가 보장되었으며, 갓을 쓰지 못한 자는 아무리 나이가 많아도 언사에 있어 하대를 받았다.

② 빈은 관을 씌우면서 "좋은 날을 받아 처음으로 어른의 옷을 입히니, 너는 어린 마음을 버리고 어른의 덕을 잘 따르면 상서로운 일이 있어 큰 복을 받으리라"는 식의 축복을 내버린다.

③ 여자는 계례라 하여 18세 이상이 되면 어머니가 주관하여 쪽을 찌고 비녀를 꽂아주는 것으로 끝난다.

④ 상중을 피해 음력 정월 중의 길일을 잡아 행하고, 관례가 끝나면 자가 수여되고 사당에 고한 뒤 참석자들에게 절을 한다.

해설 계례는 여자가 혼례 때 쪽을 찌어 올리고 비녀를 꽂는 의례이다.

05 혼례 때 상에 내놓거나 이바지 음식으로 예로부터 입마개 떡이라고 부르는 떡은?

① 인절미 ② 가래떡

③ 절편 ④ 호박시루떡

해설 인절미는 혼례 때 상에 올리거나 사돈댁에 이바지로 보내는 떡으로 찰기가 강한 찹쌀떡이기에 신랑신부가 인절미의 찰기처럼 잘 살라는 뜻이 들어 있다. 또한 시집간 딸이 친정에 왔다가 돌아갈 때마다 '입마개떡'이라고 하여 크게 만든 인절미를 들려 보내는 것은 시집에서 입을 봉하고 살라는 뜻과 함께 시집 식구들에게 비록 내 딸이 잘못한 것이 있더라도 이 떡을 먹고 너그럽게 봐달라는 뜻이 담겨 있다.

06 혼례와 관계되는 떡으로 옳지 않은 것은?

① 봉치(봉채)떡
② 붉은팥 찰수수경단
③ 용떡
④ 달떡

해설 붉은팥 찰수수경단은 찰수수 가루를 익반죽해서 끓는 물에 삶아낸 후 찬물에 냉각시킨 다음 물기를 빼고, 콩가루나 팥고물을 묻힌 떡이다. 특히 백일상, 돌상에 오르는 수수경단에는 붉은 팥고물을 묻히는데 아기로 하여금 액을 면하게 한다는 의미가 있기 때문이다.

07 봉치(봉채)떡에 대한 설명으로 옳지 않은 것은?

① 떡 위에 놓는 대추는 아들을 상징한다.
② 신부집에서 함을 받기 위해서 만드는 떡으로 그날 다 나눠 먹어야 하나 집 밖으로 내보내지 않았다고 한다.
③ 떡을 두 켜로 하는 것은 한쌍의 부부를 뜻한다.
④ 봉치떡은 메시루떡이다.

해설 봉채떡이라고도 하며, 시루에 붉은 팥고물을 올리고 찹쌀가루를 두 켜로 안친 다음 맨 위에 대추와 밤을 둥글게 돌려놓고 함이 들어올 때 시루째 상에 올려놓는 붉은팥 찰시루떡이다.

08 통과의례 의식 중 회혼례(回婚禮)란 무엇인가?

① 예순 살이 되는 해의 생일
② 예순한 살이 되는 해의 생일
③ 예순두 살이 되는 해의 생일
④ 백년가약을 맺은 지 60년이 되는 해

해설 해로(偕老)한 부부가 혼인한 지 예순 돌을 축하하는 기념의례, 또는 기념잔치이다.

09 붉은팥 시루떡에 대한 설명으로 틀린 것은?

① 액을 막아주는 떡으로 많이 사용한다.
② 제례상 또는 차례상에 많이 사용한다.
③ 잡귀를 밀어낸다 하여 고사떡에 사용한다.
④ 집을 짓거나 이사했을 때, 함 받을 때 시루째 올려놓고 탈이 없기를 바란다.

해설 제례상(祭禮床)에는 복숭아와 붉은팥을 쓴 편(얇은 시루떡)을 쓰지 않는 것으로 되어 있다. 언제부터 유래되었는지 모르지만 많은 예서(禮書)에는 둘 다 귀신이 싫어해서 안 쓴다고 한다.

10 다음 중 주로 제사 때 많이 쓰이는 떡은?

① 붉은팥 시루떡
② 거피팥 시루떡
③ 물호박 시루떡
④ 무시루떡

해설 제사 때 많이 쓰는 시루떡의 고물로 사용되는 거피팥은 팥의 한 품종으로 껍질이 얇아 벗기기 쉬우므로 떡고물로 많이 쓴다.

11 회갑(回甲)에 대한 설명으로 옳지 않은 것은?

① 육십갑자의 갑이 돌아왔다는 뜻으로 예순한 살을 이르는 말이다.

② 이때의 상차림을 '고배상' 또는 '망상'이라 불렀다.

③ 회갑연에 사용되는 떡은 갖은 편이라 하였고, 웃기떡으로 장식하였다.

④ 화려한 떡들이 많이 올라 조선시대에는 회갑상을 금하기도 하였다.

해설 ▶ 1980년대 중반 이후 산업화가 가속화되면서 화려한 환갑잔치는 하지 않고, 가족 중심으로 부모와 함께 여행을 가거나 부모님만 기념여행을 보내드리는 방식으로 풍속이 점차 바뀌고 있다.

12 회갑연(回甲宴)에 사용되는 갖은 편이 아닌 것은?

① 부꾸미 ② 백편

③ 승검초편 ④ 꿀편

해설 ▶ 회갑연에는 백편, 승검초편, 꿀편 등의 다양한 떡들을 고배상에 올렸다.

13 고사를 지내거나 이사를 할 때 잡귀로부터 액을 피할 수 있다는 '주술적인 의미'를 가진 떡은?

① 붉은팥 시루떡

② 거피팥 시루떡

③ 녹두고물 시루떡

④ 흑임자 시루떡

해설 ▶ 이사할 때 잡귀나 부정을 쫓는다는 주술적 의미를 가진 붉은빛의 팥은 예로부터 도깨비와 같은 귀신을 물리치는 신성한 곡식이었다.

14 책례(세책례)는 아이가 서당에 다니면서 책을 한 권씩 뗄 때마다 행하던 의례이다. 책례음식으로 만든 떡은?

① 작은 오색송편 ② 노비송편

③ 왕송편 ④ 오려송편

해설 ▶ 책례는 아이가 서당에서 어려운 책을 한 권씩 배우고 마칠 때마다 이를 축하해 주고 앞으로 더욱 학문에 정진하라는 격려의 의미로 행하는 의례이다. 작은 모양의 속이 꽉 찬 오색송편과 속을 비운 송편을 주로 만들었다. 속이 찬 떡은 학문적 성장을 추구하는 뜻이고, 속을 비운 송편은 마음과 뜻을 넓게 가져 바른 인성을 갖추기를 기원하는 겸손의 의미가 함께 담겨 있다.

15 백일떡에 대한 설명으로 틀린 것은?

① 백설기는 떡의 색에 신성한 의미를 두어 아이가 순수 무구한 삶을 살기를 바라는 뜻이 있다.

② 붉은팥 차수수 경단은 붉은색을 싫어하는 귀신을 막아 액을 물리친다는 의미가 있다.

③ 오색송편은 속이 꽉 찬 사람이 되라는 의미로 반드시 속을 꽉 채워 만들었다.

④ 백일떡은 백 집에 나눠주어야 아이가 장수하고 복을 받는다고 생각했다.

해설 ▶ 책례 음식으로 만들어 먹은 것은 오색송편이다.

16 다음 중 순진무구(純眞無垢)하게 자라라는 뜻의 돌떡으로 적합한 떡은?

① 녹두편 ② 거피팥 찰편

③ 백설기 ④ 무지개떡

해설 흰무리라고도 하며, 17세기경 많은 음식조리서가 등장하였는데 백설기의 명칭은 『규합총서』에 기록되어 있다. 티 없이 깨끗하여 신성한 음식이란 뜻에서 아기의 삼칠일, 백일, 돌의 대표적인 음식이다.

17 아이들 생일 떡으로 사용되는 수수경단의 의미로 옳은 것은?

① 잡귀를 막아 아이가 건강하게 자라도록 한다.

② 조상의 음덕(陰德)으로 아이의 장래에 복을 기원한다.

③ 팥의 붉은 기운이 아이를 튼튼하게 자랄 수 있게 한다.

④ 수수와 팥의 영양분을 섭취해 무병장수를 꾀한다.

해설 수수경단은 붉은 팥고물을 묻히는데 팥의 붉은색이 액을 면하게 한다는 의미가 있다.

18 돌 상차림에 대한 설명으로 잘못된 것은?

① 새로 마련한 밥그릇과 국그릇에 흰밥과 미역국을 담고 푸른나물과 다양한 색의 과일도 준비한다.

② 떡은 백설기, 붉은팥 고물, 차수수경단, 오색송편, 인절미, 무지개떡을 준비한다.

③ 여아의 경우 화살 대신 색지·가위·실패 등을 놓는다.

④ 아기의 장수를 기원하는 국수를 내놓는다.

해설 돌상에는 백설기·수수팥떡·경단·대추·과일·쌀·국수·책·붓·먹·벼루·무명실·활(여자아이는 자) 등으로 상을 차린다.

19 돌떡에 대한 설명으로 옳지 않은 것은?

① 멥쌀가루에 물 또는 설탕물을 내려서 시루에 안쳐 깨끗하게 찐 한국 전래의 시루떡이다.

② 인절미는 찰기가 있는 음식이므로 끈기 있고 마음이 단단하라는 뜻이 담겨 있다.

③ 무지개떡은 무지개가 꿈을 상징하므로 소원을 성취하라는 뜻이 담겨 있다.

④ 백설기는 백 집이 나누어 먹어야 아기의 장래를 기대할 수 있다.

해설 백일 떡은 백 집에 나누어 먹어야 아이가 무병장수하고 복을 받는다는 속설이 있어 이웃과 나누어 먹었다.

20 통과의례의식에 사용되는 떡을 잘못 연결한 것은?

① 백일-백설기, 붉은팥 고물, 차수수경단, 오색송편

② 혼례-봉채떡, 달떡, 색떡

③ 회갑-백편, 꿀편, 승검초편

④ 제례-녹두고물편, 거피팥 고물편, 붉은팥 고물편

해설 붉은팥 고물편은 제사 때는 사용하지 않고, 고사지낼 때와 이사할 때, 함 받을 때 등 우리 조상이 가장 즐겨 먹은 떡이다.

21 찹쌀가루를 익반죽하여 삶아 친 다음 적당한 크기로 빚어 소를 넣고 꿀을 발라 고물을 묻힌 떡은?

① 단자　　　　② 경단

③ 닭알떡　　　④ 인절미

해설 단자는 찹쌀로 만들어 속에 소(팥, 밤, 깨)를 넣고 밤톨만큼씩 둥글게 빚어 꿀을 발라 고물을 묻힌 떡이다.

22 찹쌀가루 익반죽에 꿀을 넣어 버무린 깨나 대추를 넣고, 송편모양으로 작게 빚은 뒤 기름에 튀겨내어 집청 시럽에 담갔다가 쓰는 웃기떡은?

① 꿀 송편 　　② 단자
③ 주악 　　④ 경단

해설 씨를 발라낸 대추를 잘게 썰어서 찹쌀가루와 함께 반죽하여 만든 대추주악이 있다.

23 한 살부터 열 살이 되기까지 아이에게 액운이 찾아오지 못하게 하고, 아이의 건강을 기원하는 의미가 담겨 있는 의미로 해주던 떡은?

① 팥시루떡
② 수수팥떡
③ 붉은팥 수수경단
④ 수수부꾸미

해설 붉은팥 수수경단은 아이가 10살이 될 때까지 생일이나 책례에 반드시 해주는 풍속이 있었다.

24 서속떡의 이름과 관련이 있는 곡물은?

① 기장과 조 　　② 보리와 콩
③ 메밀과 귀리 　　④ 팥과 수수

해설 서속(黍粟) 즉, 조와 기장을 가리키는 것에서 그 이름이 유래되었다. 쌀이 귀하던 시절 잡곡을 이용해서 떡을 만들었는데, 서속떡 역시 그런 연유로 생겨난 떡이라 추측된다.

25 산승에 대한 설명 중 옳지 않은 것은?

① 찹쌀가루에 꿀을 넣고 익반죽한 뒤 세뿔모양으로 둥글게 빚어 기름에 지진 떡이다.
② 『음식방문』, 『시의전서』에 만드는 방법이 나와 있다.
③ 찹쌀가루에 된장과 깨소금, 후추 등으로 양념하여 지진 떡이다.
④ 독특한 형태의 전병으로 잔치 산승은 작게 만들었다.

해설 산승은 찹쌀가루 반죽한 것을 동그랗게 빚어 세 발 또는 네 발 모양으로 만들어 지지는 떡으로 너무 지지면 그 모양이 일그러지므로 살짝 지진다. 여러 가지 색으로 만들기도 한다.

정답 　NCS 떡제조기능사 필기실기

01 ② 　02 ④ 　03 ④ 　04 ③ 　05 ① 　06 ② 　07 ④ 　08 ④ 　09 ② 　10 ②
11 ④ 　12 ① 　13 ① 　14 ① 　15 ③ 　16 ③ 　17 ① 　18 ③ 　19 ④ 　20 ④
21 ① 　22 ③ 　23 ③ 　24 ① 　25 ③

제4절 향토떡

1 전통 향토떡의 특징

남북으로 길게 뻗은 우리나라는 지역적으로 계절의 변화가 다르고 생산되는 곡물도 조금씩 차이가 있다. 따라서 지역마다 향토색 짙은 음식이 발달되어 왔는데, 떡도 예외는 아니어서 그 지역을 대표하는 떡들이 많이 있다.

1) 서울

서울은 조선시대 초기부터 500년 이상 도읍지였으므로 아직도 서울음식은 조선시대 음식풍습이 남아 있어 떡의 종류도 많고 모양도 화려하다는 특징이 있다. 대표적인 떡으로는 각색편, 느티떡, 약식, 상추떡, 각색 단자 등이 있고, 조과(造果)로는 매작과, 약과, 각색 다식, 각색 엿강정, 각색정과가 있다.

2) 경기도

개성이 고려시대의 수도였던 까닭에 그 당시의 음식솜씨가 남아 있어 서울, 전주와 더불어 호화롭고 화려한 지역이다. 대표적인 떡으로는 여주산병, 배피떡, 개성우메기, 개성주악, 조랭이떡, 강화 근대떡, 쑥 버무리떡, 수수도가니 등이 있고, 조과로는 개성약과가 아주 유명하다.

3) 강원도

바다를 끼고 있는 영동과 산간지역인 영서지역의 떡이 다르게 발전했다. 대표적인 떡으로는 감자시루떡, 감자녹말송편, 감자경단, 감자부침, 감자투생이 등 감자떡류가 많고 모싯잎송편, 밀비지, 밀경떡, 쑥굴레, 옥수수시루떡, 옥수수설기, 옥수수보리개떡, 메밀총떡, 도토리송편, 칡송편, 망개떡 등이 있다.

4) 충청도

양반과 상민의 떡으로 구분되어 발달하였다. 대표적으로 증편과 해장떡이 있는데 증편은 익반죽한 쌀가루를 막걸리로 발효시켜 찐 떡이고, 해장떡은 뱃사람들이 주로 먹었던 인절미로 손바닥 크기의 인절미에 붉은팥 고물을 묻혀 먹던 떡이다. 이외에도 곤떡, 모듬뱅이(쇠머리떡), 호박떡, 호박송편, 햇보리개떡 등이 있었으며, 산간지역에서는 감자떡, 칡개떡, 도토리떡을 만들어 먹기도 했다. 곤떡은 찹쌀가루를 반죽하여 둥글게 빚어 지초를 추출해 낸 붉은 기름으로 지져낸 충청도 지방의 특색 있는 떡이다. 색과 모양이 곱다 하여 처음에는 고운떡으로 불리다가 차차 곤떡으로 불리게 되었다. 붉고 화려한 색상으로 인해 잔칫상 편(片)의 웃기로 주로 사용되었다.

5) 전라도

곡창지대인 만큼 쌀과 기타 농산물이 풍부하여 떡의 종류도 많고 사치스러울 정도로 맛깔스럽게 발전하였다. 대표적인 떡에는 타 지역에서 찾아보기 힘든 깨시루떡을 비롯하여 주악, 감단자, 꽃송편, 구기자떡, 모시떡, 수리취떡, 차조기떡, 풋호박떡, 보리떡, 밀기울떡, 콩대기떡 등이 있으며, 도시에 따라 전주 경단, 해남 경단이 다르게 만들어지기도 했다.

6) 경상도

경상도 내에서는 고장마다 떡이 다르게 발전했는데 상주·문경 지역에서는 밤·대추·감으로 만든 설기떡을 많이 해 먹었으며, 종가가 많은 안동·경주 지역에서는 제사상에 떡을 고여 올리는 '본편'(쌀가루에 물을 내려 고물을 얹어 찌는 점이 재래의 '편떡'과 같음)이 있다. 멥쌀로 흰떡을 만들어 납작하게 늘린 다음 그 위에 꿀에 잰 팥을 놓고 반죽을 접어 팥을 감춘 뒤 반달 모양으로 눌러 찍어낸 밀비지, 밤과 대추, 콩과 팥을 섞어 시루에 찌는 만경떡(모듬백이, 영양떡), 찹쌀가루 반죽한 것을 동그랗게 빚은 다음 쪄서 채 썬 대추를 무쳐 꿀에 재서 먹는 잡과편, 찹쌀반죽에 깨와 밤을 꿀에 개어 소를 넣고 빚어 삶아 잣가루에 굴린 잣구리, 밀양 지방에서는 각색편의 웃기로 쓰는 부편, 보통 경단처럼 만들어서 고물을 곶감채로 한 밀양경단, 일반 송편처럼 만들지만 찔 때는 솔잎 대신 망개잎을 깔고 찌는 거창송편, 찹쌀가루를 쪄서 치대어 거피팥소를 넣고 빚어 청미래 덩굴잎 사이에 넣어 찐 망개떡이다. 이 떡은 청미래 덩굴잎의 향이 떡에 배어 상큼한 맛이 나는 데다가 여름에 잘 상하지 않는다. 그 외 결명자 찹쌀부꾸미, 유자잎 인절미, 호박범벅, 곶감화전, 주걱떡, 쑥굴레, 잣구리 등이 있다.

7) 제주도

제주도는 섬이라 쌀보다 잡곡이 흔하여 메밀, 조, 보리, 고구마 등이 떡의 재료로 사용되었으며, 다른 지방에 비해 떡이 귀해 제사 때만 사용되었으므로 떡 종류도 적다. 또 고구마를 '감제'라고 부르며 대표적인 떡으로는 절편을 반달 모양으로 만든 곤떡, 둥글게 만든 달떡이 있고, 정월 대보름날 마을 사람들이 쌀을 모아 빻아 한 사람이 1인분씩 가루를 안치고 켜마다 이름을 써 넣어 시루에 쪄서 그해의 운을 점치는 도돔떡, 메밀가루에 무채를 소로 넣고 돌돌 말아 부친 빙떡, 날고구마를 썰어서 말려 송편처럼 빚은 빼때기떡(감제떡), 밀가루에 술을 넣고 부풀려 찐빵처럼 쪄서 만드는 상애떡, 차조 가루를 둥글게 빚어 가운데 구멍을 내어 찐 다음 볶은 콩가루에 묻힌 오메기떡 등이 대표적이다.

8) 황해도

평야지대가 넓어 곡물 중심의 떡이 발달하였다. 인심도 후하여 떡의 모양도 비교적 푸짐하게 만들어졌는데 대표적인 떡으로는 큰송편과 오쟁이떡, 혼인절편, 연안인절미 등이 있다. 이외에도 메시루떡, 무설기, 잡곡떡, 마살떡, 수리취인절미, 닭알범벅, 찹쌀부치기, 잡곡부치기, 징편, 꿀물경단, 수레비떡, 장떡, 수수무살리 등이 있다.

9) 평안도

각종 곡물과 과일 등이 고루 생산되는 지역이고 대륙과 가까워 크고 소담스런 떡들이 발달했다. 대표적인 떡으로는 조개송편, 감자시루떡, 강냉이골무떡, 찰부꾸미, 노티 녹두지짐, 노티떡, 송기절편, 송기개피떡, 골미떡, 꼬장떡, 니도래미, 뽕떡, 무지개떡 등이 있다.

10) 함경도

산악지대이고 기온이 낮아 주로 잡곡 위주의 떡이 만들어졌다. 특별한 장식 없이 소박하게 만들어진 떡이 주류를 이루고, 대표적인 떡으로는 가랍떡과 언 감자송편, 기장인절미, 오그랑떡, 귀리절편, 괴명떡, 콩떡, 깻잎떡, 찹쌀구이(찹쌀가루를 익반죽하여 둥글넓적하게 빚은 후 번철에 지지다가 단팥소를 넣고 김말이 하듯이 말아준 떡) 등이 있다.

② 향토떡의 유래

향토떡이란 그 지방에서 생산되는 재료를 그 지방의 조리법으로 조리하여 과거로부터 현재까지 그 지방의 사람들이 먹고 있는 그 지방만의 특유한 떡이라 할 수 있다.

그 고장의 자연환경과 역사적·사회적 환경에 영향을 받으며 정착된 그 지역의 고유한 토착음식을 말하는 것으로 풍토적 특성과 역사적 전통이 있으며, 그 고장이 아니면 만들어질 수 없는 특별한 맛을 가지므로 향토문화의 격조를 대변한다고 할 수 있다.

출제예상문제

01 황해도 지방의 향토떡으로 옳지 않은 것은?

① 혼인인절미　② 닭알범벅
③ 오쟁이떡　④ 꼬장떡

해설 황해도 지역의 향토떡으로는 혼인인절미, 오쟁이떡, 닭알범벅, 큰송편, 무설기떡, 징편 등이 있다. 징편은 증편의 황해도 방언이다.

02 제주 지역의 향토떡으로 옳지 않은 것은?

① 오메기떡　② 빼대기떡
③ 모시떡　④ 달떡

해설 제주 지역의 향토떡으로는 오메기떡, 도돔떡, 빼대기떡, 빙떡, 상애떡(상화병), 돌레떡(경단), 달떡 등이 있다.

03 떡의 발달과 관련한 그 지역의 특성으로 옳지 않은 것은?

① 제주도는 물이 귀하고 논이 적어 다른 지방에 비해 떡이 귀했고 주로 쌀보다는 곡물을 이용해 만들었다.
② 함경도는 산악지대이고 기온이 낮아 주로 잡곡 위주의 떡이 만들어졌다. 특별한 장식 없이 소박하게 만들어진 떡이 주류를 이룬다.
③ 평안도는 대륙과 가까워 진취적인 지역의 특성이 떡에도 잘 나타난다. 떡이 아주 작고 소담스럽다.

④ 황해도는 넓은 평야지대로 곡물 중심의 떡이 다양하게 발달하였다. 인심도 후하여 모양과 크기도 푸짐하게 만들었다.

해설 평안도는 산세가 험하고 평야가 넓어서 밭곡식, 어물, 산채 등이 풍부하며, 예로부터 중국과 교류가 빈번한 지역이기 때문에 성품이 진취적이고 대륙적인 성향이 있어 음식의 모양이 크고 먹음직스러운 것이 특징이다.

04 서울·경기 지역의 향토떡으로 옳은 것은?

① 조개송편, 찰부꾸미, 송기떡
② 모싯잎송편, 쑥굴레, 잣구리
③ 개성주악(우메기), 상추시루떡, 여주산병
④ 수리취절편, 고치떡, 호박시루떡

해설 서울·경기 지역의 향토떡은 여주산병, 배피떡, 개성우메기, 강화근대떡, 각색경단 등이다.

05 충청도 지역의 향토떡으로 찹쌀가루를 익반죽하여 동글납작하게 빚어 지초를 넣고 끓인 기름에 지진 떡은?

① 달떡　② 부꾸미
③ 곤떡　④ 주악

해설 곤떡은 지초를 추출해 낸 붉은 기름으로 지져내어 색과 모양이 특히 곱다 하여 처음에는 고운떡으로 불리다가 차차 곤떡으로 불리게 되었다.

06 충청도 지방의 향토떡으로 찹쌀가루에 된장과 고추장이 들어가 구수하고 쫄깃한 맛을 내는 떡은?

① 신과병　　② 노티떡
③ 장떡　　　④ 오메기떡

해설 ▶ 장떡은 지역마다 특색이 있는데 충청도 장떡은 찹쌀가루에 된장과 고추장, 다진 파와 마늘을 넣고 둥글게 빚어 살짝 말렸다가 지진다.

07 끓는 물에 삶아서 집청 시럽에 넣었다가 경앗가루에 묻혀 담고 꿀물에 집청하여 만드는 경단은 어느 지방의 향토떡인가?

① 개성　　② 평양
③ 진주　　④ 전주

해설 ▶ 개성 지방에서 걸쭉한 팥물에 담가서 먹는 아주 독특한 떡이다.

08 고치떡의 설명으로 옳지 않은 것은?

① 전라도 지방의 향토떡이며, 여러 색을 들여 누에고치 모양으로 만든 떡이다.
② 막 잠이 든 누에를 잠박에 올려 고치 짓기를 기다리며 만들던 떡이다.
③ 양잠의 좋은 성과를 기원하고 그동안의 노고를 위로하여 만드는 떡이다.
④ 고치떡은 찹쌀가루로 만든다.

해설 ▶ **누에고치** 모양으로 만든 떡이다. 전라도 지방에서 양잠을 독려하는 뜻으로 누에가 **고치** 짓기를 기다리면서 만들어 먹던 것이다. 멥쌀가루에 백년초, 치자, 쑥가루 등으로 다양한 색을 내며 소를 넣지 않고 만든다.

09 제주도의 오메기떡에 대한 설명 중 옳지 않은 것은?

① 차좁쌀 가루와 멥쌀가루를 섞어서 만든다.
② 차좁쌀 가루에 끓는 물을 넣어 익반죽한다.
③ 반죽을 20g씩 떼어 둥글납작하게 빚고, 가운데 구멍을 낸다.
④ 삶다가 떠오르면 찬물을 약간 넣어 다시 떠오르면 건진다.

해설 ▶ 차좁쌀 가루를 익반죽하여 둥글게 빚은 뒤 가운데 구멍을 내어 삶아낸 떡이며, 제주 고유의 오메기 술을 만드는 술밥으로 사용된다.

10 다음 중 삶는 떡이 아닌 것은?

① 닭알떡　　② 부편
③ 단자　　　④ 오메기떡

해설 ▶ 부편은 찹쌀가루를 익반죽한 뒤 노란 콩가루와 꿀, 계핏가루를 소로 넣고 타원형으로 둥글게 빚어 그 위에 대추를 얹어 쪄낸 떡이다. 밀양 지방에서 즐겨 먹으며 각색편의 웃기로 사용되어 있다.

11 다음은 평안도 지방의 향토떡인 노티(놋치)떡에 대한 설명이다. 옳지 않은 것은?

① 추석 명절쯤 만들어 성묘 때도 쓰고 일 년 내내 두고 간식으로 먹는 떡이다.
② 기장이나 수수를 찹쌀에 섞기도 한다.
③ 설날에 만들어 보름 때까지 먹는 떡이다.

④ 먼 길 떠날 때 선물하며, 번철에 지지는 떡이다.

해설 노티(놋치)떡은 찹쌀가루와 찰기장가루ㆍ찰수수가루를 익반죽한 뒤 엿기름을 넣고 삭혀서 번철에 지져낸 것으로 과자에 가까운 독특한 맛을 낸다. 오래 두고 먹을 수 있는 평안도 지방의 유명한 향토떡이다. 평양에서는 추석 전날 달밤에 노티떡을 만들어 가까이 지내는 사람들에게 귀한 선물로 보내기도 하고 멀리 유학 간 자녀들에게 보낼 정도로 오래 두고 먹을 수 있는 떡이었다고 한다.

12 다음 중 프라이팬에 지지는 떡으로만 묶인 것은?

① 수수부꾸미, 부편, 섭전
② 국화전, 개성주악, 개성경단
③ 웃지지, 감떡, 오메기떡
④ 빙자병, 차조기전병, 노티떡

해설 빙자병은 햇녹두를 갈아 팥소나 밤소를 가운데 놓고 둥글게 지져낸 떡(유전병)으로 조선시대 중엽부터 만들었던 떡이고, 차조기전병은 차조기잎을 썰어 찹쌀가루에 섞은 다음 반죽하여 번철에 지진 떡이며, 찹쌀가루나 밀가루를 주재료로 이용해서 만든다.
노티떡은 불려둔 찰기장을 가루내어 엿기름가루와 섞어 찐다. 쪄낸 떡에 다시 엿기름을 솔솔 뿌리면서 손으로 주물러 삭힌 다음, 기름 두른 번철에 조금씩 떠놓고 약한 불로 지진다.

13 재증병(再蒸餅)에 대한 설명 중 옳지 않은 것은?

① 얼음처럼 투명해 보인다고 해서 어름송편이라고도 한다.
② 흰떡을 만들어 친 다음, 소를 넣어 송편 모양으로 빚고 다시 찐다.
③ 익힌 쌀가루를 친 다음 다시 빚어 찐다는 의미이다.
④ 식으면 딱딱하다.

해설 재증병은 멥쌀가루를 쪄서 절구에 넣고 한번 치대다가 그 반죽을 꺼내 소를 넣고 송편 모양으로 빚은 후 한 번 더 쪄준 떡으로 보드랍고 쫄깃쫄깃하다.

14 곤떡을 바르게 설명한 것은?

① 찹쌀가루를 익반죽하여 지초기름으로 지진 떡이다.
② 개성 지역의 서민들이 밀가루 반죽으로 쪄먹던 떡이다.
③ 보릿가루에 파, 간장, 참기름을 반죽한 후 찐 떡이다.
④ 멥쌀가루에 경앗가루를 넣어 지진 떡이다.

해설 화전을 만들 때 지초를 넣고 끓인 기름으로 지지면 떡의 색이 고운 색이 되어 곤떡이라 불렀다.

15 충청도 지역의 향토떡에 대한 설명으로 옳지 않은 것은?

① 찹쌀, 호박, 콩을 넣어 쇠머리떡을 많이 만들었다.
② 감자와 옥수수가 풍부하여 감자떡과 옥수수떡을 많이 만들었다.
③ 버섯, 칡, 도토리를 이용하여 떡을 많이 만들었다.
④ 호박을 이용하여 떡을 많이 만들었다.

해설 강원도 지역에서는 감자, 옥수수가 많이 생산되어 감자떡, 감자송편, 옥수수설기 등을 많이 만들었다.

정답

01 ④ 02 ③ 03 ③ 04 ③ 05 ③ 06 ③ 07 ① 08 ④ 09 ① 10 ②
11 ③ 12 ④ 13 ④ 14 ① 15 ②

01 치는 떡의 표기로 옳은 것은?

① 증병(甑餠)　② 도병(搗餠)

③ 유병(油餠)　④ 전병(煎餠)

02 떡의 영양학적 특성에 대한 설명으로 틀린 것은?

① 팥시루떡의 팥은 멥쌀에 부족한 비타민 D와 비타민 E를 보충한다.

② 무시루떡의 무에는 소화효소인 디아스타아제가 들어 있어 소화에 도움을 준다.

③ 쑥떡의 쑥은 무기질, 비타민 A, 비타민 C가 풍부하여 건강에 도움을 준다.

④ 콩가루인절미의 콩은 찹쌀에 부족한 단백질과 지질을 함유하여 영양상의 조화를 이룬다.

03 떡을 만드는 도구에 대한 설명으로 틀린 것은?

① 조리는 쌀을 빻아 쌀가루를 내릴 때 사용한다.

② 맷돌은 곡식을 가루로 만들거나 곡류를 타개는 기구이다.

③ 맷방석은 멍석보다는 작고 둥글며 곡식을 널 때 사용한다.

④ 어레미는 굵은체를 말하며 지방에 따라 얼맹이, 얼레미 등으로 불린다.

04 떡을 만들 때 쌀 불리기에 대한 설명으로 틀린 것은?

① 쌀은 물의 온도가 높을수록 물을 빨리 흡수한다.

② 쌀의 수침 시간이 증가하면 호화개시 온도가 낮아진다.

③ 쌀의 수침 시간이 증가하면 조직이 연화되어 입자의 결합력이 증가한다.

④ 쌀의 수침 시간이 증가하면 수분함량이 많아져 호화가 잘 된다.

05 쌀의 수침 시 수분흡수율에 영향을 주는 요인으로 틀린 것은?

① 쌀의 품종

② 쌀의 저장 기간

③ 수침 시 물의 온도

④ 쌀의 비타민 함량

06 불용성 섬유소의 종류로 옳은 것은?

① 검　② 뮤실리지

③ 펙틴　④ 셀룰로오스

07 찌는 떡이 아닌 것은?

① 느티떡　② 혼돈병

③ 골무떡　④ 신과병

08 떡 제조 시 사용하는 두류의 종류와 영양학적 특성으로 옳은 것은?

① 대두에 있는 사포닌은 설사의 치료제이다.

② 팥은 비타민 B$_1$이 많아 각기병 예방에 좋다.

③ 검은콩은 금속이온과 반응하면 색이 옅어진다.

④ 땅콩은 지질의 함량이 많으나 필수지방산은 부족하다.

09 인절미나 절편을 칠 때 사용하는 도구로 옳은 것은?

① 안반, 맷방석

② 떡메, 쳇다리

③ 안반, 떡메

④ 쳇다리, 이남박

10 두텁떡을 만드는 데 사용되지 않는 조리도구는?

① 떡살   ② 체

③ 번철   ④ 시루

11 빚는 떡 제조 시 쌀가루 반죽에 대한 설명으로 틀린 것은?

① 송편 등의 떡 반죽은 많이 치댈수록 부드러우면서 입의 감촉이 좋다.

② 반죽을 치는 횟수가 많아지면 반죽 중에 작은 기포가 함유되어 부드러워진다.

③ 쌀가루를 익반죽하면 전분의 일부가 호화되어 점성이 생겨 반죽이 잘 뭉친다.

④ 반죽할 때 물의 온도가 낮을수록 치대는 반죽이 매끄럽고 부드러워진다.

12 병과에 쓰이는 도구 중 어레미에 대한 설명으로 옳은 것은?

① 고운 가루를 내릴 때 사용한다.

② 도드미보다 고운체이다.

③ 팥고물을 내릴 때 사용한다.

④ 약과용 밀가루를 내릴 때 사용한다.

13 떡의 주재료로 옳은 것은?

① 밤, 현미

② 흑미, 호두

③ 감, 차조

④ 찹쌀, 멥쌀

14 떡 조리과정의 특징으로 틀린 것은?

① 쌀의 수침시간이 증가할수록 쌀의 조직이 연화되어 습식제분을 할 때 전분입자가 미세화된다.

② 쌀가루는 너무 고운 것보다 어느 정도 입자가 있어야 자체 수분 보유율이 있어 떡을 만들 때 호화도가 더 좋다.

③ 찌는 떡은 멥쌀가루보다 찹쌀가루를 사용할 때 물을 더 보충하여야 한다.

④ 펀칭공정을 거치는 치는 떡은 시루에 찌는 떡보다 노화가 더디게 진행된다.

15 떡의 노화를 지연시키는 방법으로 틀린 것은?

① 식이섬유소 첨가

② 설탕 첨가

③ 유화제 첨가

④ 색소 첨가

16 얼음 결정의 크기가 크고 식품의 텍스처 품질손상 정도가 큰 저장방법은?

① 완만 냉동　　② 급속 냉동

③ 빙온 냉장　　④ 초급속 냉동

17 떡류의 보관관리에 대한 설명으로 틀린 것은?

① 당일 제조 및 판매 물량만 확보하여 사용한다.

② 오래 보관된 제품은 판매하지 않도록 한다.

③ 진열 전의 떡은 서늘하고 빛이 들지 않는 곳에서 보관한다.

④ 여름철에는 상온에서 24시간까지는 보관해도 된다.

18 약식의 양념(캐러멜 소스) 제조 과정에 대한 설명으로 틀린 것은?

① 설탕과 물을 넣어 끓인다.

② 끓일 때 젓지 않는다.

③ 설탕이 갈색으로 변하면 불을 끄고 물엿을 혼합한다.

④ 캐러멜 소스는 130℃에서 갈색이 된다.

19 설기 제조에 대한 일반적인 과정으로 옳은 것은?

① 멥쌀은 깨끗하게 씻어 8~12시간 정도 불려서 사용한다.

② 쌀가루는 물기가 있는 상태에서 굵은 체에 내린다.

③ 찜기에 준비된 재료를 올려 약한 불에서 바로 찐다.

④ 불을 끄고 20분 정도 뜸을 들인 후 그릇에 담는다.

20 치는 떡이 아닌 것은?

① 꽃절편　　② 인절미

③ 개피떡　　④ 쑥개떡

21 가래떡 제조과정의 순서로 옳은 것은?

① 쌀가루 만들기-안쳐 찌기-용도에 맞게 자르기-성형하기

② 쌀가루 만들기-소 만들어 넣기-안쳐 찌기-성형하기

③ 쌀가루 만들기-익반죽하기-성형하기-안쳐 찌기

④ 쌀가루 만들기-안쳐 찌기-성형하기-용도에 맞게 자르기

22 인절미를 뜻하는 단어로 틀린 것은?

① 인병　　② 은절병

③ 절병　　④ 인절병

23 전통음식에서 약(藥)자가 들어가는 음식의 의미로 틀린 것은?

① 꿀과 참기름 등을 많이 넣은 음식에 약(藥)자를 붙였다.

② 몸에 이로운 음식이라는 개념을 함께 지니고 있다.

③ 꿀을 넣은 과자와 밥을 각각 약과(藥果)와 약식(藥食)이라 하였다.

④ 한약재를 넣어 몸에 이롭게 만든 음식만을 의미한다.

24 멥쌀가루에 요오드 용액을 떨어뜨렸을 때 변화되는 색은?

① 변화가 없음　　② 녹색

③ 청자색　　　　④ 적갈색

25 전통적인 약밥을 만드는 과정에 대한 설명으로 틀린 것은?

① 간장과 양념이 한쪽에 치우쳐서 얼룩지지 않도록 골고루 버무린다.

② 불린 찹쌀에 부재료와 간장, 설탕, 참기름 등을 한꺼번에 넣고 쪄낸다.

③ 찹쌀을 불려서 1차로 찔 때 충분히 쪄야 간과 색이 잘 배인다.

④ 양념한 밥을 오래 중탕하여 진한 갈색이 나도록 한다.

26 백설기를 만드는 방법으로 틀린 것은?

① 멥쌀을 충분히 불려 물기를 빼고 소금을 넣어 곱게 빻는다.

② 쌀가루에 물을 주어 잘 비빈 후 중간체에 내려 설탕을 넣고 고루 섞는다.

③ 찜기에 시루밑을 깔고 체에 내린 쌀가루를 꾹꾹 눌러 안친다.

④ 물솥 위에 찜기를 올리고 15~20분간 찐 후 약한 불에서 5분간 뜸을 들인다.

27 저온 저장이 미생물 생육 및 효소 활성에 미치는 영향에 관한 설명으로 틀린 것은?

① 일부의 효모는 −10℃에서도 생존 가능하다.

② 곰팡이 포자는 저온에 대한 저항성이 강하다.

③ 부분 냉동 상태보다는 완전 동결 상태하에서 효소 활성이 촉진되어 식품이 변질되기 쉽다.

④ 리스테리아균이나 슈도모나스균은 냉장온도에서도 증식 가능하여 식품의 부패나 식중독을 유발한다.

28 찰떡류 제조에 대한 설명으로 옳은 것은?

① 불린 찹쌀을 여러 번 빻아 찹쌀가루를 곱게 준비한다.

② 쇠머리떡 제조 시 멥쌀가루를 소량 첨가할 경우 굳혀서 썰기에 좋다.

③ 찰떡은 메떡에 비해 찔 때 소요되는 시간이 짧다.

④ 팥은 1시간 정도 불려 설탕과 소금을 섞어 사용한다.

29 설기떡에 대한 설명으로 틀린 것은?

① 고물 없이 한 덩어리가 되도록 찌는 떡이다.

② 콩, 쑥, 밤, 대추, 과일 등 부재료가 들어가기도 한다.

③ 콩떡, 팥시루떡, 쑥떡, 호박떡, 무지개떡이 있다.

④ 무리병이라고도 한다.

30 떡류 포장 표시의 기준을 포함하며, 소비자의 알 권리를 보장하고 건전한 거래질서를 확립함으로써 소비자 보호에 이바지함을 목적으로 하는 것은?

① 식품안전기본법

② 식품안전관리인증기준

③ 식품 등의 표시 · 광고에 관한 법률

④ 식품위생 분야 종사자의 건강진단 규칙

31 떡 반죽의 특징으로 틀린 것은?

① 많이 치댈수록 공기가 포함되어 부드러우면서 입안에서의 감촉이 좋다.

② 많이 치댈수록 글루텐이 많이 형성되어 쫄깃해진다.

③ 익반죽할 때 물의 온도가 높으면 점성이 생겨 반죽이 용이하다.

④ 쑥이나 수리취 등을 섞어 반죽할 때 노화속도가 지연된다.

32 재료의 계량에 대한 설명으로 틀린 것은?

① 액체 재료 부피계량은 투명한 재질로 만들어진 계량컵을 사용하는 것이 좋다.

② 계량단위 1큰술의 부피는 15㎖ 정도이다.

③ 저울을 사용할 때 편평한 곳에서 0점 (zero point)을 맞춘 후 사용한다.

④ 고체지방 재료 부피계량은 계량컵에 잘게 잘라 담아서 계량한다.

33 식품 등의 기구 또는 용기 · 포장의 표시기준으로 틀린 것은?

① 재질

② 영업소 명칭 및 소재지

③ 소비자 안전을 위한 주의사항

④ 섭취량, 섭취방법 및 섭취 시 주의사항

34 떡의 노화를 지연시키는 보관 방법으로 옳은 것은?

① 4℃ 냉장고에 보관한다.

② 2℃ 김치냉장고에 보관한다.

③ -18℃ 냉동고에 보관한다.

④ 실온에 보관한다.

35 인절미를 칠 때 사용되는 도구가 아닌 것은?

① 절구 　　　② 안반

③ 떡메 　　　④ 떡살

36 떡 제조 시 작업자의 복장에 대한 설명으로 틀린 것은?

① 지나친 화장을 피하고 인조 속눈썹을 부착하지 않는다.

② 반지나 귀걸이 등 장신구를 착용하지 않는다.

③ 작업 변경 시마다 위생장갑을 교체할 필요는 없다.

④ 마스크를 착용하도록 한다.

37 100℃에서 10분간 가열하여도 균에 의한 독소가 파괴되지 않아 식품을 섭취한 후 3시간 정도 만에 구토, 설사, 심한 복통 증상을 유발하는 미생물은?

① 노로바이러스

② 황색포도상구균

③ 캠필로박터균

④ 살모넬라균

38 위생적이고 안전한 식품 제조를 위해 적합한 기기, 기구 및 용기가 아닌 것은?

① 스테인리스스틸 냄비

② 산성 식품에 사용하는 구리를 함유한 그릇

③ 소독과 살균이 가능한 내수성 재질의 작업대

④ 흡수성이 없는 단단한 단풍나무 재목의 도마

39 화학물질의 취급 시 유의사항으로 틀린 것은?

① 작업장 내에 물질안전 보건자료를 비치한다.

② 고무장갑 등 보호복장을 착용하도록 한다.

③ 물 이외의 물질과 섞어서 사용한다.

④ 액체 상태인 물질을 덜어 쓸 경우 펌프기능이 있는 호스를 사용한다.

40 오염된 곡물의 섭취를 통해 장애를 일으키는 곰팡이독의 종류가 아닌 것은?

① 황변미독 ② 맥각독

③ 아플라톡신 ④ 베네루핀

41 물리적 살균 · 소독방법이 아닌 것은?

① 일광 소독 ② 화염 멸균

③ 역성비누 소독 ④ 자외선 살균

42 썩거나 상하거나 설익어서 인체의 건강을 해칠 우려가 있는 위해식품을 판매한 영업자에게 부과되는 벌칙은? (단, 해당 죄로 금고 이상의 형을 선고받거나 그 형이 확정된 적이 없는 자에 한한다.)

① 1년 이하 징역 또는 1천만원 이하 벌금

② 3년 이하 징역 또는 3천만원 이하 벌금

③ 5년 이하 징역 또는 5천만원 이하 벌금

④ 10년 이하 징역 또는 1억원 이하 벌금

43 다음과 같은 특성을 지닌 살균소독제는?

> - 가용성이며 냄새가 없다.
> - 자극성 및 부식성이 없다.
> - 유기물이 존재하면 살균 효과가 감소된다.
> - 작업자의 손이나 용기 및 기구 소독에 주로 사용한다.

① 승홍　　　　② 크레졸
③ 석탄산　　　④ 역성비누

44 식품영업장이 위치해야 할 장소의 구비조건이 아닌 것은?

① 식수로 적합한 물이 풍부하게 공급되는 곳
② 환경적 오염이 발생되지 않는 곳
③ 전력 공급 사정이 좋은 곳
④ 가축 사육 시설이 가까이 있는 곳

45 식품의 변질에 의한 생성물로 틀린 것은?

① 과산화물　　② 암모니아
③ 토코페롤　　④ 황화수소

46 봉치떡에 대한 설명으로 틀린 것은?

① 납폐 의례 절차 중에 차려지는 대표적인 혼례음식으로 함떡이라고도 한다.
② 떡을 두 켜로 올리는 것은 부부 한쌍을 상징하는 것이다.
③ 밤과 대추는 재물이 풍성하기를 기원하는 뜻이 담겨 있다.
④ 찹쌀가루를 쓰는 것은 부부의 금실이 찰떡처럼 화목하게 되라는 뜻이다.

47 다음은 떡의 어원에 관한 설명이다. 옳은 내용을 모두 선택한 것은?

> 가) 곤떡은 '색과 모양이 곱다' 하여 처음에는 고운떡으로 불리었다.
> 나) 구름떡은 썬 모양이 구름 모양과 같다 하여 붙여진 이름이다.
> 다) 오쟁이떡은 떡의 모양을 가운데 구멍을 내고 만들어 붙여진 이름이다.
> 라) 빙떡은 떡을 차갑게 식혀 만들어 붙여진 이름이다.
> 마) 해장떡은 '해장국과 함께 먹었다' 하여 붙여진 이름이다.

① 가, 나, 마　　② 가, 나, 다
③ 나, 다, 라　　④ 다, 라, 마

48 절기와 절식 떡의 연결이 틀린 것은?

① 정월 대보름-약식
② 삼짇날-진달래화전
③ 단오-차륜병
④ 추석-삭일송편

49 약식의 유래와 관계가 없는 것은?

① 백결선생
② 금갑
③ 까마귀
④ 소지왕

50 아이의 장수복록을 축원하는 의미로 돌상에 올리는 떡으로 틀린 것은?

① 두텁떡　　　② 오색송편
③ 수수팥경단　④ 백설기

51 삼복 중에 먹는 절기 떡으로 틀린 것은?

① 증편　　　② 주악
③ 팥경단　　④ 깨찰편

52 통과의례에 대한 설명으로 틀린 것은?

① 사람이 태어나 죽을 때까지 필연적으로 거치게 되는 중요한 의례를 말한다.
② 책례는 어려운 책을 한 권씩 뗄 때마다 이를 축하하고 더욱 학문에 정진하라는 격려의 의미로 행하는 의례이다.
③ 납일은 사람이 살아가는 데 도움을 준 천지만물의 신령에게 음덕을 갖는 의미로 제사를 지내는 날이다.
④ 성년례는 어른으로부터 독립하여 자기의 삶은 자기가 갈무리하라는 책임과 의무를 일깨워주는 의례이다.

53 중양절에 대한 설명으로 틀린 것은?

① 추석에 햇곡식으로 제사를 올리지 못한 집안에서 뒤늦게 천신을 하였다.
② 밤떡과 국화전을 만들어 먹었다.
③ 시인과 묵객들은 야외로 나가 시를 읊거나 풍국놀이를 하였다.
④ 잡과병과 밀단고를 만들어 먹었다.

54 돌상에 차리는 떡의 종류와 의미로 틀린 것은?

① 인절미-학문적 성장을 촉구하는 뜻을 담고 있다.
② 수수팥경단-아이의 생애에 있어 액을 미리 막아준다는 의미를 담고 있다.
③ 오색송편-우주만물과 조화를 이루며 살아가라는 의미를 담고 있다.
④ 백설기-신성함과 정결함을 뜻하며, 순진무구하게 자라라는 기원이 담겨 있다.

55 각 지역과 향토떡의 연결로 틀린 것은?

① 경기도-여주산병, 색떡
② 경상도-모싯잎송편, 만경떡
③ 제주도-오메기떡, 빙떡
④ 평안도-장떡, 수리취떡

56 약식의 유래를 기록하고 있으며 이를 통해 신라시대부터 약식을 먹어 왔음을 알 수 있는 문헌은?

① 목은집　　② 도문대작
③ 삼국사기　④ 삼국유사

57 삼짇날의 절기 떡이 아닌 것은?

① 진달래화전　② 향애단
③ 쑥떡　　　　④ 유엽병

58 음력 3월 3일에 먹는 시절 떡은?

① 수리취절편   ② 약식
③ 느티떡   ④ 진달래화전

59 떡과 관련된 내용을 담고 있는 조선시대에 출간된 서적이 아닌 것은?

① 도문대작
② 음식디미방
③ 임원십육지
④ 이조궁정요리통고

60 떡의 어원에 대한 설명으로 틀린 것은?

① 차륜병은 수리취절편에 수레바퀴 모양의 문양을 내어 붙여진 이름이다.
② 석탄병은 '맛이 삼키기 안타깝다'는 뜻에서 붙여진 이름이다.
③ 약편은 멥쌀가루에 계피, 천궁, 생강 등 약재를 넣어 붙여진 이름이다.
④ 첨세병은 떡국을 먹음으로써 나이를 하나 더하게 된다는 뜻으로 붙여진 이름이다.

정답 및 해설

01 ②	02 ①	03 ①	04 ③	05 ④	06 ④	07 ③	08 ②	09 ③	10 ①
11 ④	12 ③	13 ④	14 ③	15 ④	16 ①	17 ④	18 ④	19 ①	20 ④
21 ④	22 ③	23 ④	24 ③	25 ②	26 ③	27 ③	28 ②	29 ③	30 ③
31 ②	32 ④	33 ④	34 ③	35 ④	36 ③	37 ②	38 ②	39 ③	40 ④
41 ③	42 ④	43 ④	44 ④	45 ③	46 ③	47 ①	48 ④	49 ①	50 ①
51 ③	52 ③	53 ④	54 ①	55 ④	56 ④	57 ④	58 ④	59 ④	60 ③

01 도병(搗餅)은 치는 떡을 일컬으며 시루에 쪄 낸 찹쌀이나 반죽을 뜨거울 때 절구나 안반에 쳐서 끈기가 나게 한 떡으로 인절미 · 흰떡 · 절편 · 개피떡 등이 있다.

02 팥시루떡의 팥은 멥쌀에 부족한 비타민 B_1을 보충한다.

03 조리는 댓가지를 국자 모양으로 결어 물에 담근 곡식을 조금씩 일어 떠내는 용구이다.

04 쌀의 수침시간이 증가하면 조직이 부드러워 입자의 결합력이 감소한다.

05 쌀 수침 시 수분 흡수율에 쌀의 비타민 함량은 영향을 주지 않는 요인이다.

06 셀룰로오스는 불용성 식이섬유로 곡류, 콩류, 채소류, 고구마, 감자, 옥수수, 팥, 시금치, 부추, 버섯 등이 변의 부피를 늘리고 부드럽게 하며 유익한 장내 세균을 증식시켜 장운동을 촉진하여 변비를 예방해 준다.

07 골무떡은 멥쌀가루를 시루에 쪄서 안반에 놓고 떡메로 잘 친 다음 조금씩 떼어 떡살로 찍어서 만든다.

08 팥은 비타민 B_1이 풍부해 각기병 예방에도 좋으며, 소변에 이롭고, 부종(수종)을 가라앉히고 염증을 없애주며 주독을 풀어주는 여러 가지 효능이 있다.

09 안반이나 떡메는 인절미나 절편을 칠 때 사용하는 도구이다.

10 떡살은 떡본, 또는 떡손이라고도 하며 절편에 찍으면 모양이 예쁘게 된다.

11 빚는 떡 제조 시 익반죽을 해야 이유는 쌀에는 밀과 같은 글루텐 단백질이 없어 반죽하였을 때 점성 있는 반죽이 되지 않기 때문이다. 따라서 끓는 물을 넣어 전분의 일부를 호화시켜 점성을 가하여 모양을 만들기 쉽게 하기 위해서이다.

12 어레미는 고운 철사로 발이 굵게 나오도록 만든 것을 말하며, 팥고물 등 여러 가지 고물을 내릴 때 사용한다.

13 떡의 주재료는 찹쌀과 멥쌀이다.

14 떡을 찔 때는 찹쌀가루보다 멥쌀가루에 물을 더 보충하여야 한다.

15 떡의 노화를 지연시키는 방법으로는 쑥이나 수리취 같은 식이섬유소 첨가, 설탕, 유화제

등을 첨가하면 노화를 지연시킬 수 있다.

16 주로 식품가공산업에서 사용되는 급속냉동, 초급속냉동 방식은 파괴 및 변화에 취약한 세포구조를 가진 식품들에 적용된다. 빙온 냉장은 냉장도 냉동도 아닌 제3의 온도영역(0℃부터 빙결점까지의 온도)이다.

17 여름철에 떡을 실온에서 24시간을 방치하면 떡이 상하게 된다.

18 캐러멜 소스는 150℃ 이상 가열하면 설탕시럽의 색이 변한다.

19 쌀가루는 물기가 있는 상태에서 중간체에 내리고, 찜기에 준비된 재료들은 센 불에 올려서 찌고, 불을 끄거나 약불에서 5분 정도 뜸을 들인 후 그릇에 담는다.

20 쑥개떡은 빚어서 찌는 떡이다.

21 가래떡 제조과정은 쌀가루 만들기-안쳐 찌기-성형하기- 적당히 건조하여 용도에 맞게 자르기 순이다.

22 인절미는 충분히 불린 찹쌀을 밥처럼 찌거나 찹쌀가루를 쪄서 안반이나 절구에 담고 떡메로 쳐서 모양을 만든 뒤 고물을 묻힌 떡으로 은절병(銀切餠), 인병(引餠), 인절병(印切餠)이라고도 한다.

23 전통음식에서 약(藥)자는 꿀과 참기름 등을 많이 넣은 음식이다.

24 멥쌀가루에 요오드 정색반응을 하면 청자색(청색의 빛깔과 같은 푸른색)이나 청남색(푸른빛을 띤 남색)이 된다.

25 전통적인 약밥을 만드는 과정에서 불린 찹쌀에 부재료와 간장, 설탕, 참기름 등을 한꺼번에 넣고 쪄내는 것은 잘못된 방법이다.

26 찜기에 시루밑을 깔고 체에 내린 쌀가루를 꾹꾹 눌러 안치면 떡이 잘 익지 않는다.

27 부분 냉동상태보다 완전 동결상태하에서는 식품이 변질되지 않는다.

28 쇠머리떡 제조 시 멥쌀가루를 소량 첨가할 경우 덜 늘어져서 굳혀 썰기에 좋다.

29 팥시루떡은 설기떡이 아니라 켜떡이다.

30 식품 등의 표시 · 광고에 관한 법률이다.

31 많이 치댈수록 글루텐이 형성되어 쫄깃해지는 것은 밀가루이다.

32 버터나 마가린 같은 고체식품은 부피보다 무게(g)를 재는 것이 정확하고 계량컵이나 계량스푼으로 잴 때는 실온에 두어 약간 부드럽게 한 후 빈 공간이 없도록 채워서 표면을 평면이 되도록 깎아서 계량해야 한다.

33 식품의 기구 또는 용기 · 포장의 표시기준은 제품명, 식품의 유형, 영업소의 상호 및 소재지, 유통기한, 원재료명, 용기 및 포장재질, 품목로고번호, 성분 및 함량, 보관방법, 주의사항 등이다.

34 -18℃ 이하 냉동상태에서는 노화가 일어나지 않는다.

35 떡살은 떡본, 또는 떡손이라고도 하며, 절편 위에 모양을 낼 때 사용한다.

36 떡 제조 시 작업자는 작업 변경 시마다 위생장갑을 교체해야 한다.

37 황색포도상구균이다.

38 순수한 구리는 주황빛을 띠는 붉은색이며 공기에 접촉하면 붉은색 녹이 슨다. 그래서 산성식품에 사용하는 그릇으로는 적당하지 않다.

39 화학물질 취급 시 물 이외의 물질과 섞어서 사용하면 안 된다.

40 베네루핀은 모시조개, 굴 등에 고농도로 함유되어 있는 독성이다.

41 역성비누는 물에 녹기 쉽고 국소 자극작용이 약하고, 부식작용이 없으며, 독성이 낮다. 그람 양성 · 음성의 어느 쪽에도 작용한다. 100배 희석액을 수술실에서의 수지(手指), 기구

42 인체의 건강을 해할 우려가 있는 다음의 식품 또는 식품첨가물을 판매 또는 판매의 목적으로 제조 · 수입 · 가공 · 사용 · 조리 · 저장 등을 못하게 한 규정을 위반했을 때는 10년 이하 징역 또는 1억 원 이하 벌금이다.

43 역성비누는 식품공장의 소독, 종업원의 손 소독제로 널리 쓰이는 양이온 계면활성제이다.

44 가축 사육시설이 가까이 있는 곳은 식품영업장이 위치해야 할 장소의 구비조건이 아니다.

45 토코페롤은 항산화기능을 가지는 대표적인 비타민 E의 한 종류이다.

46 밤과 대추는 재물이 아닌 자손 번창을 기원하는 뜻이 담겨 있다.

47 오쟁이떡은 북한 황해도 지역의 떡이다. 오쟁이란 씨앗을 담아두는 호리병 모양의 짚으로 엮어 만든 주머니를 말하는데 여기서 유래되었다. 찹쌀가루를 찜솥에 찐 후 절구에 넣고 쳐서 만드는 치는 떡의 일종이다.

빙떡은 제주를 대표하는 떡인 만큼 그 명칭도 빙떡 외에 정기떡, 쟁기떡, 전기떡, 멍석떡으로 다양하다. 우선 빙떡의 빙은 덕을 뜻하는 한자 병(餠)이 빙으로 되었다는 설과 메밀 반죽을 국자로 빙빙 돌리면서 부치거나 둘둘 말아서 먹는 모양에서 유래되었다는 두 가지 설이 있다.

48 추석은 햅쌀로 빚는 오려송편이다.

49 백결선생은 삼국시대 신라의 거문고 명수로 알려진 음악인으로 몹시 가난해서 설날 준비를 걱정하는 아내에게 거문고로 방앗소리를 내어 위로했다는 일화가 유명하다.

50 두텁떡은 궁중에서 내려오는 떡으로 민가의 떡과는 조금 다르다.

51 삼복은 1년 중 가장 더운 날을 정한 것으로 더위를 이기고 건강을 비는 뜻에서 밀설구나 주악을 만들어 먹었으며, 특히 삼복 때는 여름에 잘 상하지 않는 깨인절미, 깨찰편이나 막걸리로 발효시켜 잘 상하지 않는 증편 등을 해 먹었다.

52 납일은 동지로부터 세 번째의 미일[옛날 날짜를 천간지지(天干地支)와 맞추어 놓은 것 가운데서 지지(地支)가 '미(未)'자로 된 날. 을미일(乙未日) · 기미일(己未日) · 계미일(癸未日) 등을 말함]로 민간이나 조정에서 조상이나 종묘 또는 사직에 제사 지내던 날이다.

53 • 추수철이 되면 경상도 지방에서는 흔히 잡과병을 해 먹었다.
• 10월 내에 "찹쌀가루로 동그란 떡을 만들어 익힌 콩을 꿀에 섞어 바르되 붉은빛이 나게 한 것이 밀단고"이다.

54 인절미는 학문적 성장을 촉구하는 뜻을 담은 것이 아니다.

55 평안도의 향토떡은 골미(골무)떡, 노티떡, 꼬장떡 등이다.

56 약식의 유래를 기록한 문헌은 삼국유사이다.

57 유엽병은 주로 사월 초파일 부처님 오신 날 전후에 해 먹는 시절음식으로 느티나무 어린 잎으로 만든다.

58 수리취절편은 5월 단오, 약식은 정월 보름, 느티떡은 4월 초파일에 해 먹는 떡이다.

59 「이조궁중요리통고」는 떡과 관련된 내용이 아니라 궁중음식에 관한 내용이다.

60 약편은 멥쌀가루에 대추고, 막걸리를 섞은 다음 밤채, 대추채, 석이채를 고명으로 올려서 찐 떡이다.

① 기출복원문제

01 회갑, 혼례, 회혼같이 경사스러운 날 고임 상차림에 웃기로 얹는 떡이 아닌 것은?

① 꿀설기   ② 단자

③ 주악   ④ 화전

02 개피떡의 다른 이름이 아닌 것은?

① 갑피병(甲皮餅)   ② 가피병(加皮餅)

③ 송피병   ④ 바람떡

03 떡의 노화가 가장 빨리 되는 보관상태에 해당되는 것은?

① 실온 보관

② 급속냉동실 보관

③ 전기보온밥솥 보관

④ 냉장고 보관

04 서속떡의 주재료 곡물은?

① 기장과 조   ② 콩과 보리

③ 귀리와 메밀   ④ 율무와 팥

05 봉치떡에 관한 설명으로 옳지 않은 것은?

① 멥쌀가루로 만든다.

② 신부집에서 만드는 떡이다.

③ 2단으로 켜를 만든다.

④ 시루에 찌는 떡이다.

06 여름철 따뜻한 바닷물에서 증식된 호염균에 의한 식중독은?

① 살모넬라 식중독

② 캠필로박터 식중독

③ 황색포도상구균 식중독

④ 장염비브리오 식중독

07 루틴 함량이 높아 혈관벽에 저항력을 높이는 효과가 있는 곡류는?

① 보리   ② 밀

③ 메밀   ④ 쌀

08 다음 중 곡물을 찧거나 빻을 때 쓰는 도구가 아닌 것은?

① 절구   ② 맷돌

③ 조리   ④ 방아

09 혼례의식 중 납폐일에 신랑 집에서 신부 집으로 함을 보내는 절차 때 사용되는 떡은?

① 은절병   ② 봉치떡

③ 석탄병   ④ 대추약편

10 다음 중 켜떡이 아닌 것은?

① 녹두편   ② 송피병

③ 팥시루떡   ④ 상추시루떡

11 지역과 그 지역의 향토떡 연결이 잘못된 것은?

① 서울·경기도-여주산병, 배피떡

② 충청도-해장떡, 쇠머리떡

③ 경상도-망개떡, 본편

④ 황해도-감제떡, 감자투생이

12 음식디미방에 기록된 석이편법에 사용한 고물로 옳은 것은?

① 잣고물　　② 녹두고물

③ 붉은팥 고물　　④ 깨고물

13 쌀의 구성성분 중 1g당 4kcal의 열량을 내고, 열량 섭취량의 60%를 섭취하는 것이 바람직한 영양소는?

① 탄수화물　　② 단백질

③ 지방　　④ 수분

14 음력 3월 3일에 먹는 떡은?

① 수리취 절편　　② 약식

③ 진달래화전　　④ 느티떡

15 고려시대의 떡 종류가 아닌 것은?

① 율고 : 찹쌀가루를 삶아 으깬 밤을 넣어 버무린 후 잣을 고명으로 얹어 찐 떡으로 중양절의 절식(밤떡 또는 밤가루 설기라고 부른다)

② 청애병 : 쑥을 넣어 만든 떡

③ 상화병(상외떡, 상애떡) : 부풀려서 찌는 떡

④ 복령떡 : 멥쌀가루와 백복령가루를 섞어 설탕물로 촉촉하게 내리고 거피팥 고물과 켜켜이 안쳐서 찐 전라도 지방의 떡

16 다음 중 체 종류가 다른 것은?

① 얼레미　　② 어레미

③ 굵은체　　④ 도드미

17 콜레라는 어떤 감염병인가?

① 세균성 감염병

② 바이러스성 감염병

③ 경구 감염병

④ 법정 감염병

18 아이의 돌상에 올리는 떡이 아닌 것은?

① 백설기　　② 차수수 경단

③ 무지개떡　　④ 잡과병

19 책례에 대한 설명으로 옳지 않은 것은?

① 한 권의 책을 끝낼 때마다 떡과 음식으로 축하를 했다.

② 작은 모양의 오색송편을 꽉 찬 모양과 속이 빈 두 가지를 만들어 먹었다.

③ 속이 찬 것은 학문적 성과를 나타내고, 속이 빈 송편은 마음을 비워 자만하지 말고 겸손할 것을 당부했다.

④ 백설기와 차수수 경단을 해서 나눠 먹었다.

20 전분의 호정화에 대한 설명 중 옳지 않은 것은?

① 색과 풍미가 바뀌어 비효소적으로 갈변이 일어난다.
② 호화된 전분보다 물에 녹기 쉽다.
③ 전분을 150~190℃에서 물을 붓고 가열할 때 나타나는 변화이다.
④ 호정화가 되면 덱스트린이 생성된다.

21 복숭아와 살구로 만드는 떡은?

① 도행병   ② 행병
③ 도병   ④ 갑피병

22 다음 중 비타민 E가 많고 철분이 풍부한 것은?

① 은행   ② 밤
③ 잣   ④ 울금

23 두텁떡을 만드는 데 사용되지 않는 조리 도구는?

① 떡가위   ② 체(어레미)
③ 번철   ④ 시루(찜기)

24 물이 함유하고 있는 유기물질과 정수과정 시 사용되는 살균제가 염소와 서로 반응하여 생성되는 발암성 물질은?

① 트리할로메탄
② 벤조피렌
③ 엔-나이트로사민
④ 말론알데히드

25 피멘톤(훈제 파프리카)가루를 대체할 수 있는 가루는?

① 붉은색 : 백년초, 비트, 딸기, 홍국쌀, 지초, 오미자
② 주황색 : 황치즈 가루
③ 노란색 : 송화가루, 단호박가루, 치자, 울금
④ 녹색 : 승검초가루, 쑥, 새싹보리, 녹차, 클로렐라, 시금치

26 가래떡에 대한 설명으로 틀린 것은?

① 가래떡을 하루 정도 말려 동그랗게 썰면 떡국용 떡이 된다.
② 가래떡은 치는 떡의 일종으로 멥쌀가루를 사용한다.
③ 가래떡은 길게 밀어서 만든 떡으로 백국이라고 한다.
④ 가래떡은 멥쌀, 소금, 물을 넣어서 만든다.

27 조선시대 규합총서에 소개하고 있는 떡이 아닌 것은?

① 석탄병   ② 혼돈병
③ 신과병   ④ 석이편법

28 찹쌀을 사용하여 만든 떡으로 맞는 것은?

① 봉치떡   ② 복령떡
③ 색떡   ④ 석탄병

29 HACCP에서 CCP에 대한 내용이 아닌 것은?

① 단계　　　　② 공정
③ 과정　　　　④ 품질 보증

30 떡류 포장 시 제품표시 사항이 아닌 것은?

① 유통기한
② 영업소의 대표자명
③ 영업소 명칭 및 소재지
④ 제품명, 내용량 및 원재료명

31 생식품류의 재배, 사육 단계에서 발생할 수 있는 1차 오염은?

① 처리장에서의 오염
② 자연환경에서의 오염
③ 제조과정에서의 오염
④ 유통과정에서의 오염

32 떡의 의미와 종류의 연결이 틀린 것은?

① 기원 : 붉은팥 단자, 백설기
② 나눔 : 이사 및 개업 떡
③ 부귀 : 보리개떡, 메밀떡
④ 미학과 풍류 : 진달래화전, 국화전

33 노화에 대한 설명으로 맞는 것은?

① 아밀로펙틴 함량이 증가할수록 노화가 지연된다.
② 0~4℃에서 떡의 노화가 지연된다.

③ 찹쌀로 만든 떡보다 멥쌀로 만든 떡이 노화가 느리다.
④ 쑥, 호박, 무 등의 부재료는 떡의 노화를 가속시킨다.

34 재료의 계량에 대한 설명으로 틀린 것은?

① 액체 재료 부피계량은 투명한 재질로 만들어진 계량컵을 사용하는 것이 좋다.
② 계량단위 1큰술의 부피는 15ml 정도이다.
③ 저울을 사용할 때 편평한 곳에서 0점(Zero point)을 맞춘 후 사용한다.
④ 고체지방 재료 부피계량은 계량컵에 잘게 잘라 담아서 계량한다.

35 떡의 제조과정 설명 중 틀린 것은?

① 송편은 멥쌀가루를 익반죽해서 콩, 깨, 밤, 팥 등의 소를 넣고 빚어서 찐 떡이다.
② 찹쌀가루는 물을 조금만 넣어도 질어지므로 주의해야 한다.
③ 쌀가루를 익반죽할 때는 미지근한 물을 조금씩 부어가며 쌀가루에 골고루 가도록 섞는다.
④ 단자는 찹쌀가루를 삶거나 쪄서 꽈리가 일도록 쳐서 고물을 묻힌다.

36 절기와 절식 떡의 연결이 틀린 것은?

① 추석 : 삭일송편

② 삼짇날 : 진달해 화전

③ 정월 대보름 : 약식

④ 단오 : 차륜병

37 치는 떡을 만들 때 사용하는 도구가 아닌 것은?

① 떡판   ② 떡메

③ 떡살   ④ 동구리

38 팥을 삶을 때 첫물을 버리는 이유는?

① 설사를 일으킬 수 있는 성분을 제거 하기 위해

② 일정한 당도를 유지하기 위해

③ 색의 농도를 조절하기 위해

④ 비린 맛을 제거하여 풍미를 돋우기 위해

39 떡에 사용하는 재료의 전처리 설명이 틀린 것은?

① 쑥은 잎만 데쳐서 사용할 만큼 싸서 냉동한다.

② 대추고는 물을 넉넉히 넣고 푹 삶아 체에 내려 과육만 거른다.

③ 오미자는 더운물에 우려 각종 색을 낼 때 사용한다.

④ 호박고지는 물에 불려 물기를 꼭 짜 서 사용한다.

40 다음 중 설기(무리)떡은?

① 무시루떡   ② 유자단자

③ 송편   ④ 잡과병

41 올바른 손 씻기 방법으로 틀린 것은?

① 오른쪽 엄지손가락만 다른 편 손가락 으로 돌려주면서 씻는다.

② 손바닥과 손바닥을 마주대고 문질 러 준다.

③ 손가락을 마주잡고 문질러 준다.

④ 손등과 손바닥을 마주 대고 문질 러 준다.

42 제조과정과 떡 종류의 연결이 맞는 것은?

① 삶는 떡 : 팥고물시루떡, 콩찰떡

② 지지는 떡 : 송편, 약밥

③ 치는 떡 : 인절미, 가래떡

④ 찌는 떡 : 경단, 주악

43 식품 포장재의 구비조건으로 틀린 것은?

① 맛의 변화를 억제할 수 있어야 한다.

② 가격과 상관없이 위생적이어야 한다.

③ 식품의 부패를 방지할 수 있어야 한다.

④ 내용물을 보호할 수 있어야 한다.

44 베로독소를 생산하며 용혈성 요독증 증후 군과 신부전을 발생시키는 대장균은?

① 장관독소형 대장균

② 장관침투성 대장균

③ 장관병원성 대장균

④ 장관출혈성 대장균

45 익반죽했을 때의 설명으로 맞는 것은?

① 찹쌀가루를 일부 호화시켜 점성이 생기면 반죽이 용이하다.

② 찹쌀가루의 아밀로오스 가지를 조밀하게 만들어 점성이 높아진다.

③ 찹쌀가루의 글루텐을 수화시켜 반죽을 좋게 한다.

④ 찹쌀가루의 효소를 불활성화하여 제조적성을 높인다.

46 다음 설명에서 말하는 떡은?

> 햇밤 익은 것, 풋대추 썰고, 좋은 침감 껍질 벗겨 저미고 풋청태콩과 가루에 섞어 꿀을 버무려 햇녹두 거피하고 뿌려 찌라.
>
> 출처 : 「규합총서」

① 토란병

② 신과병

③ 승검초단자

④ 백설고

47 전분 호화에 영향을 미치는 인자와 가장 거리가 먼 것은?

① 전분의 종류

② 가열온도

③ 수분

④ 회분

48 충청도 지방의 향토떡으로 찹쌀가루에 된장과 고추장이 들어가 구수하고 쫄깃한 맛을 내는 떡은?

① 석탄병

② 노티떡

③ 신과병

④ 장떡

49 가래떡에 대한 설명으로 틀린 것은?

① 정월에 엽전 모양으로 썰어 떡국을 끓인다.

② 찹쌀가루를 쪄서 친 떡으로 도병이다.

③ 다른 말로 흰떡, 백병이라고도 한다.

④ 권모라고도 했다.

50 찌는 찰떡 중 나머지 셋과 성형방법이 다른 것은?

① 구름떡

② 쇠머리떡

③ 깨찰편

④ 꿀찰떡

51 이타이이타이병 등의 만성 중독을 유발하는 유해물질은?

① 비소

② 주석

③ 카드뮴

④ 수은

52 다음 중 치는 떡이 아닌 것은?

① 갑피병, 인병

② 백자병, 강병

③ 마제병, 골무떡

④ 떡수단, 재증병

53 고물 만드는 방법으로 틀린 것은?

① 거피팥 고물은 각종 편, 단자, 송편 소 등으로 쓰인다.

② 밤고물은 밤을 삶아 겉껍질과 속껍질 을 벗긴 후 소금을 넣고 빻아 체에 내 려 사용한다.

③ 녹두고물은 푸른 녹두를 맷돌에 탄 뒤 불려 삶아서 사용한다.

④ 붉은팥 고물은 익힌 팥에 소금을 넣 고 절굿공이로 빻아 사용한다.

54 인절미 반죽을 칠 때 사용되는 도구가 아 닌 것은?

① 안반 　　② 절구
③ 떡살 　　④ 떡메

55 거피팥 고물에 대한 설명 중 틀린 것은?

① 거피팥을 맷돌에 타서 미지근한 물에 담가 불린다.

② 팥을 불린 제물에 거피를 하면서 껍 질은 조리로 건져낸다.

③ 떡의 고물로만 사용하고 단자 등의 소로는 사용하지 않는다.

④ 베보자기를 깔고 김이 오른 찜솥에서 푹 찐다.

56 다음 중 통과의례 떡이 잘못 연결된 것은?

① 혼례-봉치떡
② 책례-오색송편
③ 삼칠일-차수수 경단
④ 회갑-갖은 편

57 쇠머리찰떡의 설명으로 옳은 것은?

① 쇠머릿고기를 넣고 만든 음식이다.
② 모두배기 또는 모듬백이라고 불린다.
③ 멥쌀가루, 검은콩 등을 넣고 만든 떡이다.
④ 전라도에서 즐겨 먹는 떡이다.

58 떡의 이름과 주재료의 연결이 잘못된 것은?

① 상실병-도토리
② 서여향병-더덕
③ 남방감저병-고구마
④ 청애병-쑥

59 호화와 노화에 관한 설명 중 틀린 것은?

① 전분의 가열온도가 높을수록 호화시 간이 빠르며, 점도는 낮아진다.

② 전분입자가 크고 지질 함량이 많을수 록 빨리 호화된다.

③ 수분함량이 30~60%, 온도가 0~4℃ 일 때 전분의 노화는 쉽게 일어난다.

④ 60℃ 이상에서는 노화가 잘 일어나지 않는다.

60 「조선무쌍신식요리제법」에 기록되어 있는 찹쌀가루에 승검초가루, 꿀, 계핏가루, 생강가루로 반죽하여 황률로 소를 넣어 둥글게 만든 떡은?

① 유병

② 당궤

③ 두텁떡

④ 혼돈병

1 기출복원문제

정답 및 해설

01 ①	02 ③	03 ④	04 ①	05 ①	06 ④	07 ③	08 ③	09 ②	10 ②
11 ④	12 ①	13 ①	14 ③	15 ④	16 ④	17 ①	18 ④	19 ④	20 ③
21 ①	22 ③	23 ①	24 ①	25 ①	26 ③	27 ④	28 ①	29 ④	30 ②
31 ②	32 ③	33 ①	34 ④	35 ③	36 ④	37 ④	38 ①	39 ④	40 ④
41 ①	42 ③	43 ②	44 ④	45 ①	46 ②	47 ④	48 ④	49 ②	50 ①
51 ③	52 ②	53 ③	54 ③	55 ③	56 ③	57 ②	58 ②	59 ①	60 ④

01 웃기떡은 떡을 담고 그 위에 모양을 내기 위하여 장식용으로 얹는 떡으로 단자, 주악, 화전 등이 있다.

02 개피떡의 다른 이름은 갑피병, 갑피떡, 가피떡, 바람떡이며, 송피병은 소나무 껍질로 만든 떡이다.

03 떡의 노화 속도는 냉장고 보관 온도인 4~5℃에서 가장 빠르다.

04 서속떡은 서속(조와 기장)가루에 밤, 대추를 버무려 찌며, 쌀이 귀했던 시절 잡곡을 이용해서 만든 떡으로 추정된다.

05 봉치떡은 봉채떡이라고도 하며, 시루에 붉은팥 고물로 두 켜만 안쳐 맨 위에 대추와 밤을 둥글게 돌려놓아 함이 들어올 시간에 쪄서 시루째 상에 올리는 붉은팥 시루떡이다.

06 장염비브리오 식중독은 3% 식염수에서 가장 잘 발육하며, 일반적으로 바닷속에서 생육한다.

07 메밀의 루틴 성분은 혈관벽 강화작용, 즉 혈관벽을 두껍게 하며, 모세혈관을 강화시키는 부분에 큰 의미를 둔다.

08 조리는 댓가지를 국자 모양으로 걸어서 물에 담근 곡식을 조금씩 일어 떠내는 용구이다.

09 납폐란 혼인할 때 사주단자의 교환이 끝난 후 정혼이 이루어진 증거로 신랑 집에서 신부 집으로 예물을 보낸다는 뜻으로 신부의 혼수와 혼서(예장), 물목을 넣어 보내는 절차로써 봉치(봉채) 또는 함이라고 한다.

10 송피병은 불린 멥쌀, 찹쌀을 합하여 가루로 만들어서 시루에 쪄내고, 찰기가 있는 송기(소나무 속껍질)를 물러지도록 삶아 물에 충분히 우려내어 절굿공이로 두들겨 부드럽게 한 다음, 쪄낸 반죽과 섞어서 만든다. 만드는 방법과 모양에 따라 송편, 절편, 개피떡 등으로 나눈다.

11 감제떡은 제주도 지방 향토떡으로 고구마를 말려서 빻은 가루에 얇게 썬 날고구마를 버무려 찐 것으로 주로 겨울철에 해서 먹는다. 감자투생이는 강원도 향토떡으로 감자 건더기에 녹말가루를 섞어 적당한 크기로 떼어내어 찐다.

12 석이편법은 백미가 한 말이면 찹쌀 두 되를 함께 담갔다가 가루를 만들고, 석이버섯 한 말을 더운물에 깨끗하게 씻어 아주 곱게 다져서 섞어 보통 팥시루편과 같이 안친다. 고물은 백자(잣)를 다져서 켜를 놓아 찐다.

13 쌀의 주성분은 탄수화물 외에도 단백질, 당질, 지방, 무기질, 식이섬유 등 사람 몸에 필요한 영양성분이 골고루 들어 있다.

14 수리취절편은 5월 단오, 약식은 정월 보름, 느티떡은 4월 초파일에 해 먹던 떡이다.

15 조선시대 문헌 『규합총서』, 『시의전서』, 『부인필지』, 『간편조선요리제법』 등에는 복령떡이 '복령조화고'로 기록되어 있다.

16 쳇불 구멍의 크기는 어레미 > 도드미 > 깁체 > 고운체 순으로 도드미는 쳇불 구멍의 크기가 좁은 체이다.

17 세균성 감염병은 콜레라, 장티푸스, 파라티푸스, 세균성 이질, 장출혈성 대장균 감염증, 디프테리아, 백일해, 파상풍 폐렴구균, 결핵 등이 있다.

18 잡과병은 멥쌀가루에 밤, 대추, 곶감, 호두, 잣 등의 여러 가지 견과류를 섞어 시루에 찐 무리떡으로 여러 가지 과일을 섞는다는 뜻에서 잡과(雜果)라는 이름이 붙여졌으며, 돌상에는 올리지 않았다.

19 백설기는 신성의 의미가 있고, 차수수 경단의 붉은색은 귀신으로부터 아이를 보호하는 액막이 의식이 있어 백일이나 돌잔치 때 만들었다.

20 전분을 150~170℃에서 수분 없이 건열로 가열했을 때 여러 단계의 가용성 전분을 거쳐 덱스트린(호정)으로 분해된다.

21 도행병은 "볕에 말려 기름종이에 보관하여 두었던 복숭아와 살구가루에 설탕이나 꿀을 넣어 버무리고, 볶은 꿀팥소를 넣고 삶아 잣가루를 묻혀 단자로 만든 떡"이다(『규합총서』(1815)).

22 잣은 예로부터 불로장생의 식품 혹은 신선의 식품으로 알려져 있으며, 호두보다 철분함량이 더 많다.

23 떡이나 엿, 약과 등을 자를 때 쓰는 가위이다. 놋쇠로 되어 있고, 마치 엿장수 가위처럼 날의 두께가 1mm가량으로 무딘 편이다.

24 트리할로메탄은 정수 처리 시 필요한 소독과정에서 주입되는 염소와 물에 있는 유기물이 반응해 생성되는 소독 부산물이다.

25 피멘톤(Pimenton)은 빨간 칠리 고추를 빻아서 만들며, 스페인 요리에서 핵심적인 재료 중 하나이다. 색을 낼 때도 사용하며 매콤한 향과 맛을 낼 때도 사용한다.

26 백국(白麴)은 밀가루에 찹쌀가루를 더 넣어 빚은 누룩이고, 떡국의 다른 이름은 첨세병, 백탕, 병탕이다.

27 『규합총서』는 빙허각 이씨가 엮은 가정살림에 관한 내용의 책으로 차마 삼키기도 아까운 석탄병을 비롯하여 설기류, 혼돈병, 복령조화고, 도행병, 무떡, 기단가오, 신과병, 토란병, 송기떡, 서여향병 등 27종의 떡 이름과 만드는 법이 기록되어 있다. 석이편법은 우리나라 최초 한글 조리서인 음식지미방에서 소개하고 있다.

28 복령떡, 색떡, 석탄병은 멥쌀가루로 만든 떡이다.

29 CCP는 위해를 사전에 예방ㆍ제어하거나 허용수준 이하로 감소시켜 해당식품의 안전성을 확보할 수 있는 중요한 단계ㆍ과정 또는 공정을 말한다.

30 떡류 포장 표시사항은 제품명, 식품의 유형, 영양소 명칭(상호) 및 소재지, 유통기한, 원재료명, 용기ㆍ포장 재질, 품목로고번호, 성분명 및 함량, 보관방법, 주의사항 등이다.

31 자연환경에서의 오염은 오염 발생원에서 방출된 유해물질이 오염과 연결되는 상태이며, 최초로 발생한 오염을 말한다.

32 보리개떡은 식량이 귀하던 시절 보리가 수확되면 보리를 갈아 거친 가루를 반죽해서 치댄 후 쪄서 떡을 만들어 배고픔을 달랬던 음식이다. 메밀도 조선시대 「구황벽곡방」에 구황작물로 기록될 만큼 예로부터 많이 재배하였으며, 추운

곳이나 척박한 땅에서도 잘 자라는 작물이다.

33 다양한 부재료들의 식이섬유는 떡의 노화 속도를 늦춘다.

34 고체지방 재료(버터, 마가린)는 저울을 사용하여 계량하는 것이 좋다.

35 쌀가루를 익반죽할 때는 반죽이 익도록 뜨거운 물을 조금씩 부어가며 쌀가루에 골고루 가도록 섞는다.

36 추석은 오려송편, 삭일(노비)송편은 중화절이다.

37 동구리는 음식을 담아 나를 때 쓰는 대나무 상자의 하나이다.

38 팥의 사포닌 성분은 쓴맛을 내고 설사를 일으킬 수 있지만, 곡류 중에서 비타민 B_1을 가장 많이 함유하고 있어 백미밥을 주식으로 하는 사람들한테 좋다.

39 열매의 맛이 다섯 가지 맛(신맛, 단맛, 쓴맛, 짠맛, 매운맛)이 난다는 오미자는 찬물에 우려 오미자화채, 오미자청, 오미자편 등에 사용한다.

40 잡과병은 멥쌀가루에 밤, 대추, 곶감, 호두, 잣 등의 견과류를 섞어 시루에 찐 설기떡(무리떡)으로 여러 가지 과일을 섞는다는 뜻에서 잡과(雜果)라는 이름이 붙여졌다.

41 엄지손가락을 다른 편 손바닥으로 돌려주면서 문질러주고, 손바닥을 마주대고 손깍지를 끼고 문질러주고, 손가락을 반대편 손바닥에 놓고 문지르며 손톱 밑을 깨끗하게 한다.

42 도병은 찌는 떡으로 찹쌀 도병으로는 인절미, 멥쌀 도병으로는 흰떡(가래떡), 절편, 개피떡 등이 있다.

43 식품 포장재의 구비조건은 위생성, 보호성, 안정성, 상품성, 간편성, 경제성이다.

44 장관출혈성 대장균은 어린이나 노인층에서 주로 감염되고, 설사나 변에 피가 섞여 나오는 등의 증세를 일으키는 세균으로 요독증, 빈혈, 신장병 등으로 악화될 수 있다.

45 밀가루와 달리 쌀가루에는 글루텐이 없기 때문에 호화를 시켜야 점성과 탄성이 생겨서 반죽하기가 용이하다.

46 신과병은 쌀가루에 밤, 대추, 단감 등의 햇과실을 넣고, 녹두고물을 두둑이 얹어 시루에 쪄낸 것으로 일명 햇과실 떡이다.

47 • 전분호화에 영향을 미치는 요인
전분의 입자가 작을수록, 수분의 함량이 많을수록, 온도가 높을수록, 설탕의 농도가 높을수록, 침수시간이 길수록, 많이 저을수록 호화가 잘 된다. 알칼리성에서는 전분의 팽윤과 호화가 촉진된다.

48 장떡은 지역마다 특색이 있는데 충청도 장떡은 찹쌀가루에 된장과 고추장, 다진 파와 마늘을 넣고 둥글게 빚어 살짝 말렸다가 지진다.

49 멥쌀가루를 쪄서 친 떡은 도병이고, 권모는 가락을 짧게 자른 흰떡이다.

50 구름떡은 차지고 늘어지는 특징을 이용한 떡으로 찐 반죽을 고물에 굴려 틀에 넣어 굳히면 층이 자연스럽게 만들어져 썰어서 그릇에 담으면 마치 구름같이 흩어져 있는 모양과 같다고 해서 붙여진 이름이다.

51 이타이이타이병의 원인인 카드뮴은 단백질이나 효소와 결합함으로써 각종 질병이 생긴다.

52 백자병은 잣박산(설탕과 물, 된 조청을 넣어 끓인 것에 고깔을 떼고 닦아 놓은 잣을 넣은 후 기름을 바른 판에 얇게 펴서 굳힌 것), 강병은 생강을 넣어 떡처럼 만든 것(생강을 하룻밤 정도 물에 담갔다가 껍질을 벗겨서 즙을 낸 후 꿀과 갱엿을 넣고 조려서 호박 빛깔이 되었을 때 조그마한 타원형으로 빚어 잣가루를 그 위에 뿌려서 만든다).

53 녹두고물은 푸른 녹두를 맷돌에 타서 미지근한

물에 불려 거피한 뒤 물기를 뺀 후 시루밑을 깔고 김이 오른 찜기에 푹 찐다. 이렇게 녹두를 쪄서 통으로 사용하기도 하고, 체에 내려 고운 고물을 사용하기도 한다.

54 떡살은 떡의 문양을 찍는 도구로 떡손, 병형(餠型)이라고도 하며, 여러 가지 모양을 만들고 무늬를 찍어내는 데 쓰인다.

55 거피팥 고물은 상추시루떡이나 물호박시루떡 등의 고물로 사용하고, 송편이나 쑥구리 단자 등에 소로 사용한다.

56 삼칠일에는 순백색의 백설기를 마련하는데 이는 아이와 산모를 속인의 세계와 섞지 않고 산신의 보호 아래 둔다는 신성의 의미를 담고 있다.

57 쇠머리떡은 찹쌀가루에 밤, 대추, 콩, 팥 등을 섞어 버무려 찐 찰무리떡으로 겹쳐서 굳혀 썰었을 때 마치 쇠머리편육처럼 생겼다 하여 붙여진 이름으로 모두배기, 모듬백이라고 부르는 충청도 향토음식이다.

58 서여향병은 마를 썰어 쪄낸 다음 꿀에 담갔다가 찹쌀가루를 묻혀서 기름에 지져내어 잣가루를 입힌 것으로 바삭하면서도 쫄깃하고 고소한 맛이 일품이다.

59 호화는 녹말이 물과 만나 전분이 투명해지면서 점도가 증가하는 것이다.

60 혼돈병(渾沌餠)은 거피팥가루 볶는 것에 계핏가루를 섞어 맨밑에 깔고 찹쌀가루에 승검초가루, 꿀, 계핏가루, 생강가루를 넣은 떡가루를 얹은 후 밤소를 줄지어 놓고 그 위에 떡가루를 덮어 대추채, 밤채, 통잣을 박은 다음 볶은 거피팥 고물을 두껍게 버무리고, 다시 그 위에 같은 순서로 켜를 올려 봉우리지게 하여 시루에 찐 떡이다.

2 기출복원문제

01 다음 중 켜떡이 아닌 것은?

① 색떡　　② 신과병
③ 팥시루떡　　④ 녹두찰편

02 다음 체 중에서 가장 고운체는?

① 어레미　　② 도드미
③ 중간체　　④ 깁체

03 다음 중 규합총서에 복숭아와 살구로 만든 떡이라고 기록되어 있는 것은?

① 도행병　　② 행병
③ 원소병　　④ 석탄병

04 손 소독에 사용되는 에틸알코올에 관한 설명 중 틀린 것은?

① 통상 알코올이라고 한다.
② 수분을 함유하지 않은 것은 무수 에틸알코올이라고 한다.
③ 70~80%가 가장 살균력이 강하다.
④ 95%가 가장 살균력이 강하다.

05 시대별로 떡이 맞게 연결된 것은?

① 선사시대-석탄병, 서여향병
② 삼국시대-서여향병, 신과병
③ 조선시대-수단, 율고
④ 고려시대-율고, 청애병

06 경구 감염병과 비교하여 세균성 식중독이 가지는 일반적인 특성은?

① 소량의 균으로도 발병한다.
② 잠복기가 짧다.
③ 2차 발병률이 매우 높다.
④ 수인성 발생이 크다.

07 법랑, 도자기 등의 도금이 벗겨진 용기가 산성식품에 사용되면 용출되어 유해 금속에 의한 화학물질 식중독을 일으키는 것은?

① Sb(안티몬)　　② As(비소)
③ Zn(아연)　　④ Cu(구리)

08 다음 중 부패에 관한 설명이 옳은 것은?

① 단백질이 혐기성 미생물에 의해 유해성 물질을 생성하여 변질되는 현상
② 탄수화물이나 지방 식품이 미생물에 의해 변질되는 현상
③ 지방이 공기 중에 산소나 금속에 의해 변질되는 현상
④ 단백질 식품이 호기성 미생물에 의해 부패된 현상

09 땅콩, 곡류 등의 경작물을 감염시켜 간독성, 기형발생과 면역 독성 등의 합병증을 일으키는 것은?

① 아플라톡신　② 세균
③ 효모　④ 곰팡이

10 떡의 주재료로 옳은 것은?

① 멥쌀, 찹쌀　② 밤, 현미
③ 감, 차조　④ 흑미, 호두

11 재료의 계량에 대한 설명으로 틀린 것은?

① 액체 재료 부피계량은 투명한 재질로 만들어진 계량컵을 사용하는 것이 좋다.
② 계량단위 1큰술의 부피는 15ml 정도이다.
③ 저울을 사용할 때 편평한 곳에서 0점(Zero point)을 맞춘 후 사용한다.
④ 고체지방 재료 부피계량은 계량컵에 잘게 잘라 담아서 계량한다.

12 다음 중 인절미를 만드는 순서가 옳은 것은?

① 찹쌀 1번 분쇄-주먹 쥐고 안치기-찌기-치기-성형하기-고물 묻히기
② 찹쌀 2번 분쇄-평평하게 안치기-찌기-치기-성형하기-고물 묻히기
③ 멥쌀 1번 분쇄-주먹 쥐고 안치기-찌기-치기-고물 묻히기-성형하기
④ 멥쌀 2번 분쇄-평평하게 안치기-찌기-치기-고물 묻히기-성형하기

13 삼짇날에 먹는 떡이 아닌 것은?

① 진달래화전　② 청애병
③ 향애단자　④ 유엽병

14 붉은색을 내는 천연색소는?

① 레드비트(redbeet)
② 스피룰리나(spirulina)
③ 자색고구마
④ 강황

15 다음에서 설명하는 지용성 비타민은?

기능
칼슘과 인의 흡수 촉진, 뼈의 정상적인 발육
결핍증
구루병, 골연화증, 골다공증
함유식품
육류의 간, 건표고버섯, 청어, 연어, 다랑어

① 비타민 A　② 비타민 D
③ 비타민 E　④ 비타민 K

16 식품변질에 영향을 미치는 인자가 아닌 것은?

① 온도　② 수분
③ 발효　④ 산소

17 다음 중 미량원소인 것은?

① 칼슘　　　　② 마그네슘

③ 인　　　　　④ 철

18 고구마를 껍질째 말려서 가루를 만들어 찹쌀가루와 함께 찐 떡은?

① 남방감저병　　② 구선왕도고

③ 복령조화고　　④ 당귀주악

19 조리장 작업환경으로 틀린 것은?

① 직접조명과 간접조명의 절충식이 좋다.

② 최고와 최저의 조명도 차이는 30% 이내여야 한다.

③ 조도는 50~100lux가 적당하다.

④ 조도는 250lux 이상이 적당하다.

20 다음 중 웃기떡이 아닌 것은?

① 단자　　　　② 주악

③ 화전　　　　④ 봉치떡

21 절기와 절식 떡의 연결로 틀린 것은?

① 10월 상달 : 붉은팥 시루떡

② 정조다례 : 가래떡

③ 3월 삼짇날 : 진달래화전

④ 5월 단오 : 상화병

22 상화병에 대한 설명으로 틀린 것은?

① 귀한 밀가루 대신 쌀가루를 사용하여 증편으로 변하였다.

② 고려시대에 원나라에서 전해온 외래 음식이다.

③ 밀가루를 막걸리로 발효시켜 소를 넣어 만들었다.

④ 고려가요 쌍화점에서 쌍화점은 상화 가게란 뜻이다.

23 떡의 제조과정과 떡 종류의 연결이 맞는 것은?

① 삶는 떡 : 팥고물시루떡, 콩찰떡

② 지지는 떡 : 송편, 약밥

③ 치는 떡 : 인절미, 가래떡

④ 찌는 떡 : 경단, 주악

24 떡을 찔 때 임계점에 이르면 나타나는 현상은?

① 팽윤　　　　② 호화

③ 호정화　　　④ 발효

25 규합총서에 찹쌀가루, 승검초가루, 후춧가루, 계핏가루, 건강, 꿀, 잣 등을 사용하여 두텁떡과 유사하게 조리하였다고 기록된 떡은?

① 혼돈병　　　② 약식

③ 송기떡　　　④ 개피떡

26 100℃에서 10분간 가열하여도 균에 의한 독소가 파괴되지 않아 식품을 섭취한 후 3시간 정도 만에 구토, 설사, 심한 복통 증상을 유발하는 미생물은?

① 노로바이러스　② 황색포도상구균
③ 캠필로박터균　④ 살모넬라균

27 중양절(음력 9월 9일)에 대한 설명으로 틀린 것은?

① 추석에 햇곡식으로 제사를 지내지 못한 집안에서 뒤늦게 천신을 하였다.
② 밤떡과 국화전을 만들어 먹었다.
③ 시인과 묵객들은 야외로 나가서 시를 읊거나 풍국놀이를 하였다.
④ 잡과병과 밀단고를 만들어 먹었다.

28 찌는 찰떡 중 나머지 셋과 성형방법이 다른 것은?

① 쇠머리떡　② 구름떡
③ 깨찰편　④ 꿀떡

29 인절미 반죽을 칠 때 사용되는 도구가 아닌 것은?

① 안반　② 절구
③ 떡살　④ 떡메

30 가래떡에 대한 설명으로 틀린 것은?

① 정월에 엽전 모양으로 썰어 떡국을 끓인다.

② 멥쌀로 둥글고 길게 만든 떡으로 흰떡, 권모라고 하였다.
③ 가늘게 뽑아 떡산적, 떡찜, 떡볶이 등을 만든다.
④ 찹쌀가루를 쪄서 친 떡이다.

31 떡 포장 표시사항으로 틀린 것은?

① 식염 함량
② 포장 재질
③ 영업소 명칭 및 소재지
④ 유통기한

32 오메기떡과 관련된 곡물은?

① 쌀과 수수
② 차좁쌀
③ 메밀과 귀리
④ 보리와 콩

33 익반죽을 했을 때의 설명으로 맞는 것은?

① 찹쌀가루의 효소를 불활성화하여 제조 적성을 높인다.
② 찹쌀가루의 아밀로오스 가지를 조밀하게 만들어 점성이 높아진다.
③ 찹쌀가루의 글루텐을 수화시켜 반죽을 좋게 한다.
④ 찹쌀가루를 일부 호화시켜 점성이 생기면 반죽이 용이하다.

34 베로독소를 생산하며 용혈성 요독증 증후군과 신부전이 발생하는 대장균은?

① 장관출혈성 대장균
② 장관침투성 대장균
③ 장관병원성 대장균
④ 장관독소형 대장균

35 식품 포장재의 구비조건으로 틀린 것은?

① 맛의 변화를 억제할 수 있어야 한다.
② 가격과 상관없이 위생적이어야 한다.
③ 식품의 부패를 방지할 수 있어야 한다.
④ 내용물을 보호할 수 있어야 한다.

36 다음 중 이타이이타이병과 관련이 있는 중금속은?

① 비소　　　② 주석
③ 카드뮴　　④ 수은

37 떡에 사용하는 재료의 전처리 설명이 틀린 것은?

① 쑥은 잎만 데쳐서 사용할 만큼 싸서 냉동한다.
② 대추고는 물을 넉넉히 넣고 푹 삶아 체에 내려 과육만 거른다.
③ 오미자는 더운물에 우려 각종 색을 낼 때 사용한다.
④ 호박고지는 물에 불려 물기를 꼭 짜서 사용한다.

38 중화절(음력 2월 1일)의 절식은?

① 노비송편　　② 복쌈, 부럼
③ 진달래화전　④ 개피떡

39 떡의 제조과정 설명 중 틀린 것은?

① 송편은 멥쌀가루를 익반죽해서 콩, 깨, 밤, 팥 등의 소를 넣고 빚어서 찐 떡이다.
② 찹쌀가루는 물을 조금만 넣어도 질어지므로 주의해야 한다.
③ 익반죽을 할 때는 미지근한 물(40℃)을 조금씩 부어가며 쌀가루에 골고루 가도록 섞는다.
④ 단자는 찹쌀가루를 삶거나 쪄서 익혀 꽈리가 일도록 쳐서 고물을 묻힌다.

40 찹쌀을 사용하여 만든 떡으로 맞는 것은?

① 봉치떡　　② 복령떡
③ 색떡　　　④ 석탄병

41 떡류 포장 표시의 기준을 포함하여 소비자의 알 권리를 보장하고 건전한 거래질서를 확립함으로써의 소비자 보호에 이바지함을 목적으로 하는 것은?

① 식품안전기본법
② 식품안전관리인증기준
③ 식품 등의 표시·광고에 관한 법률
④ 식품위생 분야 종사자의 건강진단 규정

42 생식품류의 재배, 사육 단계에서 발생할 수 있는 1차 오염은?

① 처리장에서의 오염
② 유통과정에서의 오염
③ 제조과정에서의 오염
④ 자연환경에서의 오염

43 떡의 의미와 종류의 연결이 틀린 것은?

① 기원 : 붉은팥단자, 백설기
② 나눔 : 이사 및 개업 떡
③ 부귀 : 보리개떡, 메밀떡
④ 미학과 풍류 : 진달래화전, 국화전

44 다음 중 치는 떡이 아닌 것은?

① 차륜병   ② 인절미
③ 고치떡   ④ 석이병

45 양반들의 잔칫상에 오르던 장식용 웃기로 크기가 다른 바람떡을 두 개 겹쳐서 만든 떡의 이름은?

① 재증병   ② 두텁떡
③ 여주산병   ④ 개피떡

46 쇠머리떡의 설명으로 맞는 것은?

① 소 머릿고기를 넣고 만든 음식이다.
② 전라도에서 즐겨 먹는 떡이다.
③ 멥쌀가루, 검은콩 등을 넣고 만든 떡이다.
④ 모두배기 또는 모듬백이라고 불린다.

47 다음 중 찌는 떡으로만 짝지어진 것은?

① 고치떡, 산병, 당귀떡
② 혼돈병, 두텁떡, 석이병
③ 인절미, 석탄병, 백설기
④ 송편, 수수부꾸미, 석류병

48 절기와 절식 떡의 연결이 틀린 것은?

① 정월 대보름—약식
② 삼짇날—진달래화전
③ 단오—차륜병
④ 추석—삭일송편

49 다음 중 식품업에 종사할 수 있는 자는?

① 정신질환자
② 2군 감염환자(B형 간염환자)
③ 마약중독자
④ 파산 선고자

50 식품 제조업 종사자가 매년 교육받아야 할 시간은?

① 1시간   ② 2시간
③ 3시간   ④ 4시간

51 다음 중 영업에 종사하지 못하는 질병의 종류가 아닌 것은?

① 비감염성 결핵   ② 제1군 전염병
③ 화농성 질환   ④ 피부병

52 전분에 물을 붓고 열을 가하여 70~75℃ 정도가 되면 전분입자는 크게 팽창하여 점성이 높은 반투명의 콜로이드 상태가 되는 현상은?

① 전분의 호화　② 전분의 노화
③ 전분의 호정화　④ 전분의 결정

53 떡의 노화를 방지할 수 있는 방법이 아닌 것은?

① 찹쌀가루의 함량을 높인다.
② 설탕의 첨가량을 높인다.
③ 급속 냉동시켜 보관한다.
④ 수분함량을 30~60%로 유지한다.

54 황색포도상구균에 의한 식중독 예방대책으로 적합한 것은?

① 토양의 오염을 방지하고 특히 통조림의 살균을 철저히 해야 한다.
② 쥐나 곤충 및 조류의 접근을 막아야 한다.
③ 어패류를 저온에서 보관하며 생식하지 않는다.
④ 화농성 질환자의 식품 취급을 금지한다.

55 떡 포장할 때 기능으로 틀린 것은?

① 보존의 용이성　② 정보성
③ 향미증진　　　④ 안전성

56 전분의 호화와 점성에 대한 설명 중 틀린 것은?

① 곡류는 서류보다 호화온도가 낮다.
② 전분의 입자가 클수록 빨리 호화된다.
③ 소금은 전분의 호화와 점도를 촉진시킨다.
④ 산 첨가는 가수분해를 일으켜 호화를 촉진시킨다.

57 약식에 주로 사용하는 재료로 틀린 것은?

① 늙은 호박　② 참기름
③ 대추　　　④ 간장

58 떡 포장재료로 주로 사용하는 것은?

① 폴리스티렌　② 종이
③ 폴리프로필렌　④ 폴리에틸렌(PE)

59 완성된 떡을 배달하기 전에 보관요령으로 알맞은 것은?

① 업소용 냉장고
② 식품용 터널 냉동고
③ 냉장보관 후 냉동 보관
④ 실온보관 후 냉동 보관

60 찹쌀의 아밀로펙틴에 대한 설명 중 옳은 것은?

① 아밀로스 함량이 더 많다.
② 아밀로스 함량과 아밀로펙틴 함량이 거의 같다.
③ 아밀로펙틴으로 이루어져 있다.
④ 아밀로펙틴은 존재하지 않는다.

② 기출복원문제 ●

정답 및 해설

01 ①	02 ④	03 ①	04 ③	05 ④	06 ②	07 ①	08 ①	09 ①	10 ①
11 ④	12 ①	13 ④	14 ①	15 ②	16 ③	17 ④	18 ①	19 ④	20 ④
21 ④	22 ④	23 ③	24 ②	25 ①	26 ②	27 ④	28 ②	29 ③	30 ④
31 ①	32 ②	33 ④	34 ①	35 ②	36 ③	37 ③	38 ①	39 ③	40 ①
41 ③	42 ④	43 ④	44 ④	45 ③	46 ④	47 ②	48 ④	49 ④	50 ③
51 ①	52 ①	53 ④	54 ④	55 ③	56 ④	57 ①	58 ④	59 ②	60 ③

01 켜떡은 쌀가루에 고물을 넣고 켜를 지어 시루에 찐 떡이다. 웃기떡은 색떡이라고도 하며 주로 장식용으로 쓰인다.

02 깁체는 고운 가루를 칠 때 쓰이고, 17세기 문헌에서부터 현재까지 그대로 이어진다.

03 도행병은 강원도 향토떡으로 복숭아와 살구의 정취를 만끽하려 했던 선조들의 멋을 느낄 수 있는 별미로 이름만큼이나 멋스러운 떡이다.

04 에틸알코올 70~80%는 미생물에 대해 단시간에 작용하고 가장 일반적인 항균 및 항진균 효과를 지닌 소독제로 독성이 적으며, 세정력이 있으므로 손, 피부 소독에 쓰인다.

05 고려시대 이수광의 『지봉유설』에는 음력 3월 3일에 청애병을, 한치윤의 『해동역사』에는 "고려인이 율고를 잘 만든다"라고 기록되어 있다.

06 세균성 식중독은 식품에 이미 증식되었으므로 바로 발병하는 것이 보통이며, 따라서 잠복기가 매우 짧다.

07 안티몬은 법랑용기의 도금이 벗겨진 용기를 산성식품에 사용하면 용출되어 화학물질 식중독을 일으킨다.

08 부패는 발효의 한 형태로 미생물에 의한 유기물, 특히 단백질의 분해로 악취 물질이 생성되는 과정을 말한다.

09 아플라톡신은 쌀, 땅콩을 비롯한 탄수화물이 풍부한 농산물이나 곡류에서 잘 번식한다.

10 떡의 주재료로는 멥쌀과 찹쌀인데, 찹쌀은 아밀로펙틴으로 이루어져 찰기가 멥쌀보다 많고 소화도 잘 된다.

11 고체지방(버터, 마가린)의 부피 계량은 저울에 하는 것이 좋다.

12 찹쌀을 분쇄할 때 입자가 너무 고우면 잘 익지 않기 때문에 롤러의 핸들을 12시 방향으로 맞춘 후 한 번 분쇄하여 주먹을 살짝 쥐고 안쳐서 익힌 다음, 성형해서 고물을 묻힌다.

13 음력 3월 초 사흗날의 즐겨 먹는 떡은 진달래 화전, 청애병, 향애(쑥)단자 등이다.

14 레드비트는 순무와 비슷한 모양으로 맛도 좋고, 즙을 내면 환상적인 진분홍빛이 되어 붉은색을 내는 천연색소로 사용된다.

15 비타민 D는 지용성 비타민의 일종으로 체내에 흡수된 칼슘, 뼈와 치아에 축적되었다가 흉선

16 발효는 효모나 세균 따위의 미생물이 지니고 있는 효소의 작용으로 유기물이 분해되어 알코올류, 유기산류, 탄산가스 등이 발생하는 작용이다.

17 미량원소는 물질 속에 극히 미량으로 함유되어 있는 원소로 철, 아연, 망간, 구리 등이 있다.

18 남방감저병은 찹쌀가루에 고구마가루를 섞어 시루에 찐 떡이다.

19 조리장의 조도는 50~100lux가 적당하다.

20 웃기떡은 단자, 주악, 화전이다.

21 단오 절식은 수리취절편, 제호탕 등이다.

22 상화는 고려가요 쌍화점에서 언급되지만 정확히 어떤 음식인지는 확인되지 않았으나, 만두의 일종으로 추정했다. 조선시대 『음식지미방』에는 소 만드는 법이 소개되어 있다. 소는 오이나 박을 채썰고 무는 삶고, 석이버섯, 표고버섯, 참버섯은 가늘게 찢어 단간장과 참기름을 넣고 볶아 잣과 후춧가루로 양념하여 기상화(起霜花, 부풀게 찜)한다.

23 인절미와 가래떡은 치는 떡으로 시루에 쪄낸 찹쌀가루나 멥쌀가루 반죽을 뜨거울 때 절구나 안반(떡판)에 놓고 찧어 끈기가 나게 친 떡이다.

24 호화는 녹말에 물을 가하여 가열하면 팽윤하고 점성도가 증가하여 전체가 반투명인 거의 균일한 콜로이드 물질이 되는 현상이다.

25 혼돈병은 두텁떡과 마찬가지로 거피팥 고물을 볶아 사용하므로 색과 향이 좋을 뿐 아니라 모양과 맛 또한 뛰어나다.

26 황색포도상구균은 자연계에 널리 분포되어 있는 세균으로 식중독 및 중이염, 방광염 등 화농성 질환을 일으키는 원인균이다.

27 밀단고는 찹쌀가루로 동그란 떡을 만들어 익힌 콩을 꿀에 섞어 바르되 붉은빛이 나게 하는

것을 말하며, 음력 10월 초겨울의 시식이다.

28 구름떡은 차지고 늘어지는 특징을 이용한 떡으로 찐 반죽을 고물에 굴려서 틀에 넣어 굳히면 층이 자연스럽게 만들어진다. 이를 썰어서 그릇에 담으면 마치 구름이 흩어진 모양과 같다 하여 붙여진 이름이다.

29 떡살은 고려시대부터 사용한 것으로 알려져 있으며, 누르는 면에 음각 혹은 양각의 문양이 나타나 절편에 찍으면 문양이 아름답게 남는다.

30 가래떡은 멥쌀가루를 쪄서 친 도병으로, 권모는 가락을 짧게 자른 흰떡이다.

31 • 떡 포장 표시사항에 식염 함량은 포함되지 않는다.
• 떡류 포장 표시사항은 제품명, 식품의 유형, 영양소 명칭(상호) 및 소재지, 유통기한, 원재료명, 용기·포장 재질, 품목로고번호, 성분명 및 함량, 보관방법, 주의사항 등이다.

32 오메기떡은 제주도에서 많이 나는 잡곡 중 하나인 차좁쌀로 가루를 내어 반죽한 후 손으로 둥글게 굴리면서 빨리 익도록 가운데 홈을 내거나 구멍을 낸 다음, 콩가루를 입혀서 차조가 많이 나는 가을에 해 먹는 떡이다. '오메기'는 제주어로 '좁쌀'이란 뜻이다.

33 쌀가루를 익반죽하는 이유는 쌀에는 밀과 같은 글루텐 단백질이 없어서 반죽하였을 때 점성이 있는 반죽이 되지 않기 때문이다. 끓는 물을 넣고 전분의 일부를 호화시켜 모양을 만들기 쉽게 하기 위해서이다.

34 장관출혈성 대장균은 어린이나 노인층에서 주로 감염되고, 설사나 변에 피가 섞여 나오는 등의 증세를 일으키는 세균으로 요독증, 빈혈, 신장병 등으로 악화될 수 있다.

35 식품 포장재료의 구비조건은 위생성, 보호성, 안정성, 상품성, 간편성, 경제성이다.

36 이타이이타이병은 일본 도야마현의 진즈강

하류에서 발생한 카드뮴에 의한 공해병으로, 중독되면 신장에 이상이 생기고 칼슘이 부족하게 되어 뼈가 물러지며 작은 움직임에도 골절이 생길 수 있다.

37 열매에서 다섯 가지 맛(신맛, 단맛, 쓴맛, 짠맛, 매운맛)이 난다는 오미자는 찬물에 우려 오미자화채, 오미자청, 오미자편 등에 사용한다.

38 중화절(음력 2월 초하룻날)은 머슴날이라 하여 송편을 크게 빚어 머슴 또는 노비의 나이 수만큼 먹인 데서 유래된 떡이다.

39 떡을 익반죽할 때는 반죽이 익을 정도의 뜨거운 물을 조금씩 부어가며 쌀가루에 골고루 가도록 섞는다.

40 무지개떡이라고도 하는 색떡, 복령떡, 석탄병은 멥쌀가루로 만든 떡이다.

41 식품 등의 표시·광고에 관한 법률은 2020년 12월 29일에 일부 개정되어 시행되었다.

42 자연환경에서의 오염은 오염 발생원에서 방출된 유해물질이 오염과 연결되는 상태이며, 최초로 발생한 오염을 말한다.

43 보리개떡은 식량이 귀하던 시절 보리가 수확되기 시작하면 보리를 갈아 거친 가루를 반죽해서 치댄 후 쪄서 떡을 만들어 배고픔을 달랬던 음식이다. 메밀도 조선시대 『구황벽곡방』에 구황작물로 기록될 만큼 예로부터 많이 재배한 작물로 추운 곳이나 척박한 땅에서도 잘 자라는 편이다.

44 석이병은 멥쌀가루에 석이가루를 섞어 물을 내려 잣가루를 섞어 찐 떡이다.

45 여주산병은 여주 지방에서 나는 좋은 쌀을 이용하여 만든 화려하고 맛있는 떡 중 하나이다.

46 쇠머리떡은 찹쌀가루에 밤, 대추, 콩, 팥 등을 섞어 버무려 찐 찰무리떡으로 겹쳐서 굳혀 썰었을 때 마치 쇠머리편육처럼 생겼다 하여 붙여진 이름으로 모두배기, 모듬백이라고 부르는 충청도 향토떡이다.

47 혼돈병, 두텁떡은 찹쌀가루, 석이병은 멥쌀가루로 만들며, 찌는 떡에 해당된다.

48 삭일(노비)송편은 중화절(음력 2월 1일)에 머슴의 나이만큼 나눠주는 송편이다.

49 파산 선고자나 신용불량자는 식품업에 종사할 수 있다.

50 교육시간(식품위생법 시행규칙 제52조제2항)
• 식품제조·가공업, 즉석판매제조·가공업, 식품첨가물제조업을 하려는 자 : 8시간
• 식품운반업, 식품소분, 판매업, 식품보존업, 용기·포장류제조업을 하려는 자 : 4시간
• 식품접객업을 하려는 자 : 6시간
• 집단급식소를 설치·운영하려는 자 : 6시간
• 식품제조·가공업, 식품접객업은 모두 매년 3시간씩 보수교육을 받아야 한다.

51 영업에 종사하지 못하는 질병의 종류는 제1군 감염병, 결핵(비감염성인 경우는 제외), 피부병 또는 그 밖의 화농성 질환, 후천성면역결핍증이다.

52 전분의 호화는 전분에 물을 붓고 열을 가하면 입자가 커져 팽창해서 반투명 콜로이드가 되는 상태를 말한다.

53 떡의 노화를 방지하기 위해서는 호화된 전분의 수분함량을 낮춘다.

54 포도상구균은 자연계에 널리 분포되어 있는 세균으로 식중독 및 중이염, 방광염 등 화농성 질환을 일으키는 원인균이다.

55 식품 포장재료의 구비조건은 위생성, 보호성, 안정성, 상품성, 간편성, 경제성이다.

56 전분의 호화는 수분함량이 많을수록, 알칼리성일수록, 가열온도가 높을수록, 입자가 클수록 잘 일어난다.

57 약식은 불린 찹쌀에 대추, 밤, 잣 등을 섞어 찐 다음 참기름과 꿀, 간장으로 버무려 만든

음식이다.

58 폴리에틸렌은 열에 강한 소재로 주방용품에 많이 사용되고, 장시간 햇빛에 노출되도 변색이 거의 일어나지 않으며 비교적 안전한 소재로 아이들 장난감에도 많이 사용된다.

59 식품용 터널 냉동고는 액체 질소(-196℃) 또는 탄산가스(-78.5℃)를 이용한 냉매의 터널식 냉동고로 급속동결을 하기 때문에 식품의 세포가 파괴되지 않아, 신선한 맛 그대로 냉동 보관을 할 수 있다.

60 찹쌀이나 찰옥수수, 차조 등의 찰 전분은 아밀로펙틴으로만 이루어져 있다.

01 쌀의 종류 중에서 찰기가 가장 많은 품종은?

① 중립종 　　② 단립종
③ 장립종 　　④ 미립종

02 다음 중 묵은쌀에 해당하는 것이 아닌 것은?

① 쌀눈 자리가 갈색으로 변한 것
② 외관상 색깔이 맑고 투명한 것
③ 산도가 높은 쌀
④ 색이 탁한 것

03 참깨에 들어 있는 천연 항산화 물질은?

① 세사몰 　　② 고시폴
③ 레시틴 　　④ 토코페롤

04 전분의 노화가 가장 천천히 일어나는 것은?

① 빵 　　② 멥쌀밥
③ 죽 　　④ 찰밥

05 서류에 대한 설명이 잘못된 것은?

① 탄수화물의 급원식품이다.
② 열량의 공급원이다.
③ 무기질 중 칼륨(K) 함량이 비교적 높다.
④ 수분함량과 환경온도의 적응성이 커서 저장성이 우수하다.

06 아밀로오스, 아밀로펙틴이 호화와 노화에 미치는 영향으로 맞는 것은?

① 아밀로오스는 호화되기도 쉽지만 노화되기 어렵다.
② 아밀로펙틴은 호화되기는 쉽고 노화되기 어렵다.
③ 아밀로펙틴은 호화되기도 쉽고 노화되기도 쉽다.
④ 아밀로오스는 호화되기도 쉽지만 노화되기도 쉽다.

07 감자나 고구마가 쌀보다 더 빨리 호화되는 이유는?

① 아밀로오스 함량이 감자, 고구마가 더 많기 때문이다.
② 아밀로펙틴 함량이 감자, 고구마가 쌀보다 많기 때문이다.
③ 감자나 고구마가 쌀보다 전분입자가 크기 때문이다.
④ 수소 이온 농도가 높기 때문이다.

08 팥에 대한 설명으로 옳지 않은 것은?

① 원산지는 중국 일대로 소두, 적소두(赤小豆)라고 한다.
② 탄수화물이 50%이고 이 중 전분이 34%를 차지한다. 단백질이 20% 함유 비타민 B군과, 사포닌, 섬유소가 풍부하게 들어 있다.
③ 이뇨작용이 뛰어나고, 수분배출, 성인병예방, 과식방지, 변비, 신장염, 부기 제거에 효과가 있다.
④ 다른 콩에 없는 비타민 A가 풍부하게 함유되어 있다.

09 감미료의 기능이 아닌 것은?

① 향료 역할　　② 영양소

③ 안정제　　　④ 발색제

10 쑥을 삶는 방법으로 알맞은 것은?

① 소금만 넣어서 삶는다.

② 소금과 식소다를 사용하여 무르게 삶는다.

③ 끓는 물에 살짝 데친다.

④ 끓는 물에 오래오래 삶는다.

11 다음 중 도병(搗餠)이 아닌 것은?

① 가래떡　　　② 경단

③ 인절미　　　④ 개피떡

12 쌀 세척 및 수침과정에 대한 설명으로 옳지 않은 것은?

① 멥쌀이나 찹쌀을 씻어서 이물질 제거할 때 물의 온도는 40℃ 전후이다.

② 불린 쌀은 소쿠리에 건져서 물기를 제거하고 소금을 넣어 분쇄한다.

③ 수침 시 멥쌀은 1.2~1.25kg, 찹쌀은 1.35~1.4kg 정도로 무게가 증가한다.

④ 수침된 쌀의 수분량은 30% 정도이다.

13 쌀가루를 익반죽하는 이유는?

① 끓는 물은 노화를 빨리 시키기 때문이다.

② 끓는 물로 인해 호화되어 점성이 생기기 때문이다.

③ 끓는 물이 들어가 빨리 익을 수 있어서

④ 설탕을 빨리 녹이기 위해서이다.

14 찹쌀가루로 떡을 만들 때의 설명으로 옳지 않은 것은?

① 익반죽은 가루를 끓는 물로 반죽하는 것이다.

② 익반죽에 반대되는 말은 날반죽이다.

③ 경단은 익반죽을 하면 늘어지지 않는다.

④ 찰시루떡은 끓는 물로 물을 주면 쉽게 익는다.

15 다음 중 노화가 가장 촉진되는 온도는?

① 0~5℃이다.

② -18℃ 이하이다.

③ 60℃ 이상의 고온이다.

④ 온도와 무관하다.

16 다음 중 쳇불이 가장 넓은 체는?

① 겹체　　　　② 깁체

③ 중간체　　　④ 어레미

17 다음 떡살의 종류 중 부귀수복(富貴壽福)을 기원하는 뜻의 문양은?

① 국수무늬　　② 태극무늬

③ 길상무늬　　④ 빗살무늬

18 도구에 대한 설명으로 잘못된 것은?

① 안반–일명 떡판이라고 하고, 떡을 칠 때 쓰는 두껍고 넓은 나무판이다.

② 떡메–쌀을 치는 메로 굵고 짧은 나무 토막에 구멍을 뚫어 긴 자루를 박아 쓴다.

③ 떡가위–떡이나 엿, 약과 등을 자를 대 쓰는 가위로 놋쇠로 되어 있고, 마치 엿장수 가위처럼 날의 두께가 1mm 가량으로 무딘 편이다.

④ 밀판–반죽 따위를 밀어서 얇고 넓게 펴는 데 쓰는 판이다.

19 고추, 마늘, 생강 등의 양념이나 곡식을 가는 데 돌공이와 함께 쓰는 연장으로 자연석이나 도기로 만든 것은?

① 이남박　　　② 돌확(확돌)
③ 맷돌　　　　④ 절구

20 찹쌀 1C(200ml)의 중량은 얼마인가?

① 180g　　　② 120g
③ 100g　　　④ 200g

21 고체식품을 계량할 때 주의사항으로 옳은 것은?

① 버터나 마가린은 얼린 형태 그대로 잘라 계량컵에 담아 계량한다.

② 마가린은 실온에 두어 부드럽게 한 후 계량스푼으로 수북하게 담아 계량한다.

③ 흑설탕의 경우 끈적거리는 성질 때문에 계량컵에 빈 공간이 없도록 눌러 담아 계량한다.

④ 고체식품은 무게(g)보다 부피를 재는 것이 더 정확하다.

22 팥고물 시루떡을 만드는 방법으로 옳지 않은 것은?

① 켜 없이 하나의 무리떡으로 찌는 떡으로 미리 칼집을 넣어서 찌기도 한다.

② 찜기나 시루에 팥고물을 먼저 깔고, 쌀가루를 넣어 순서대로 켜켜이 안친다.

③ 팥고물 시루떡의 팥고물은 팥 알맹이가 살아 있게 대강 찧어 사용한다.

④ 팥고물 시루떡은 멥쌀과 찹쌀을 각각 찌거나, 멥쌀과 찹쌀을 섞어서 찌기도 한다.

23 쇠머리 찰떡을 만드는 방법으로 옳지 않은 것은?

① 찹쌀가루에 준비된 밤, 대추, 콩 등을 섞어서 흰 설탕을 켜켜이 넣고 찐다.

② 쇠머리 찰떡은 충청도의 향토떡이다.

③ 쪄낸 찰떡은 냉동고에 얼렸다가 편으로 자른다.

④ 불린 서리태는 찌거나 삶아서 소금을 조금 뿌려 사용한다.

24 약식을 할 때 설탕을 먼저 넣고 비벼주는 가장 큰 이유는?

① 설탕이 녹지 않을 것 같아서

② 약식이 단맛과 색이 잘 살아나고 보존성을 높이기 위해서

③ 약식의 밥알이 잘 물러지게 하기 위해서

④ 당도를 높여주기 위해서

25 경단을 반죽할 때와 삶은 후 헹굴 때 적당한 물은?

① 찬물, 찬물

② 끓는 물, 찬물

③ 끓는 물, 끓는 물

④ 찬물, 끓는 물

26 떡에 대한 설명 중 틀린 것은?

① 복령, 승검초 등 여러 약재를 넣어 건강식으로 이용한다.

② 쑥, 오미자 등 천연 색소를 이용하여 다양한 색을 낼 수 있다.

③ 백설기, 봉치떡 등은 통과의례에서 각각 의미를 가진다.

④ 떡의 역사는 비교적 짧다.

27 증편에 대한 설명 중 옳지 않은 것은?

① 기주떡 또는 술떡이라고 한다.

② 여름에 먹는 편이다.

③ 상화병이 본래 명칭이다.

④ 찌는 모양에 따라 명칭이 달라진다.

28 다음 중 찌는 떡으로만 짝지어진 것은?

① 고치떡, 산병, 당귀떡

② 혼돈병, 두텁떡, 석이병

③ 인절미, 석탄병, 백설기

④ 송편, 수수부꾸미, 석류병

29 두텁떡을 표현한 말 중 옳지 않은 것은?

① 석탄병   ② 합병

③ 후병   ④ 봉우리떡

30 흰떡을 만들어 친 다음, 두 번째로 소를 넣어 송편 모양으로 빚고 다시 찐 떡의 이름은?

① 달떡   ② 용떡

③ 여주산병   ④ 재증병

31 포장 후 화학적 식중독이 감염되지 않는 용기로 유해하지 않은 것은?

① 형광물질이 함유된 종이물질

② 착색된 비닐포장재

③ 페놀수지 제품

④ 알루미늄박 제품

32 떡을 포장하기 전에 냉동고에 떡을 넣어 냉각하는 이유로 옳은 것은?

① 미생물이 번식하기 좋은 온도를 지나가야 하므로 빨리 온도를 낮추기 위해서

② 떡을 포장할 때 고물이 떨어지는 것을 방지하기 위하여

③ 떡의 모양을 고정시켜 기계 포장을 쉽게 하기 위하여

④ 떡을 포장하기 전 임시 보관 장소로 사용하기 위하여

33 냉장과 냉동 보관 방법에 대한 설명으로 옳지 않은 것은?

① 냉장보관은 주로 채소나 과일에 많이 사용된다.

② 냉장법은 저온으로 미생물의 증식을 일시적으로 억제시킨 방법이다.

③ 냉동법은 미생물의 변화를 완벽하게 중지시킨 것으로 오래 보관해도 식품의 품질에는 변화가 없다.

④ 냉동은 −18℃ 이하로 식품 자체의 수분을 냉각시키는 방법이다.

34 개인위생의 범위에 해당되지 않는 것은?

① 신체부위　② 식품기구
③ 습관　　　④ 장신구

35 떡이나 밥 등이 미생물의 분해 작용으로 변질되는 현상은?

① 산패　② 변질
③ 부패　④ 변패

36 맥각 중독을 일으키는 원인물질은?

① 루브라톡신(rubratoxin)
② 오크라톡신(ochratoxin)
③ 에르고톡신(ergotoxin)
④ 파튤린(patulin)

37 엔테로톡신에 대한 설명으로 옳은 것은?

① 해조류 식품에 많이 들어 있다.
② 100℃에서 10분간 가열하면 파괴된다.
③ 황색 포도상구균이 생성한다.
④ 잠복기는 2~5일이다.

38 식품취급자의 화농성 질환에 의해 감염되는 식중독은?

① 살모넬라 식중독
② 황색포도상구균 식중독
③ 장염비브리오 식중독
④ 병원성 대장균 식중독

39 식품공전을 작성하는 자는?

① 보건환경연구원장
② 국립검역소장
③ 식품의약품안전처장
④ 농림축산식품부장관

40 식품공전상 표준온도라 함은 몇 ℃인가?

① 5℃　② 10℃
③ 15℃　④ 20℃

41 식품위생감시원의 직무가 아닌 것은?

① 식품 등의 위생적 취급기준의 이행지도
② 수입・판매 또는 사용 등이 금지된 식품 등의 취급여부에 관한 단속

③ 시설기준의 적합여부의 확인·검사

④ 식품 등의 기준 및 규격에 관한 사항 작성

42 식품위생법상 식품위생의 정의는?

① 음식과 의약품에 관한 위생을 말한다.

② 농산물, 기구 또는 용기·포장의 위생을 말한다.

③ 식품 및 식품첨가물만을 대상으로 하는 위생을 말한다.

④ 식품, 식품첨가물, 기구 또는 용기·포장을 대상으로 하는 음식에 관한 위생을 말한다.

43 다음 중 중요 관리점(CCP)에 대한 설명으로 옳은 것은?

① 위해요소를 사전에 증명하기 위한 방법이나 도구

② 위해요소를 사전에 예방하거나 제어할 수 있는 과정

③ 위해요소의 중증도 및 위험도를 평가하는 과정

④ 위해요소에 대한 개선조치를 설정하는 과정

44 식품안전관리인증기준(HACCP)의 7원칙이 아닌 것은?

① 제품설명서 작성

② 위해요소 분석

③ 중요관리점(CCP) 결정

④ 개선조치 방법 수립

45 조명이 불충분할 때는 시력저하, 눈의 피로를 일으키고 지나치게 강렬할 때는 어두운에서 '암순응 능력'을 저하시키는 태양광선은?

① 전자파 　　② 자외선

③ 적외선 　　④ 가시광선

46 유리와 탈해가 서로 왕위를 사양하다가 떡을 깨물어 잇자국이 많은 유리왕이 왕위를 계승했다는 이야기가 기록된 곳은?

① 삼국사기 　　② 삼국유사

③ 규합총서 　　④ 가락국기

47 농업기술과 조리가공법의 발달로 전반적인 식생활 문화가 향상된 시기로 이에 따라 떡의 종류와 맛도 더 한층 다양해진 시기는?

① 고려시대 　　② 조선시대

③ 해방 후 　　④ 일제시대

48 감설기에 밤, 귤병, 계핏가루, 잣, 꿀을 더해 만든 떡으로, 「규합총서」에서 '맛이 차마 삼키기 아까울 정도로 맛있다'고 말한 떡은?

① 꿀 감설기 　　② 꿀편

③ 석탄병 　　④ 두텁떡

49 고려시대 속요에 등장하는 〈쌍화점(雙花店)〉과 관련이 있는 떡은?

① 인절미 　　② 증편

③ 바람떡 　　④ 상화병

50 떡의 이름이 쓰여진 고조리서와의 짝이 맞지 않는 것은?

① 단자류는 「증보산림경제」에 향애 단자로 처음 기록되었다.

② 경단류는 「임원십육지」에 경단병이란 이름으로 처음 기록되었다.

③ 화전은 「도문대작」에 기록되어 있다.

④ 설기떡은 「성호사설」에서 기록을 찾아볼 수 있다.

51 제주도의 향토떡으로 옳지 않은 것은?

① 오메기떡　　② 빼대기떡

③ 모시떡　　　④ 달떡

52 설날의 풍경을 설명한 것으로 옳지 않은 것은?

① 시루떡을 쪄서 올린 뒤 신에게 빌고, 삭망전에 올리기도 한다.

② 일제 강점기에 음력설을 말살하고자 방앗간을 섣달그믐 전 1주일 동안 영업을 금하였다.

③ 떡국은 꿩고기를 넣고 끓이는 것이 제격이나 꿩고기가 없는 경우에는 닭고기를 넣고 끓였다. 그리하여 '꿩 대신 닭'이라는 말이 유래되었다.

④ 나이를 한 살 더 먹는 떡이라는 뜻으로 설날에 먹는 떡국을 이르는 말로 첨세병(添歲餠)이라고도 한다.

53 화전을 할 때 계절에 적합한 꽃으로 잘못 짝지어진 것은?

① 봄-진달래

② 여름-장미

③ 여름-코스모스

④ 가을-국화

54 초파일에 먹는 불가의 떡으로 느티나무의 어린잎을 멥쌀가루에 섞어 거피팥 고물을 올려 찐 떡은?

① 봉치떡　　　② 느티떡

③ 화전　　　　④ 상추시루떡

55 계면떡을 바르게 설명한 것은?

① 굿이 끝난 뒤에 무당이 구경꾼에게 나누어주는 떡이다.

② 계핏가루를 뿌린 웃기떡 중 하나이다.

③ 집안의 평화를 위해 만드는 떡이다.

④ 멥쌀가루를 한덩어리로 찌는 무리떡이다.

56 시월 상달의 시식으로 쑥과 찹쌀가루로 만든 떡에 볶은 콩가루를 꿀에 섞어 바른 떡을 무엇이라 하는가?

① 애단자

② 밀단고

③ 콩강정

④ 깨강정

57 중양절에 대한 설명으로 옳지 않은 것은?

① 음력 9월 9일로 양수인 9가 겹치는 날이다.

② 햇벼가 나지 않아 추석 때 제사를 지내지 못한 북쪽 산간지방에서 지내던 절일이다.

③ 최근까지도 그 풍속을 이어오고 있다.

④ 국화전, 밤떡을 먹었다.

58 납일에 빚어 먹는 작은 절편은?

① 애단고   ② 인절미

③ 골무떡   ④ 수수부꾸미

59 봉치(봉채)떡에 대한 설명으로 옳지 않은 것은?

① 떡 위에 놓는 대추는 아들을 상징한다.

② 신부집에서 함을 받기 위해서 만드는 떡으로 그날 다 나눠 먹어야 하나 집 밖으로 내보내지 않았다고 한다.

③ 떡을 두 켜로 하는 것은 한쌍의 부부를 뜻한다.

④ 봉치떡은 메시루떡이다.

60 지지는 떡으로 진달래, 장미, 감꽃, 황국화 등의 갖가지 꽃잎을 얹어 계절의 정취를 즐기는 떡의 이름은?

① 토란병   ② 감떡

③ 화전   ④ 석류병

01 쌀의 주된 단백질 성분은?

① 오르제닌   ② 글루시닌

③ 호르데인   ④ 글루테닌

02 다음의 건조 두류들을 동일한 조건에서 수침하면 가장 빨리 수분을 흡수하는 것은?

① 녹두   ② 대두

③ 검은팥   ④ 붉은팥

03 서여향병의 서여는 어떤 재료인가?

① 수수   ② 조

③ 마   ④ 감자

04 율고에 대한 설명으로 옳지 않은 것은?

① 밤떡 또는 밤가루설기라고도 한다.

② 중양절에 국화주를 마시면서 밤떡을 만들어 먹었다.

③ 『거가필용』에 고려율고라는 떡이 나온다.

④ 중화절의 절식이다.

05 멥쌀을 씻어서 5시간 담갔다 건졌을 때 수분 흡수율은?

① 약 0~10%

② 약 10~20%

③ 약 20~30%

④ 약 30~40%

06 이 천연색소는 물에 녹지 않고, 알코올이나 기름에 녹아 화전이나 쌀강정의 쌀을 튀길 때 사용하는 색소의 이름이 아닌 것은?

① 자초   ② 지초

③ 자근   ④ 둥굴레

07 다음 중 수수벙거지에 적합한 콩은?

① 풋콩   ② 서리태

③ 강낭콩   ④ 밤콩

08 떡 제조 시 소금의 사용량은?

① 쌀가루 대비 9%

② 쌀가루 대비 7%

③ 쌀가루 대비 3%

④ 쌀가루 대비 1%

09 다음의 천연 발색제 중 노란색을 내는 재료는?

① 송홧가루

② 석이

③ 자미고구마

④ 승검초가루

10 호화전분을 급속히 냉각시키면 단단하게 굳는 현상은?

① 냉동화   ② 노화

③ 겔(gel)화   ④ 호정화

11 쑥설기를 만드는 과정 중 옳지 않은 것은?

① 물 반죽하여 바로 곱게 빻는다.

② 1차는 거칠게 빻는다.

③ 2차로 쑥을 넣고 더 거칠게 빻는다.

④ 3차로 다시 한 번 거칠게 빻는다.

12 쌀가루 분쇄과정에 대한 설명으로 옳지 않은 것은?

① 쌀을 분쇄할 때 소금양은 1kg 기준 10~15g이 적당하다.

② 물은 멥쌀 1kg일 때 기준량보다 20~40g의 물을 더 주고 가루로 만들어 손으로 쥐고 뭉쳐지는 정도면 적당하다.

③ 찹쌀가루를 만들 때는 멥쌀가루 만들 때보다 물을 적게 준다.

④ 찹쌀은 물을 내리고 멥쌀은 물을 내리지 않는다.

13 당류가 전분의 호화에 미치는 영향에 대한 설명으로 옳지 않은 것은?

① 농도가 매우 낮을 때는 전분의 호화에 거의 영향을 미치지 않는다.

② 20% 이상, 특히 50% 이상의 당은 혼합물 속의 물 분자와 설탕의 수화로 팽윤을 억제하여 호화를 지연시킨다.

③ 조리 후 설탕을 첨가하면 호화에 영향을 미치지 않는다.

④ 조리 후 설탕을 첨가하여도 호화에 영향을 미친다.

14 전분의 노화를 억제하기 위한 방법이 아닌 것은?

① 수분함량을 30~60% 범위로 유지한다.

② 수분함량을 15% 이하나 제품을 빙점 이하로 보관한다.

③ 설탕을 첨가한다.

④ 유화제를 사용한다.

15 pH가 노화에 미치는 영향을 말한 것 중 옳은 것은?

① 산성에서는 노화가 잘 일어나지 않는다.

② 다량의 H 이온은 전분의 수화를 촉진시키므로 노화를 방지시켜 준다.

③ 알칼리 상태는 전분의 호화를 강하게 촉진시켜도 주고 노화도 잘 일어나지 않는다.

④ pH 7 이상인 알칼리성 용액에서는 노화가 잘 일어나지 않는 것으로 알려져 있고, H_2SO_4, HCl 등의 강한 산성은 그 농도가 낮은 경우에도 노화속도를 증가시킨다.

16 빈대떡이나 화전을 부칠 때 사용하며, 양쪽에 쪽자리가 달려 있는 도구는?

① 채반　　　　② 번철

③ 냄비　　　　④ 겅그레

17 둥글고 넓적한 돌판 위에 그보다 작고 둥근 돌을 세로로 세워서 이를 말이나 소가 돌리게 하는 방아는?

① 디딜방아　　② 연자방아

③ 물레방아　　④ 물방아

18 맷돌 아래 받쳐서 갈려 나오는 재료들이 떨어지게 하거나, 국물이 있는 재료를 체로 거를 때 받는 그릇 위에 걸쳐서 체를 올려놓을 수 있도록 만든 도구는?

① 쳇다리　　② 맷지게

③ 채반　　　④ 채 받침

19 떡 제조에 필요한 도구이다. 쓰임새가 잘못 연결된 것은?

① 떡살−흰떡 등을 눌러 모양과 무늬를 찍어내는 도구

② 시루방석−떡 찌는 시루를 덮어 떡이 잘 익도록 하는 것

③ 떡판−떡을 처음 칠 때 흩어지는 것을 막기 위해 싸는 보자기

④ 안반과 떡메−흰떡이나 인절미를 칠 때 쓰는 용구

20 메스실린더는 무엇의 부피를 재는 기구인가?

① 액체　　　② 고체

③ 기체　　　④ 반도체

21 떡 만드는 재료의 전처리 방법으로 옳지 않은 것은?

① 멥쌀은 물에 씻어 불린 후 체에 밭쳐 30분 정도 물기를 뺀다.

② 현미나 흑미는 멥쌀이나 찹쌀보다 더 오랜 시간 불려야 한다.

③ 붉은 팥고물을 만들 때는 팥을 물에 충분히 불려서 삶는다.

④ 잣은 고깔을 떼어내고 칼날로 곱게 다져 기름을 빼고 사용한다.

22 고명을 만드는 방법으로 옳지 않은 것은?

① 석이채는 석이를 불리지 않고 차가운 물에 살짝 씻어 말린 후 곱게 채썬다.

② 잣은 고깔을 떼어내고 마른 면포로 닦아서 한지나 종이 위에 올려놓고 다져 사용한다.

③ 대추채는 대추를 면포로 닦은 후 돌려깎기하여 밀대로 밀어 채썬다.

④ 밤채는 밤의 겉껍질과 속껍질을 벗겨낸 뒤 물에 담그지 않은 상태에서 살짝 시들면 그때 곱게 채를 썬다.

23 가래떡은 어떤 종류의 떡인가?

① 삶는 떡

② 지지는 떡

③ 쪄서 치는 떡

④ 빚어 찌는 떡

24 송편을 찔 때 솔잎을 깔고 찌면 쉽게 상하는 것을 방지해 주는 이유는 솔잎의 어떤 성분 때문인가?

① 토코페롤
② 피톤치드
③ 포르말린
④ 베타카로틴

25 두텁떡 속에 들어가는 재료가 아닌 것은?

① 거피팥　　② 견과류
③ 유자　　　④ 호박

26 증편의 발효조건 중 옳지 않은 것은?

① 쌀가루는 고운체에 곱게 내린다.
② 무살균 탁주를 이용한다.
③ 설탕은 발효할 수 있는 효모의 영양분이 된다.
④ 발효온도는 50~60℃가 적당하다.

27 다음 중 삼색별편이 아닌 것은?

① 송기편　　② 송화편
③ 흑임자편　④ 매실백편

28 우리나라에서 모유가 부족할 때 이유식으로 만들어 두었다가 아기에게 먹였던 떡은?

① 인절미　　② 달떡
③ 경단　　　④ 백설기

29 약식 재료 중 캐러멜 소스를 만드는 방법은?

① 백설탕을 물에 넣고 저어서 사용한다.
② 백설탕을 끓는 물에 끓여서 사용한다.
③ 백설탕을 볶음 물솥에 조금씩 넣어가며 녹인다.
④ 물엿을 가열해서 사용한다.

30 셀로판 포장지의 특징으로 옳지 않은 것은?

① 일반적으로 독성이 없다.
② 가시광선을 거의 투과시키지 못한다.
③ 온도의 영향을 많이 받는다.
④ 보통 셀로판에는 방습성이 없으나 방습 셀로판은 방습성이 있다.

31 포장재 자체를 먹을 수 있는 것으로 치즈, 버터의 내유피막으로 사용하며 물에 녹지 않아 셀로판 정도로 질기고 신축성이 있는 포장재는?

① 알루미늄박
② 폴리염화 비닐
③ 염화수소 고무
④ 아밀로오스 필름

32 떡을 냉장 보관하였을 때 나타나는 현상은?

① 전분의 노화가 빨리 일어나 떡이 굳고 맛이 떨어진다.
② 전분의 호화로 부드럽고 맛이 좋아진다.

③ 전분의 호정화로 맛이 부드러워진다.

④ 전분의 노화로 떡이 물러진다.

33 식품취급자의 개인 위생관리에 해당되는 내용으로 가장 적절한 것은?

① 건강관리

② 머리와 모발

③ 복장과 장신구

④ 손, 모발, 복장, 건강관리, 정기검진

34 개인위생 관련설비 및 기구에 대한 설명으로 틀린 것은?

① 장갑 속의 피부는 오염된 땀이 빠른 속도로 피부와 장갑 사이에 축적되므로 장갑이 오염되거나 찢기면 음식물이 대량으로 오염될 수 있다.

② 화장실은 사용하기 편리해야 하고 동시에 청결을 철저히 유지하기 쉽도록 설계되어야 한다.

③ 모든 화장실에 위생수칙을 비치하여, 모든 종사자가 화장실에서 용변을 보고 난 후 즉시 물과 비누로 손을 철저히 씻게 해야 한다.

④ 로커는 청결해야 하며, 식품을 저장할 수도 있다.

35 황변미 중독은 14~15% 이상의 수분을 함유하는 저장미에서 발생하기 쉬운데 그 원인 미생물은?

① 곰팡이   ② 세균

③ 효모   ④ 바이러스

36 다음 중 항히스타민제 복용으로 치료되는 식중독은?

① 살모넬라 식중독

② 알레르기성 식중독

③ 병원성 대장균 식중독

④ 장염비브리오 식중독

37 일반 가열 조리법으로 예방하기 가장 어려운 식중독은?

① 살모넬라에 의한 식중독

② 웰치균에 의한 식중독

③ 포도상구균에 의한 식중독

④ 병원성 대장균에 의한 식중독

38 혐기성균으로 열과 소독약에 저항성이 강한 아포를 생산하는 독소형 식중독은?

① 장염비브리오균

② 클로스트리디움 보툴리늄균

③ 살모넬라균

④ 포도상구균

39 식물성 자연독 성분이 아닌 것은?

① 무스카린(Muscarine)

② 테트로도톡신(Tetrodotoxin)

③ 솔라닌(Solanine)

④ 고시폴(Gossypol)

40 식품위생법상 영업 중 "신고를 하여야 하는 변경사항"에 해당되지 않는 것은?

① 식품운반업을 하는 자가 냉장·냉동 차량을 증감하려는 경우

② 식품자동판매기 영업을 하는 자가 같은 시·군·구에서 식품자동판매기의 설치 대수를 증감하려는 경우

③ 즉석판매·제조가공업을 하는 자가 즉석판매 제조·가공대상 식품 중 식품의 유형을 달리하여 새로운 식품을 제조 가공하려는 경우(단, 자가 품질 검사 대상인 경우)

④ 식품첨가물이나 다른 원료를 사용하지 아니한 농·임·수산물 단순가공품의 건조방법을 달리하고자 하는 경우

41 집단 급식소란 영리를 목적으로 하지 않으면서 특정다수인에게 계속하여 음식물을 공급하는 기숙사·학교·병원 그 밖의 후생기관 등의 급식시설로서 1회 몇인 이상한테 식사를 제공하는 급식소를 말하는가?

① 30명 　　　② 40명

③ 50명 　　　④ 60명

42 생물학적 위해요소(Hazard)에 해당되는 것은?

① 병원성 대장균

② 테트로도톡신

③ 머리카락

④ 식품첨가물

43 HACCP의 의무적용 대상 식품에 해당되지 않는 것은?

① 빙과류 　　　② 비가열 음료

③ 껌류 　　　④ 레토르트 식품

44 소음에 있어서 음의 크기를 측정하는 단위는?

① 데시벨(dB) 　　　② 케톤

③ 실(SIL) 　　　④ 주파수(Hz)

45 신라시대 백결선생이 "가난하여 세모에 떡을 치지 못하자 거문고로 떡방아 소리를 내어 부인을 위로했다"는 기록이 있는 고서는?

① 삼국사기

② 삼국유사

③ 정창원문서

④ 영고탑기략

46 시루가 처음 발견된 시기로 알맞은 것은?

① 청동기시대

② 신석기시대

③ 구석기시대

④ 통일신라시대

47 이수광의 「지봉유설」에 기록된 청애병(靑艾餅)이란?

① 쑥떡 　　　② 상화병

③ 모시떡 　　　④ 가래떡

48 조선시대의 떡을 기록한 문헌이 아닌 것은?

① 주례　　　　② 규합총서

③ 도문대작　　④ 음식디미방

49 양반들의 잔칫상에 오르던 웃기떡으로 크기가 다른 바람떡을 두 개 겹쳐서 만든 떡의 이름은?

① 여주산병　　② 재증병

③ 혼돈병　　　④ 개피떡

50 서울·경기 지역의 향토떡으로 맞는 것은?

① 조개송편, 찰부꾸미, 송기떡

② 모싯잎송편, 쑥굴레, 잣구리

③ 개성주악(우메기), 상추시루떡, 여주산병

④ 수리취절편, 고치떡, 호박시루떡

51 예로부터 우리 민족의 4대 명절이 아닌 것은?

① 설날

② 정월 대보름

③ 한식

④ 추석

52 인절미의 다른 이름이 아닌 것은?

① 절병

② 인병

③ 인절병

④ 은절병

53 삼짇날에 대한 설명으로 옳지 않은 것은?

① 삼사일 또는 '중삼절'이라 하고 음력 3월 1일을 말한다.

② 꽃이 필 때 남녀노소가 각기 무리를 이루어 하루를 즐겁게 노는 화전놀이가 있었다.

③ 진달래꽃으로 화전, 녹두가루 반죽을 꿀에 타 잣을 넣어서 먹는 화면을 즐겼다.

④ 집안의 우환을 없애고 소원성취를 비는 신제를 지냈다.

54 유두일(流頭日)의 절식이 아닌 것은?

① 수단(水團)

② 증편

③ 상화병

④ 연병(밀전병)

55 진달래화전의 다른 이름이 아닌 것은?

① 진달래꽃전

② 두견화전

③ 참꽃전

④ 황매화전

56 절식으로 먹는 떡의 연결로 올바르지 않은 것은?

① 정월 대보름-약식

② 2월 초하룻날-노비송편

③ 9월 9일 중양절-상화병

④ 4월 초파일-느티떡

57 시월 상달에 먹는 떡이 아닌 것은?

① 백설기
② 팥시루떡
③ 밀단고
④ 주악

58 골무떡을 잘못 설명한 것은?

① 멥쌀가루를 쪄 안반에 쳐서 모양을 낸 떡
② 납월(臘月)의 절식으로 전해오고 있다.
③ 흰떡 쳐서 갸름하게 자르되 손가락 두께처럼 하여 한 치 너비에 한 치 닷 푼 길이로 잘라 살 박아 기름 발라 써라.
④ 조선시대 규합총서에 나오는 마로 만든 궁중 떡이다.

59 혼례 때 상에 내놓거나 이바지 음식으로 예로부터 입마개떡이라고 부르는 떡은?

① 인절미
② 가래떡
③ 절편
④ 호박시루떡

60 다음 중 '순진무구(純眞無垢)하게 자라라'는 뜻의 돌떡으로 적합한 떡은?

① 녹두편
② 거피팥 찰편
③ 백설기
④ 무지개떡

01 다음 중 식품과 단백질 성분의 연결이 옳지 않은 것은?

① 밀-알부민
② 쌀-오르제닌
③ 보리-호르데인
④ 대두-그리시닌

02 찹쌀로 떡을 하면 물을 더 주지 않아도 쉽게 떡이 만들어지지만 멥쌀의 경우는 수분을 보충해 주어야 한다. 이와 같이 찹쌀과 멥쌀의 수분 흡수율이 차이가 나는 이유는?

① 분쇄했을 때 찹쌀과 멥쌀의 입자 크기가 다르기 때문이다.
② 아밀로펙틴 함량 차이 때문이다.
③ 찹쌀에 아밀로오스 함량이 많기 때문이다.
④ 아밀로펙틴 함량이 멥쌀이 많기 때문이다.

03 다음 중 맥류(麥類)가 아닌 것은?

① 귀리
② 밀
③ 보리
④ 메밀

04 살균·소독을 하는 데 있어서 소독약의 살균력을 나타내는 기준이 되는 것은?

① 역성비누
② 생석회
③ 포름알데히드
④ 석탄산

05 쌀 수침 시 물의 온도와 침지시간이 호화에 미치는 영향을 설명한 것이다. 옳지 않은 것은?

① 수침시간이 1시간 정도면 호화개시 온도는 73.2℃ 정도이다.
② 수침시간이 12시간 정도면 호화개시 온도는 66℃ 정도이다.
③ 일반적으로 쌀이 수분을 흡수하는 속도는 온도가 높을수록 빠르다.
④ 온도와 수분 흡수의 속도는 관계가 없다.

06 보리에 대한 설명으로 바르지 않은 것은?

① 쌀보다 비타민 B, 단백질, 지질의 함량이 많으나 섬유질이 많아서 소화율이 낮다.
② 할맥은 보리골의 섬유소를 제거해서 소화율이 높고 조리가 간편하다.
③ 보리의 주 단백질인 '호르데인'은 글루텐 형성 능력이 작아서 같은 부피의 떡을 만들기 위해서는 분할 무게를 증가시킨다.
④ 장 맥아 : 싹의 길이가 보리의 3/4~4/5 정도로 맥주 양조용으로 사용한다.

07 팥과 대두를 비교한 설명 중 잘못된 것은?

① 팥은 대두보다 같은 조건에서 침지시간이 길게 요구된다.
② 대두는 팥보다 같은 조건에서 수분흡수속도가 빠르다.

③ 팥은 대두보다 전분함량이 높다.

④ 대두는 팥보다 지방과 단백질 함량이 낮다.

08 식품 및 식품 공전에서 떡류에만 해당되는 검사 규격 항목은?

① 대장균

② 유산균 수

③ 산가

④ 살모넬라

09 개성경단과 개성주악을 집청할 때 적합한 것은?

① 꿀

② 조청

③ 물엿

④ 캐러멜 소스

10 쌀가루에 엿기름을 넣어 삭혀서 지진 떡으로 추운 지방에서도 쉽게 굳지 않는 떡은?

① 수수떡

② 증편

③ 쇠머리떡

④ 노티떡

11 두텁떡을 만들 때 쌀가루와 고물에 간은 무엇으로 하는가?

① 정제염　　② 천일염

③ 간장　　　④ 된장

12 쑥 인절미를 만드는 과정에서 올바른 쑥의 사용법은?

① 쑥을 무르게 삶아 그냥 섞어서 사용한다.

② 생쑥을 사용한다.

③ 말린 쑥을 그대로 사용한다.

④ 잘 삶은 쑥을 기계에 두 번 내린다.

13 당의 캐러멜화에 대한 설명으로 틀린 것은?

① 캐러멜화 반응이 진행될수록 단맛은 줄고 쓴맛과 신맛이 강해진다.

② 비효소적 갈변현상이다.

③ 당의 정제도가 높을수록 빨리 일어난다.

④ 알칼리에서 더 잘 일어나는데 pH는 6.5~8.2가 최적이다.

14 전분의 노화에 대한 설명으로 틀린 것은?

① 노화는 18℃에서 잘 일어나지 않는다.

② 노화된 전분은 소화가 잘 되지 않는다.

③ 노화란 베타전분이 알파전분으로 되는 것을 말한다.

④ 노화는 전분 분자끼리의 결합이 전분과 물 분자의 결합보다 크기 때문에 일어난다.

15 김이 새어 나가지 않도록 질시루와 물솥 사이에 바르는 것은?

① 시루밑　　② 시루띠

③ 시룻번　　④ 시루막이

16 통나무를 구유처럼 깊게 파 떡을 치는 데 쓰는 그릇으로, 떡구유라고도 부르는 도구는?

① 도구통　　② 절구통

③ 떡망판　　④ 절구

17 체에 관한 설명으로 옳지 않은 것은?

① 어레미 – 쳇불 구멍이 가장 큰 체이고, 떡고물이나 메밀가루를 내리는 데 썼다.

② 도드미 – 고운 철사로 올을 성기게 짠 구멍이 굵은 체지만, 어레미보다 쳇불구멍이 크고 좁쌀이나 쌀의 뉘를 고르는 데 썼다.

③ 중게리 – 지방에 따라 반체, 중게리, 중체라고도 부른다. 시루편을 만들 때와 떡가루를 물에 섞어 비벼 내릴 때 쓰며, 쳇불은 천으로 되었다.

④ 가루체 – 가루를 치는 데 쓰는 체로 지방에 따라 접체, 벤체, 참체, 도시미리, 설된체, 신체라고도 한다. 쳇불은 말총 혹은 나일론 천으로 만들며 송편가루 등을 내리는 데 썼다.

18 차륜병에 대한 설명으로 옳지 않은 것은?

① 떡 위에 박은 떡살 무늬가 수레바퀴 모양을 하고 있는 푸른색의 쑥절편이다.

② 수리취는 부드러워서 나물로 많이 먹는다.

③ 5월 5일 단오 절식이다.

④ 애엽병, 수리취떡이라고도 한다.

19 찧어낸 곡식을 담아 까불려 겨나 티를 걸러내는 도구는?

① 조리　　② 체

③ 키　　④ 쳇다리

20 인절미 제조과정에서 익힌 찹쌀을 절구에 넣고 칠 때 절굿공이에 소금물을 바르는 이유는?

① 절굿공이에 익은 찹쌀이 달라붙지 않고 간을 맞추기 위해

② 인절미의 노화를 방지하기 위해

③ 인절미를 오래 저장하기 위해

④ 더 찰진 인절미를 만들기 위해

21 계량컵을 사용하여 쌀가루를 계량할 때 가장 옳은 방법은?

① 계량컵에 그대로 담아 표면이 수평이 되도록 깎아서 계량한다.

② 계량컵에 눌러 담아 표면이 수평이 되도록 깎아서 측정한다.

③ 체를 쳐서 수북하게 담아 표면이 수평이 되도록 깎아서 계량한다.

④ 계량컵을 가볍게 흔든 다음 표면이 수평이 되도록 깎아서 계량한다.

22 고명을 만드는 방법으로 옳지 않은 것은?

① 석이채는 석이를 불리지 않고 차가운 물에 살짝 씻어 말린 후 곱게 채썬다.

② 잣은 고깔을 떼어내고 마른 면포로 닦아서 한지나 종이 위에 올려놓고 다져 사용한다.

③ 대추채는 대추를 면포로 닦은 후 돌려깎기하여 밀대로 밀어 채썬다.

④ 밤채는 밤의 겉껍질과 속껍질을 벗겨낸 뒤 물에 담그지 않은 상태에서 살짝 시들면 그때 곱게 채썬다.

23 가래떡은 어떤 종류의 떡인가?

① 삶는 떡

② 지지는 떡

③ 쪄서 치는 떡

④ 빚어 찌는 떡

24 송편 제조과정 중 옳지 않은 것은?

① 송편 소를 넣고 주먹으로 꽉 쥐어 안에 있는 공기를 빼준다.

② 쪄낸 송편은 재빠르게 냉수에 헹구어준다.

③ 멥쌀가루에 소금과 찬물을 넣어 반죽한다.

④ 쪄낸 송편에 참기름을 바르면 서로 달라붙지 않고 고소한 맛의 송편이 된다.

25 멥쌀로 만든 떡이 아닌 것은?

① 절편

② 가래떡

③ 송편

④ 우메기

26 구름떡에 대한 설명으로 옳지 않은 것은?

① 떡을 굳힌 후 잘랐을 때 모양이 구름과 닮았다고 해서 붙여진 이름이다.

② 고물로는 붉은팥 가루, 흑임자 가루를 사용한다.

③ 불린 찹쌀은 소금을 넣고 한 번만 빻는다.

④ 쇠머리떡, 모듬백이떡이라고도 한다.

27 다음 중 각색편이 아닌 것은?

① 백편

② 석이편

③ 꿀편

④ 승검초편

28 증편에 대한 설명으로 옳지 않은 것은?

① 찹쌀가루에 막걸리를 넣고 반죽하여 발효시켜 찐 떡이다.

② 주로 여름철에 해 먹는 떡이다.

③ 술떡, 기주떡, 기정떡이라고도 불린다.

④ 강원도 강릉 지방의 향토떡인 방울증편이 있다.

29 다음 중 지지는 떡이 아닌 것은?

① 화전
② 개성 주악
③ 수수부꾸미
④ 산승

30 떡의 포장재질로 주로 사용되는 것은?

① 폴리에틸렌
② 유리
③ 종이
④ 알루미늄박

31 떡을 폴리염화비닐로 포장하였을 경우 나타나는 문제점은?

① 가소제의 첨가량이 많아지면 중금속이 용출된다.
② 탄력성이 있다.
③ 투명성이 좋고 내수성과 내산성이 좋다.
④ 값이 저렴하다.

32 완성된 떡을 급랭한 후, 냉장 보관하였다가 꺼내두면 다시 말랑하게 되는 이유는?

① 수분이 빙결정 상태로 전분질 사이에 존재하는 수소결합을 방해하기 때문이다.
② 급랭과정에서 떡 표면이 코팅되기 때문이다.
③ 해동과정 중에서 수분이 떡 속으로 침투되기 때문이다.
④ 미생물을 열처리하여 사멸시켜 밀봉 상태의 보존성이 좋기 때문이다.

33 다음 중 개인위생에서 반드시 지켜져야 할 범위가 아닌 것은?

① 청결한 신체
② 화려한 복장
③ 좋은 습관
④ 건강관리

34 식품위생법에 의한 식중독에 해당하지 않는 경우는?

① 금속조각에 의하여 이가 부러진다.
② 도시락을 먹고 세균성 장염에 걸린다.
③ 포도상구균 독소에 중독된다.
④ 아플라톡신에 중독된다.

35 웰치균에 대한 설명으로 옳은 것은?

① 아포는 60℃에서 10분 가열하면 사멸한다.
② 혐기성균주이다.
③ 냉장온도에서 잘 발육한다.
④ 당질식품에서 주로 발생한다.

36 음식을 먹기 전에 가열하여도 식중독 예방이 가장 어려운 균은?

① 포도상구균
② 살모넬라균
③ 장염비브리오균
④ 병원성대장균

37 식품위생법상 허위표시, 과대광고의 범위에 해당하지 않는 것은?

① 국내산을 주된 원료로 하여 제조, 가공한 메주, 된장, 고추장에 대하여 식품영양학적으로 공인된 사실이라고 식품의약품안전처장이 인정한 내용의 표시, 광고

② 질병치료에 효능이 있다는 내용의 표시, 광고

③ 외국과 기술 제휴한 것으로 혼동할 우려가 있는 내용의 표시, 광고

④ 화학적 합성품의 경우 그 원료의 명칭 등을 사용하여 화학적 합성품이 아닌 것으로 혼동할 우려가 있는 광고

38 자가 품질검사와 관련된 내용으로 틀린 것은?

① 영업자가 다른 영업자에게 식품 등을 제조하게 하는 경우에는 직접 그 식품 등을 제조하는 자가 검사를 실시할 수 있다.

② 직접 검사하기 부적합한 경우는 자가품질 위탁 검사기관에 위탁하여 검사할 수 있다.

③ 자가품질 검사에 관한 기록서는 2년간 보관하여야 한다.

④ 자가품질 검사 주기의 적용시점은 제품의 유통기한 만료일을 기준으로 산정한다.

39 식품위생법상 영업신고를 하지 않는 업종은?

① 즉석판매제조 · 가공업

② 양곡관리법에 따른 양곡가공업 중 도정업

③ 식품운반법

④ 식품소분 · 판매업

40 다음 중 영양사의 직무가 아닌 것은?

① 식단 작성

② 검식 및 배식관리

③ 식품 등의 수거 지원

④ 구매 식품의 검수

41 위해(hazard)란 무엇인가?

① 심미적으로 악영향을 미칠 우려가 있는 인자

② 건강장해를 일으킬 우려가 있는 화학적 특성 및 인자

③ 건강장해를 일으킬 우려가 있는 생물학적 특성 또는 인자

④ 건강장해를 일으킬 우려가 있는 생물학적 · 화학적 · 물리적 성분 또는 인자

42 자가 품질 검사 의무를 이행하지 않았을 때의 벌칙은?

① 1년 이하의 징역 또는 1천만 원 이하의 벌금

② 3년 이하의 징역 또는 3천만 원 이하의 벌금

③ 5년 이하의 징역 또는 5천만 원 이하
의 벌금

④ 10년 이하의 징역 또는 1억 원 이하
의 벌금

43 날콩은 소화를 방해하는 물질이 함유되어
있어 가열하여 섭취하는데 이 성분은 무
엇인가?

① 뮤신　　　　② 얄라핀
③ 아플라톡신　④ 안티트립신

44 신라 21대 소지왕 때 임금의 생명을 구해
준 까마귀의 은혜를 갚기 위해 만들었다
는 음식은?

① 율고　　　　② 약과
③ 약식　　　　④ 오병

45 1815년 『규합총서(閨閤叢書)』에 소개한
떡 중 기단가오에 들어가는 주재료는 무
엇인가?

① 감자가루　　② 메조가루
③ 마가루　　　④ 연잎가루

46 다음 중 떡의 어원변화가 맞는 것은?

① 찌기 – 떼기 – 떠기 – 떡
② 떼기 – 떠기 – 찌기 – 떡
③ 떨기 – 떼기 – 떠기 – 떡
④ 떼기 – 떠기 – 떨기 – 떡

47 조선시대 떡 문화의 특징으로 적절하지
않은 것은?

① 조선시대의 떡은 제례 · 빈례 · 혼례
등의 각종 의례행사는 물론 대소연
회 · 무속의례에도 쓰였다.
② 의례식의 발달로 떡은 고임상(큰상)
의 중요한 위치를 차지하게 되었다.
③ 조선시대에는 최초로 개피떡이 문헌
에 등장한다.
④ 궁중과 반가를 중심으로 발달한 떡은
종류가 다양해졌고 맛이 한층 더 고
급화되었다.

48 조선시대 도문대작에 자병(煮餅)이라 기
록된 떡의 종류는?

① 삶는 떡　　② 치는떡
③ 빚는 떡　　④ 지지는 떡

49 다음 중 절일(節日)과 절식이 잘못 연결된
것은?

① 한식-쑥떡
② 초파일-느티떡
③ 단오-차륜병
④ 추석-삭일 송편

50 계절과 떡이 잘못 연결된 것은?

① 봄-쑥떡, 느티떡
② 여름-수리취떡, 깨찰편
③ 가을-감떡, 물호박떡
④ 겨울-화전, 호박고지떡

51 조선 후기 『규곤시의방(閨壼是議方)』에 대한 내용 중 옳지 않은 것은?

① 음식의 맛을 내는 비방이라는 뜻이다.
② 국내 최초의 한글 조리서이다.
③ 여자들이 거처하는 안방이다.
④ 첫머리에는 한글로 음식디미방이라고 쓰여 있다.

52 중화절의 특징으로 올바르지 않은 것은?

① 오곡을 많이 넣은 약식을 만들어주었다.
② 주인이 노비에게 새해 농사를 잘 지으라고 음식과 삭일송편을 만들어 대접했다.
③ 커다란 노비송편을 만들어 나이 수대로 나누어주었다.
④ 2월 초하룻날이다.

53 맥아(엿기름)에 대한 설명으로 옳지 않은 것은?

① 겉보리로 엿기름을 만든다.
② 아밀라아제(amylase)가 활성을 띠게 되어 전분을 포도당으로 분해할 수 있다.
③ 식혜, 조청, 엿을 만들 때 사용한다.
④ 보리에 물을 주어 싹을 틔워 말려 가루로 만든다.

54 회갑연(回甲宴)에 사용되는 갖은 편이 아닌 것은?

① 부꾸미　② 백편
③ 승검초편　④ 꿀편

55 책례(세책례)는 아이가 서당에 다니면서 책을 한 권씩 뗄 때마다 행하던 의례이다. 책례음식으로 만든 떡은?

① 작은 오색송편
② 노비송편
③ 왕송편
④ 오려송편

56 끓는 물에 삶아서 집청시럽에 넣었다가 경앗가루에 묻혀 담고 꿀물에 집청하여 만드는 경단은 어느 지방의 향토떡인가?

① 개성　② 평양
③ 진주　④ 전주

57 제주도의 오메기떡에 대한 설명 중 옳지 않은 것은?

① 차조와 멥쌀을 섞어서 만든다.
② 차조가루에 끓는 물을 넣어 익반죽한다.
③ 반죽을 20g씩 떼어 둥글납작하게 빚고, 가운데 구멍을 낸다.
④ 삶다가 떠오르면 찬물을 약간 넣어 다시 떠오르면 건진다.

58 평안도 지방의 향토떡인 노티(놋치)떡에 대한 설명으로 옳지 않은 것은?

① 추석 명절쯤 만들어 성묘 때도 쓰고 일년 내내 두고 간식으로 먹는 떡이다.
② 기장이나 수수를 찹쌀에 섞기도 한다.
③ 설날에 만들어 보름 때까지 먹는 떡이다.

④ 먼 길 떠날 때 선물하며, 번철에 지지는 떡이다.

59 오곡의 하나인 조에 대한 설명으로 맞는 것은?

① 벼보다 늦게 도입된 곡물이다.
② 메조는 푸른색이고, 차조는 노란색이다.
③ 탄닌을 함유하고 있어 소화율이 낮다.
④ 곡류 중에서 크기가 가장 작으며, 저장성이 좋다.

60 통과의례에 사용되는 떡을 잘못 연결한 것은?

① 백일-백설기, 붉은팥 고물, 차수수경단, 오색송편
② 혼례-봉채떡, 달떡, 색떡
③ 회갑-백편, 꿀편, 승검초편
④ 제례-녹두고물편, 거피팥 고물편, 붉은 팥고물편

정답 및 해설

01 ②	02 ②	03 ①	04 ④	05 ④	06 ④	07 ③	08 ④	09 ④	10 ①
11 ②	12 ①	13 ②	14 ④	15 ①	16 ④	17 ③	18 ②	19 ②	20 ①
21 ③	22 ①	23 ①	24 ②	25 ②	26 ④	27 ③	28 ②	29 ①	30 ④
31 ④	32 ①	33 ③	34 ②	35 ④	36 ③	37 ③	38 ②	39 ④	40 ④
41 ④	42 ④	43 ②	44 ①	45 ④	46 ①	47 ②	48 ③	49 ④	50 ②
51 ③	52 ②	53 ③	54 ②	55 ①	56 ①	57 ③	58 ③	59 ④	60 ③

01 쌀의 품종은 단립종, 중립종, 장립종으로 구분되며, 그중에서 가장 찰기가 많은 품종은 단립종이다.

02 묵은쌀은 산도가 높고, 쌀눈 자리가 갈색으로 변하며, 색이 탁하면서 냄새가 나는 것이 특징이다.

03 항산화 물질 : 참깨는 세사몰, 토코페롤은 비타민 E이다.

04 찹쌀은 아밀로펙틴 100%로 이루어져 노화가 천천히 일어난다.

05 서류는 고구마, 감자, 토란 등으로 덩이줄기나 뿌리를 이용하는 작물이며, 수분함량은 많고 온도의 적응력은 떨어져 저장성이 나쁘다.

06 멥쌀가루는 아밀로오스 함량이 높아 호화도 쉽지만, 아밀로펙틴 함량이 낮아 노화도 빨리 일어난다.

07 감자나 고구마는 쌀보다 전분입자가 크기 때문에 더 빨리 호화된다.

08 팥에는 쌀에 부족한 비타민 B_1이 두류 중 가장 많다.

09 발색제는 빛깔을 내게 하는 물질이다.

10 쑥을 삶을 때는 소금만 넣고 삶는 것이 가장 좋다. 식소다를 넣으면 색은 안정되고 부드러워지지만 비타민이 파괴된다.

11 도병은 치는 떡을 일컬으며, 시루에 쪄낸 찹쌀가루나 멥쌀가루를 뜨거울 때 절구나 안반에 쳐서 끈기가 나게 하는 떡이다.

12 멥쌀이나 찹쌀을 씻어서 이물질 제거할 때 물의 온도는 약 20℃ 전후이다.

13 쌀가루에는 밀가루같이 글루텐이 없으므로, 뜨거운 물로 익반죽하면 쌀의 전분을 호화시키게 되어 반죽에 끈기가 생겨 쫄깃한 식감을 준다.

14 찹쌀가루는 익반죽으로 미리 익혀버리면 호화된 전분이 수증기를 막아 잘 익지 않는다.

15 노화가 가장 촉진되는 온도는 0~5℃의 냉장 상태이다.

16 어레미는 고운 철사로 체의 구멍을 크게 만든 것이다.

17 상서롭고 운이 좋은 것을 상징하며, 또 그런 소원을 담아서 그린 무늬. 예로부터 사용해 오던 무늬의 대부분은 길상의 염원이 깃든 것이었다.

18 떡을 치는 메로 인절미나 흰떡을 찰지게 하기 위해 떡메를 사용한다.

19 돌확은 자연석을 우묵하게 파거나 도기로 자배기 형태의 그릇 안쪽에 우툴두툴하게 구워낸 것도 있다.

20 백미, 현미, 찹쌀, 보리쌀, 밀, 대두 등의 곡물류는 1C의 중량이 약 180g이다.

21 버터나 마가린 같은 고체식품은 부피보다 무게(g)를 재는 것이 정확하고, 계량컵이나 계량스푼으로 잴 때는 실온에 두어 약간 부드럽게 한 후 빈 공간이 없도록 채워서 표면을 평면이 되도록 깎아서 계량해야 한다.

22 팥고물 시루떡은 멥쌀가루에 삶은 팥을 약간 빻아 고물로 만들어 켜켜이 안쳐 시루에 찌는 켜떡이다.

23 쇠머리떡은 주로 황설탕을 사용하며, 찹쌀가루에 부재료, 설탕을 골고루 섞어서 찐다.

24 약식의 단맛과 색감, 저장성을 높이기 위해서는 설탕을 먼저 넣고 비벼준다.

25 경단은 끓는 물로 익반죽을 하고, 삶은 후 헹굴 때는 찬물에 헹군다.

26 떡의 기원은 문헌을 통해서는 정확하게 알기 어렵지만 멀리는 신석기시대를 떡의 시작으로 보는 견해가 있을 정도로 떡의 역사는 아주 오래되었다.

27 상화병은 유두날 만들어 먹는 밀가루떡이다.

28 혼돈병, 두텁떡은 찹쌀가루, 석이병은 멥쌀가루로 만드는 찌는 떡이다.

29 두텁떡은 봉우리떡, 합병, 후병(厚餠)이라고도 한다.

30 재증병(再蒸餠)은 두 번 찐다는 의미이며, 특히 정월 대보름에 많이 해 먹는 떡이다.

31 알루미늄박은 알루미늄 합금을 종이(schlagmetal)처럼 얇게 만든 것이다. 식료품, 담배, 약품 등의 포장재료로 많이 쓰인다.

32 미생물의 번식은 제품의 온도에 따라 종류가 다르다. 저온균, 중온균, 고온균으로 나누며, 온도에 따른 미생물 번식을 차단하기 위해서이다.

33 냉동보관법도 오랜 시간이 지나면 수분이 증발하여 식품의 품질에 변화가 있다.

34 개인위생이란 식품취급자의 개인적인 청결(신체, 의복, 습관 등) 유지와 위생관련 실천행위를 의미하며, 주위 직업환경의 위생과 밀접하게 결부되어 있다. 개인위생의 범위에는 신체부위, 복장, 습관, 장신구 그리고 건강관리와 건강진단 등이 포함된다.

35 변패는 탄수화물이 미생물의 작용에 의해 변질되는 현상으로 김밥, 도시락, 떡, 빵, 과자류 등 원인식품이 있다.

36 루브라톡신은 마이코톡신(간장독)의 독성분이고, 오크라톡신은 옥수수, 땅콩의 독성분이며, 파툴린은 썩은 사과의 독성분이다.

37 엔테로톡신은 내열성이 강해 고압증기멸균법으로도 예방하기 어렵고, 잠복기는 평균 3시간 정도이며, 김밥이나 떡이 원인식품이다.

38 황색포도상구균 식중독은 화농의 원인균이므로 화농성 질환자는 식품의 조리를 금지해야 한다.

39 식품공전은 식품의약품안전처장이 작성·보급한다.

40 식품공전상 표준온도는 20℃이다.

41 식품 등의 기준 및 규격에 관한 사항 작성은 식품위생심의위원회의 직무이다.

42 식품위생은 식품, 식품첨가물, 기구 또는 용기·포장을 대상으로 하는 음식에 관한 위생을 말한다.

43 CCP는 위해를 사전 방지(예방)하거나 제어할 수 있는 중요한 단계·과정 또는 공정을 말한다.

44 제품설명서 작성은 HACCP 적용순서도에 따른 제품의 특성을 고려한 것이다.

45 사람의 눈으로 볼 수 있는 빛. 보통 가시광선의 파장범위는 380~800나노미터(nm)이다.

46 『삼국사기』에는 잇자국이 많은 사람이 지혜롭고 성스럽다 하여 잇자국으로 왕위를 계승하였다는 기록이 있다.

47 조선시대에 들어와 농업을 비롯한 생산의 여러 분야에서 보다 새로운 발전이 이루어짐으로써 식재료가 그 어느 시기보다 늘어나게 되었다.

48 석탄병은 단단한 감을 저며 말려서 쌀가루, 잣가루, 계핏가루, 대추, 황률 따위를 넣고 버무려 켜마다 팥을 뿌려 찐 떡이다.

49 쌍화점은 고려가요(속요) 중 하나이다. 고려 충렬왕 때 이루어진 것이라 전하는데 정확하지는 않다. 밀가루에 술을 넣고 부풀려 채소로 만든 소와 팥소를 넣고 찐 증편류로 원나라의 영향을 받아 도입되었다.

50 경단류는 1680년 『요록』에 경단병으로 처음 기록되었다.

51 제주 지역의 향토떡으로는 오메기떡, 도돔떡, 빼대기떡, 빙떡, 상애떡(상화병), 돌레떡(경단) 등이 있다.

52 일제 강점기에 일본은 민족문화 말살정책의 일환으로 양력설을 강요하며 우리의 음력설 풍습을 박해했으나 방앗간 영업까지는 금하지 않았다.

53 찹쌀가루를 반죽하여 두견화(진달래), 장미, 황매화, 국화의 꽃잎이나 대추를 붙여서 기름에 지진 떡이다.

54 유엽병(榆葉餅)이라고도 하며, 사월 초파일에 먹는 절식의 하나이다. 멥쌀과 느티나무의 어린잎을 빻아 함께 섞은 것을 시루에 깔고 거피팥 고물을 뿌려 켜로 안쳐서 쪄낸다.

55 굿 구경하려면 계면떡이 나올 때까지 하라는 속담이 있듯이 무당이 굿을 끝내고 구경 온 사람들에게 나누어주는 떡을 계면떡이라고 한다.

56 애단자(艾團餈)는 쑥을 찹쌀가루에 섞어 떡을 만든 다음, 볶은 콩가루를 꿀에 섞어 바른 떡이다.

57 최근까지 중양절의 풍속이 이어지지는 않는다.

58 납일의 절식으로는 골동반, 장김치, 골무떡 등을 꼽을 수 있다.

59 봉치떡이라고도 하며, 시루에 붉은팥 고물을 올리고 찹쌀가루를 두 켜로 안친 다음 맨 위에 대추와 밤을 둥글게 돌려 놓고 함이 들어올 때 시루째 상에 올려놓는 붉은팥 찰시루떡이다.

60 화전은 찹쌀가루 반죽을 둥글고 납작하게 빚어서 기름에 지져내는 떡으로 계절에 따라 다양한 꽃을 고명으로 얹는다.

모의고사 제2회

NCS 떡제조기능사 필기실기

정답 및 해설

01 ①	02 ②	03 ③	04 ④	05 ③	06 ④	07 ①	08 ④	09 ①	10 ③
11 ①	12 ④	13 ④	14 ①	15 ③	16 ②	17 ②	18 ①	19 ③	20 ①
21 ③	22 ①	23 ③	24 ②	25 ④	26 ④	27 ④	28 ④	29 ③	30 ②
31 ④	32 ①	33 ④	34 ④	35 ①	36 ②	37 ③	38 ②	39 ②	40 ④
41 ④	42 ①	43 ②	44 ①	45 ①	46 ①	47 ①	48 ①	49 ①	50 ③
51 ②	52 ①	53 ①	54 ②	55 ④	56 ③	57 ④	58 ④	59 ①	60 ③

01 백미(白眉) 단백질의 80%는 '오르제닌'이다.

02 건조 두류의 수분 흡수성은 대두 > 검은콩 > 흰 강낭콩 > 얼룩 강낭콩 > 묵은 팥 순이다.

03 서여향병은 마를 썰어 쪄낸 다음 꿀에 담갔다가 찹쌀가루를 묻혀서 기름에 지져내어 잣 가루를 입힌 것으로 바삭하면서도 쫄깃하고 고소한 맛이 일품이다.

04 찹쌀가루에 삶아 으깬 밤을 넣어 버무린 후 잣을 고명으로 얹어 찐 떡으로 중양절의 절식이다. 율고 또는 밤가루설기라고도 부른다.

05 멥쌀을 5시간 정도 불리면, 수분 흡수율은 약 20~30%이다.

06 한자로는 자초, 지초, 자근이라고 하며 진도에서는 홍주의 원료로 쓰인다.

07 수수벙거지는 '수수도가니' 또는 '수수 옴팡떡'이라고 하는데 수수 가루를 익반죽한 후 벙거지처럼 빚어서 풋콩을 깔고 시루에 찐 떡이다.

08 떡 제조 시 소금의 양은 쌀가루 대비 1%이다.

09 노란색을 내는 천연 발색제는 봄철 소나무 꽃가루인 송홧가루이다.

10 냉각 시 반고체의 겔을 형성하는 과정이다.

11 쑥설기를 할 때는 1차로 소금을 넣고 거칠게 빻고, 2차로 쑥을 넣고 거칠게 빻은 후 다시 한 번 더 거칠게 빻는다.

12 쌀가루를 분쇄할 때 멥쌀은 물을 내리고, 찹쌀은 물을 내리지 않는다.

13 전분의 호화는 조리 후 설탕을 더 첨가하여도 영향을 미치지 않는다.

14 수분함량의 30~60%가 노화하기 쉬운 조건이다.

15 수소이온농도(pH)는 물질의 산성이나 알칼리성의 정도를 나타내는 수치로 알칼리 용액에서는 노화가 잘 일어나지 않는 것으로 알려져 있고, 강한 산성은 노화를 촉진시킨다.

16 번철은 전을 부치거나 고기 따위를 볶을 때 쓰는 가마솥 뚜껑처럼 생긴 무쇠그릇이다.

17 연자방아는 연자매라고도 하며, 곡식을 탈곡 또는 제분하는 방아로 소나 말이 끌고 돌린다.

18 쳇다리는 체를 쓸 때 사용하는 도구이다. 형태는 일정하지 않으나 대체로 Y자 모양이다.

19 떡판은 흰떡이나 인절미 등을 치는 데 쓰이는 받침, 안반 또는 병안이라 한다.

20 메스실린더는 액체의 부피를 재는 데 쓰는 기구로 길쭉하고 좁은 원통 모양이며 표면에 ml 단위로 눈금이 새겨져 있다.

21 붉은팥 고물을 만들 팥은 물에 불리지 않고 손질 후 처음 삶은 물은 버리고 삶는다. 불려서 삶으면 팥의 붉은색이 흐려진다.

22 석이는 미지근한 물에 불려 부드럽게 한 다음, 이끼와 돌기를 제거하고 곱게 채썬 후 고명으로 사용한다.

23 멥쌀가루를 쪄서 뽑아내 만든 둥글고 긴 떡으로, 차지게 하기 위해 떡메로 여러 번 쳐서 만든다.

24 피톤치드라는 성분은 식물이 해충과 병균으로부터 자신을 보호하기 위해 내뿜는 자연 항균물질로 천연 방부제 역할을 해준다.

25 호박은 두텁떡에 들어가는 재료가 아니다.

26 증편의 발효온도는 30~35℃가 적당하다.

27 송기가루, 송홧가루, 흑임자가루를 멥쌀가루에 각각 섞어 체에 내린 후 잣가루를 섞어 석이버섯채와 대추채를 고명으로 얹어 쪄내는 떡이다. 세 가지 색의 특별한 맛이라는 뜻에서 삼색별편이라는 이름이 붙었다.

28 백설기는 햇볕에 잘 말려서 고운 가루로 만들어 이유식인 암죽을 쑤어 먹었다.

29 캐러멜 소스는 설탕을 녹여 끓인 것으로, 가열로 인해 갈색을 띤다. 150℃ 이상으로 가열하면 설탕은 색이 변하며 차츰 단맛이 없어지게 되고, 처음에는 약하게 타는 냄새가 나기 시작하다가 점점 그 강도가 강해진다.

30 셀로판은 재생 셀룰로오스로 만든 얇고 투명한 시트로 공기, 기름, 박테리아, 물 등이 잘 투과하지 못한다.

31 아밀로오스 필름은 녹말에서 아밀로오스를 분리한 무색 투명 포장지이다.

32 떡을 냉장보관하면 전분의 노화로 굳어진다.

33 식품 취급자는 신체검사와 정기검진, 손 관리와 손 씻기, 머리와 모발관리, 복장과 장신구 관리 등과 더불어 평소의 개인 위생관리에 힘써야 한다.

34 로커(locker)는 청결해야 하고 환기도 잘되어야 하며, 옷이나 개인물품을 보관하기에 충분한 크기여야 한다. 식품은 로커에 보관하면 안 된다.

35 푸른 곰팡이가 저장미에서 번식하면서 인체에 신장독, 간장독을 일으킨다.

36 알레르기성 식중독은 히스타민이라는 물질이 축적되어 일어나는 현상으로 항히스타민제를 복용하여 치료한다.

37 포도상구균에 의한 식중독의 독소인 엔테로톡신은 열에 매우 강하므로, 예방하기 어렵고 균이 사멸되어도 독소는 남는 경우가 많다.

38 클로스트리디움 보툴리눔균 식중독은 편성혐기성균으로 인하여 일어나는 대표적인 독소형 식중독이다.

39 테트로도톡신은 복어 독성분으로 동물성 자연독 성분이다.

40 식품첨가물이나 다른 원료를 사용하지 아니한 농·임·수산물 단순가공품의 건조방법을 달리하고자 하는 경우는 해당되지 않는다.

41 식품위생법상 '집단급식소'는 1회 50인 이상한테 식사를 제공하는 급식소를 말한다.

42 테트로도톡신과 식품첨가물은 화학적 위해요소, 머리카락은 물리적 위해요소이다.

43 빙과류, 비가열 음료, 레토르트 식품은 HACCP의 의무적용 대상식품이다.

44 데시벨은 소리의 상대적인 크기를 나타내는 단위이다.

45 『삼국사기』는 고려 인종 때인 1145년에 김부식이 펴낸 역사책으로 삼국의 역사에 대해 기록해 놓았으며, 현재까지 전해 오는 우리나라

역사책 중에서 가장 오래된 책이다.

46 청동기시대의 유적지인 나진초토 패총에서 시루가 처음 발견되었다.

47 어린쑥잎을 쌀가루에 섞어 쪄서 고를 만드는데, 이것을 애고라 한다고 하여 쑥설기임을 알려주는 것이다.

48 주례는 한대(韓代) 이전의 문헌이다.

49 멥쌀가루로 찌고 친 떡을 얇게 민 다음 큰 개피떡과 작은 개피떡을 만들어 두 개를 포개서 붙인 여주산병은 여주 지방의 향토떡이다.

50 서울·경기 지역의 향토떡은 여주산병, 배피떡, 개성 우메기, 강화 근대떡, 각색경단 등이다.

51 우리나라 3대 명절은 설날, 단오, 추석이며, 4대 명절에는 한식이 포함된다.

52 인절미는 은절병, 인절병, 인병이라고도 하는데 찰기가 있어 잡아당긴 뒤에 끊어야 하는 떡이라는 의미에서 생긴 이름이다.

53 삼짇날은 음력 3월 3일로 겨우내 움츠렸던 마음을 펴고, 이제 다시 새로운 농사일을 시작할 시점에서 서로 마음을 다잡고 한 해의 건강과 평화를 비는 명절이다.

54 유두일의 절식은 수단, 상화병, 연병 등이다.

55 황매화란 홑꽃으로 다섯 장의 꽃잎을 활짝 펼치면 5백 원짜리 동전 크기보다 훨씬 크다. 봄에 진달래와 같이 화전(花煎)의 재료로 쓰이기도 한다.

56 중양절은 음력 9월 9일을 이르는 말로 중구(重九)라고도 한다. 시절음식 국화주(菊花酒), 국화전(菊花煎), 밤떡(栗糕) 등을 해 먹었다.

57 주악은 웃기떡의 하나로 찹쌀가루에 대추를 이겨 섞고 꿀에 반죽하여 깨소나 팥소를 넣어 송편처럼 만든 다음 기름에 지진다.

58 멥쌀가루로 만든 작은 절편으로 크기가 골무만 하다 하여 골무떡이라 하였으며, 『시의전서(是議全書)』에 나오는 절식이다.

59 인절미는 혼례 때 상에 올리거나 사돈댁에 이바지로 보내는 떡으로 찰기가 강한 찹쌀떡이기에 신랑 신부가 인절미의 찰기처럼 잘살라는 뜻이 들어 있다. 또한 시집간 딸이 친정에 왔다가 돌아갈 때마다 입마개떡이라고 하여 크게 만든 인절미를 들려 보내는 것은 시집에서 입을 봉하고 살라는 뜻과 함께 시집 식구들에게 비록 내 딸이 잘못한 것이 있더라도 이 떡을 먹고 너그럽게 봐달라는 뜻이 담겨 있다.

60 흰무리라고도 하며, 17세기경 여러 가지 음식조리서가 등장하였는데 백설기의 명칭은 『규합총서』에 기록되어 있다. 티 없이 깨끗하여 신성한 음식이란 뜻에서 아기의 삼칠일, 백일, 돌 때의 대표적인 음식이다.

모의고사 제3회

01 ①	02 ②	03 ④	04 ④	05 ②	06 ④	07 ④	08 ①	09 ②	10 ④
11 ③	12 ④	13 ②	14 ④	15 ③	16 ③	17 ②	18 ②	19 ③	20 ①
21 ③	22 ①	23 ③	24 ③	25 ④	26 ④	27 ②	28 ①	29 ②	30 ①
31 ①	32 ①	33 ②	34 ①	35 ②	36 ①	37 ①	38 ④	39 ②	40 ④
41 ④	42 ②	43 ④	44 ④	45 ②	46 ①	47 ②	48 ④	49 ④	50 ④
51 ③	52 ①	53 ②	54 ①	55 ①	56 ①	57 ①	58 ③	59 ④	60 ④

01 밀의 단백질은 글루테닌(glutenin)이다.

02 • 찹쌀로 떡을 할 경우 침지과정 중 멥쌀에 비해 10% 이상 높은 수분 흡수율을 보인다.
　　• 스팀과정 중 전체 중량 7% 이상의 수분을 더 흡수하여 떡을 할 때 물을 더 주지 않아도 쉽게 떡이 익는다.
　　• 멥쌀은 물을 주지 않고 찌면 수분의 흡수가 거의 이루어지지 않아 수분을 보충해 주어야 한다.

03 맥류는 보리, 쌀보리, 밀, 호밀, 귀리 등이다.

04 석탄산은 소독력을 기준으로 표시되는 석탄산계수로 값이 클수록 소독력이 강하다.

05 쌀 수침 시 미지근한 물에서는 수분 흡수량이 빨라진다.

06 장 맥아는 저온에서 발아시킨 것으로 싹의 길이가 보리알의 1.5~2배이며, 식혜나 물엿 제조에 사용한다.

07 대두는 팥보다 지방과 단백질 함량이 높다.

08 유산균 수는 유산균 함유 과자, 캔디류에 한한다. 산가는 유탕처리한 과자에 한한다. 살모넬라는 크림을 도포 또는 충전 후 가열 살균하지 않고 그대로 섭취하는 빵류에 한한다.

09 조청은 곡식을 엿기름으로 삭혀서 조려 꿀처럼 만든 감미료로, 빚어서 기름에 튀긴 음식을 집청할 때 사용한다.

10 노티떡은 찰기장과 수수 가루를 섞어서 익반죽한 뒤 엿기름을 넣고 삭혀서 팬에 지져낸 떡이다. 잘 상하지 않아 먼 길 떠날 때 선물하는 떡이고, 추석 때쯤 만들어두었다가 한식 성묘에도 사용하고, 때때로 아이들의 간식으로도 이용한다고 한다.

11 두텁떡은 거피팥을 쪄서 간장, 계핏가루, 설탕 등을 넣고 볶아서 사용하고 쌀가루도 간장으로 간을 한다.

12 생쑥은 소금을 넣고 데쳐서 찬물에 담가 쓴맛을 제거한 후 물기를 빼서 롤러밀(롤밀)에 두 번 내려야 쌀가루와 잘 섞인다.

13 캐러멜화 반응은 당의 정제도가 낮을수록 빨리 일어나며 설탕을 녹는점 이상 가열하면 점점 갈색화가 된다.

14 알파전분이 베타전분으로 되돌아가는 것이 노화이다.

15 질시루로 떡을 찔 때 물솥과 고리의 이음새 사이로 김이 새어 나가지 못하도록 멥쌀가루나 밀가루를 반죽하여 바른 것으로 술을 빚거나 떡을 찔 때 많이 사용한다.

16 떡망판은 통나무를 구유처럼 깊게 파 떡을 치는 데 쓰는 그릇이다.

17 고운 철사로 올이 성기게 짜면 도드미가 되고 그보다 발이 굵게 나오도록 설피게 만든 것을 어레미라고 한다.

18 차륜병은 차륜(수레바퀴)과 병(떡)으로 멥쌀가루에 삶은 수리취를 넣어 익반죽한 후, 반죽을 동그랗게 만들어 차륜모양의 떡살로 찍어서 익혀낸 절편이다.

19 키는 찧어낸 곡식을 담아 까불려 겨나 티를 걸러내는 도구이다.

20 인절미를 만들기 위해서 익힌 반죽은 꽈리가 일도록 쳐야 하고, 소금물을 발라서 소금간이 되도록 하는 것이다.

21 쌀가루에 물을 내리고 체를 쳐서 수북하게 담아 표면이 수평이 되도록 깎아서 계량한다.

22 석이는 끓는 물에 데쳐 부드럽게 한 다음, 이끼와 돌기를 제거하고 곱게 채썬 후 고명으로 사용한다.

23 멥쌀가루를 쪄서 뽑아내 만든 둥글고 긴 떡으로, 차지게 하기 위해 떡메로 여러 번 쳐서 만든다.

24 송편을 만들 때는 익반죽을 해야 쌀가루 일부가 호화되어 점성이 증가해서 쉽게 성형할 수 있다.

25 우메기는 찹쌀가루를 엽전모양으로 빚어 기름에 지진 음식이다. 개성 지방의 향토음식으로 정월 초나 잔치 등의 행사 때 해 먹으며 현지에서는 우메기로 불리고, 다른 지역에서는 개성주악 등의 이름으로 알려져 있다.

26 떡이 굳은 다음, 썰어 놓은 떡의 모양이 쇠머리편육 같다고 하여 쇠머리떡, 수확기인 가을철에 주변에서 흔하고 쉽게 구할 수 있는 곡식과 여러 가지 과일 등의 재료를 이용해 만든 떡이라 하여 모듬백이라고 한다.

27 각색편은 백편, 승검초편, 꿀편을 말하며, 갖은 편이라고도 일컫는다.

28 증편은 잘 상하지 않아 여름에 주로 먹는 떡의 하나로 멥쌀가루에 생막걸리, 설탕, 물 등을 넣고 묽게 반죽하여 발효시켜서 밤, 대추, 잣 따위의 고명을 얹고 틀에 넣어 찐 떡이다.

29 개성주악은 찹쌀가루와 밀가루를 막걸리로 되직하게 반죽하여 빚어서 기름에 튀겨낸 떡으로 우메기라고도 한다.

30 폴리에틸렌은 인체에 해가 없는 플라스틱 재질로 1회용 잡화, 병, 포장재, 전기절연체로 많이 사용된다.

31 폴리염화비닐은 단독으로 비교적 단단하고 잘 부서지나, 프탈산다이옥틸과 같은 가소제를 첨가하면 탄성을 갖게 되는데 가소제의 첨가량이 많아지면 중금속이 용출된다.

32 수분의 함량(30~60%) 조절이 빙결정 상태로 전분 분자 사이에 존재하는 수소결합을 방해하기 때문에 전분 분자 간의 결정화를 방지한다.

33 개인위생이란 식품취급자의 개인적인 청결(신체, 의복, 습관 등) 유지와 위생관련 실천행위를 의미하며, 주위 작업환경의 위생과 밀접하게 결부되어 있다. 개인위생의 범위에는 신체부위, 복장, 습관, 장신구 그리고 건강관리와 건강진단 등이 포함된다.

34 식중독이란 유독·유해한 물질이 음식물과 함께 입을 통해 섭취되어 생리적인 이상을 일으키는 것을 말한다.

35 웰치균은 그람양성간균, 편성혐기성세균, 내열성 아포, 단백질 식품에서 주로 발생, 10℃ 이하 또는 60℃ 이상에서 보존해야 한다.

36 포도상구균 식중독의 원인 독소인 엔테로톡신

은 열에 강해서 끓여도 파괴되지 않으므로 예방이 어려운 식중독이다.

37 제조방법에 관하여 연구하거나 발견한 사실로서 식품학·영양학 등의 분야에서 공인된 사항의 표시는 허위표시가 아니다.

38 자가품질 검사 주기의 적용시점은 식품의 제조일을 기준으로 산정한다.

39 양곡관리법에 따른 양곡가공업 중 도정업은 영업신고를 하지 않아도 된다.

40 식품 등의 수거지원은 영양사의 직무가 아니다.

41 위해란 사람의 건강을 해칠 우려가 있는 생물학적·화학적·물리적 성분 또는 인자이다.

42 3년 이하의 징역 또는 3천만 원 이하의 벌금은 허위표시, 과대광고, 과대포장을 했을 때, 자가 품질 검사의 의무를 이행하지 않았을 때, 신고 대상 영업을 신고 없이 영업했을 때 등이 해당된다.

43 아플라톡신 : 땅콩의 곰팡이 독소, 뮤신 : 마의 점질 물질, 얄라핀 : 고구마의 갈변 또는 흑변을 일으키는 물질로 잘린 부위에서 배어 나오는 하얀 액체이다.

44 신라 21대 소지왕이 왕위에 오르고 10년 되는 해의 정월 대보름날에 재앙을 미리 알려줘 목숨을 살려준 까마귀에 대한 보은으로 이날을 까마귀 제삿날로 삼아 찰밥을 지어 까마귀에게 먹이도록 하니 이 풍습이 지금까지 내려와 지금도 우리나라 어느 곳에서나 만들어 먹는 정월 대보름의 절식이다.

45 기단가오는 메조가루에 대추나 팥을 섞어 찐 떡이다.

46 떡이라는 단어는 옛말의 동사 찌다가 명사화되어 찌기 – 떼기 – 떠기 – 떡 순으로 변화한 것으로 본래는 찐 것이라는 뜻이다.

47 1800년대 말 『시의전서』에 개피떡이라고 하였고, 1924년 『조선무쌍신식요리제법』에는 가피병(加皮餅)이라 하였다.

48 자병(煮餅 : 전병)은 찹쌀가루·밀가루·수수가루 등을 반죽하여 기름에 지진 떡으로 유전병(油煎餅)이라고도 한다.

49 음력 2월 1일을 삭일(朔日)이라 하며, 일꾼들을 위해 삭일송편을 해 먹었다.

50 겨울은 약식, 인절미, 골무떡, 온시루떡 등을 해 먹었다.

51 『규곤시의방』은 조선 후기의 문인인 정부인 안동장씨의 저서로 국내 최초의 한글조리서이며, 146가지의 음식조리법이 수록되어 있다.

52 약식은 정월 대보름에 먹는 절식이다.

53 엿기름에 있는 β –아밀라아제는 전분을 맥아당으로 분해한다.

54 회갑연에는 백편, 승검초편, 꿀편 등의 다양한 떡들을 고배상에 올렸다.

55 책례는 아이가 서당에서 어려운 책을 한 권씩 배우고 마칠 때마다 이를 축하해 주고 앞으로 더욱 학문에 정진하라는 격려의 의미로 행하는 의례이다. 작은 모양의 속이 꽉 찬 오색송편과 속을 비운 송편을 주로 만들었다. 속이 찬 떡은 학문적 성장을 추구하는 뜻이고, 또한 속을 비운 송편은 마음과 뜻을 넓게 가져 바른 인성을 갖추기를 기원하는 겸손의 의미가 함께 담겨 있다.

56 개성 지방에서 걸쭉한 팥물에 담가 먹는 독특한 떡이다. 숟가락으로 떠서 빨리 굳지 않는 장점이 있다.

57 차좁쌀 가루를 익반죽하여 둥글게 빚은 뒤 가운데 구멍을 내어 삶아낸 떡이며, 제주 고유의 오메기술을 만드는 술밥으로 쓰인다.

58 노티(놋치)떡은 찹쌀가루와 찰기장가루·찰수수 가루를 익반죽한 뒤 엿기름을 넣고 삭혀서 번철에 지져낸 것이다. 과자에 가까운 독특한 맛을 내는 떡으로 오래 두고 먹을 수 있는 평안

도 지방의 유명한 향토떡이다. 평양에서는 추석 전날 달밤에 노티떡을 만들어 가까이 지내는 사람들에게 귀한 선물로 보내기도 하고 멀리 유학 간 자녀들에게 보낼 정도로 오래 두고 먹을 수 있는 떡이었다고 한다.

59 조는 재배된 역사가 오래된 작물로 우리나라에서는 벼보다 먼저 도입된 곡류이다. 메조는 노란색, 차조는 녹색이다.

60 붉은팥 고물편은 제사 때는 사용하지 않고, 고사 지낼 때와 이사할 때, 함 받을 때 등 우리 조상들이 가장 즐겨 먹어 온 떡이다.

참고문헌

3대가 쓴 한국의 전통음식, 황혜성 외 3인, (주)교문사

김경미의 반가음식이야기, 김경미, 행복우물

떡 제조기능사 초단기 완성(필기), 전순주, 예문사(2019)

떡 제조기능사 필기, 최순자 외 2인, 경록(2019)

떡 제조기능사, (사)한국전통음식연구소, (주)지구문화사

떡제조기능사 2주 합격, 방지현, (주)시대고시기획(2019)

떡제조기능사, 임점희 외 1인, 크라운출판사

쉽게, 맛있게, 아름답게 만드는 한과, 한복려 외 2인, 궁중음식연구원

쉽게, 맛있게, 아름답게, 만드는 떡, 한복려, (사)궁중음식연구원

시간의 흐름을 맛으로 느낄 수 있는 한식디저트의 미학, 최은희 외 3인, (주)백산출판사

식품 가공기능사, 이지혼 외 3인, 부민문화사

식품 위생관리, 편집부 편저, (주)예하미디어

식품학, 편집부 편저, ㈜예하미디어

아름다운 떡·한과·음청류 한식디저트, 김덕희 외 3인, (주)백산출판사

음식 문화비교론, 성태종 외 6인, 대왕사

전통과 현대의 아름다운 조화 한국의 병과, 김미선·강현주, (주)백산출판사

제병관리사 필기 시험문제집, (사)한국떡류식품가공협회(2014)

제사와 제례 문화, 한국국학진흥원

조리기능사 시험문제 총정리, 이종임, 수도출판문화사

조리기능사 필기, 진영일 외 3인, 백산출판사(2018)

지금·그리움·어머니의 손맛 한국의 떡, 정재홍 외 8인, ㈜형설출판사

한국의 떡, 기초에서 창업까지, 류기형 외 4인, 도서출판 효일

한국의 떡·한과·음청류, 윤숙자, 지구문화사

한식조리기능사(필기, 실기), 하현숙 외 2인, 크라운출판사

* 참고 사이트

한국산업인력공단, 한국NCS학습모듈, 2022(http://www.hrdkorea.or.kr)

실기편

콩설기떡

요구사항

※ 지급된 재료 및 시설을 사용하여 콩설기떡을 만들어 제출하시오.

① 떡 제조 시 물의 양은 적정량으로 혼합하여 제조하시오.
  (단, 쌀가루는 물에 불려 소금간 하지 않고 2회 빻은 쌀가루이다.)

② 불린 서리태를 삶거나 쪄서 사용하시오.

③ 서리태의 1/2 정도는 바닥에 골고루 펴 넣으시오.

④ 서리태의 나머지 1/2 정도는 멥쌀가루와 골고루 혼합하여 찜기에 안치시오.

⑤ 찜기에 안친 쌀가루를 물솥에 얹어 찌시오.

⑥ 서리태를 바닥에 골고루 펴 넣은 면이 위로 오도록 그릇에 담고, 썰지 않은 상태로 전량 제출하시오.

재료명	비율(%)	무게(g)
멥쌀가루	100	700
설탕	10	70
소금	1	7
물	–	적정량
불린 서리태	–	160

지급재료 목록

재료명	규격	수량	비고
멥쌀가루	멥쌀을 5시간 정도 불려 빻은 것	770g	1인용
설탕	정백당	100g	1인용
소금	정제염	10g	1인용
서리태	하룻밤 불린 서리태 (겨울 10시간, 여름 6시간 이상)	170g	1인용 (건서리태 80g 정도 기준)

◆ 떡 제조과정

❶ 불린 서리태는 소금간을 해서 익힌다.

❷ 멥쌀가루에 소금(또는 소금물)을 넣고 골고루 섞어서 중간체에 2~3번 내린다.

❸ ②의 멥쌀가루에 설탕을 골고루 섞는다.

❹ 찜기에 시루밑을 깔고, 서리태 1/2은 바닥에 골고루 펴 놓고, 나머지 1/2은 쌀가루와 골고루 섞는다.

❺ ④에 쌀가루를 평평하게 안친 후, 김이 오른 물솥에 올려 15~20분간 찐다.

❻ 불을 줄이고 5분 정도 뜸을 들인다.

❽ 떡이 쪄지면 뒤집어서 바닥에 깔린 콩이 보이도록 담아낸다.

 TIP

1. 멥쌀가루에 수분이 적으면 익혔을 때 갈라진다.

2. 멥쌀가루는 체에 여러 번 내리면 떡이 부드럽고 폭신한 질감의 떡이 된다.

쌀가루에 소금, 물 넣기

중간체에 내리기

서리태 찌기

서리태 1/2 바닥에 펴 놓기

서리태 1/2 멥쌀가루와 섞기

찜솥에 20분간 찌기

부꾸미

요구사항

※ 지급된 재료 및 시설을 사용하여 **부꾸미**를 만들어 제출하시오.

① 떡 제조 시 물의 양을 적정량으로 혼합하여 반죽을 하시오.
   (단, 쌀가루는 물에 불려 소금간 하지 않고 1회 빻은 찹쌀가루이다.)

② 찹쌀가루는 익반죽하시오.

③ 떡반죽은 직경 6cm로 지져 팥앙금을 소로 넣어 반으로 접으시오(◠).

④ 대추와 쑥갓을 고명으로 사용하고 설탕을 뿌린 접시에 부꾸미를 담으시오.

⑤ 부꾸미는 12개 이상으로 제조하여 전량 제출하시오.

재료명	비율(%)	무게(g)
찹쌀가루	100	200
백설탕	15	30
소금	1	2
물	–	적정량
팥앙금	–	100
대추	–	3(개)
쑥갓	–	20
식용유	–	20ml

지급재료 목록

재료명	규격	수량	비고
찹쌀가루	찹쌀을 5시간 정도 불려 빻은 것	220g	1인용
설탕	정백당	40g	1인용
소금	정제염	10g	1인용
팥앙금	고운 적팥앙금	110g	1인용

재료명	규격	수량	비고
대추	(중)마른 것	3개	1인용
쑥갓	–	20g	1인용
식용유	–	20ml	1인용
세척제	500g	1개	30인 공용

◆ 떡 제조과정

❶ 찹쌀가루는 소금(또는 소금물)을 넣고 섞어서 중간체에 한 번 내린다.

❷ ①의 찹쌀가루를 익반죽하여 직경 5cm 정도의 크기로 동글납작하게 빚는다.

❸ 팥앙금은 저울에 계량해서 타원형으로 빚는다.

❹ 쑥갓은 깨끗이 씻은 후 작은 잎만 따서 물기를 제거한다.

❺ 대추는 돌려깎기하여 씨를 제거하고 밀대로 민 다음, 돌돌 말아 꽃모양으로 얇게 썬다.

❻ 프라이팬을 달구어 기름을 두른 후 불을 줄여 빚은 반죽이 서로 붙지 않게 놓고 숟가락으로 누르면서 지지다가 2/3 정도 익으면 뒤집어서 윗면도 익힌다.

❼ 뒤집은 면이 약간 부풀면서 투명하게 익으면 가운데에 팥앙금을 놓고 반으로 접는다.

❽ 윗면에 대추와 쑥갓을 고명으로 올려 설탕을 뿌린 접시에 담아낸다.

TIP

1. 부꾸미를 지질 때 작은 종지에 식용유를 조금 따라놓고 숟가락을 적셔 가면서 부치면 숟가락에 덜 달라붙는다.

2. 지질 때 늘어지므로 완성크기보다 반죽을 약간 작게 만든다.

3. 프라이팬 위에서 소를 넣는 방법, 프라이팬에서 내려 접시나 쟁반으로 옮겨 소를 넣는 방법 둘 다 가능하다.

1

중간체에 내리기

2

익반죽하기

3

팥앙금 빚기

4

직경 5cm로 빚기

5

프라이팬에 지지기

6

대추, 쑥갓 올리기

쇠머리떡

※ 지급된 재료 및 시설을 사용하여 쇠머리떡을 만들어 제출하시오.

① 떡 제조 시 물의 양은 적정량으로 혼합하여 제조하시오.
　(단, 쌀가루는 물에 불려 소금간 하지 않고 1회 빻은 찹쌀가루이다.)

② 불린 서리태는 삶거나 쪄서 사용하고, 호박고지는 물에 불려 사용하시오.

③ 밤, 대추, 호박고지는 적당한 크기로 잘라서 사용하시오.

④ 부재료를 쌀가루와 잘 섞어 혼합한 후 찜기에 안치시오.

⑤ 떡반죽을 넣은 찜기를 물솥에 얹어 찌시오.

⑥ 완성된 쇠머리떡은 15×15cm 정도의 사각형 모양으로 만들어 자르지 말고 전량 제출하시오.

⑦ 찌는 찰떡류로 제조하며, 지나치게 물을 많이 넣어 치지 않도록 주의하여 제조하시오.

재료명	비율(%)	무게(g)
찹쌀가루	100	500
설탕	10	50
소금	1	5
물	–	적정량
불린 서리태	–	100
대추	–	5(개)
깐 밤	–	5(개)
마른 호박고지	–	20
식용유	–	적정량

지급재료 목록

재료명	규격	수량	비고
찹쌀가루	찹쌀을 5시간 정도 불려 빻은 것	550g	1인용
설탕	정백당	60g	1인용
서리태	하룻밤 불린 서리태 (겨울 10시간, 여름 6시간 이상)	110g	1인용 (건서리태 60g 정도 기준)
대추	–	5개	1인용
밤	겉껍질, 속껍질 제거한 밤	5개	1인용

재료명	규격	수량	비고
마른 호박고지	늙은 호박 (또는 단호박)을 썰어서 말린 것	25g	1인용
소금	정제염	7g	1인용
식용유	–	15ml	1인용
세척제	500g	1개	30인 공용

◆ 떡 제조과정

❶ 찹쌀가루는 소금(또는 소금물)을 넣어 간을 한 후 적정량의 물을 넣어서 중간체에 한 번 내린다.

❷ 불린 서리태는 소금간을 해서 삶거나 찐다.

❸ 늙은 호박고지는 물에 불렸다가 2cm 길이로 썰어 설탕에 버무린다.

❹ 대추는 씨를 제거하여 크기에 따라 5~6등분하고, 밤도 5~6등분한다.

❺ 체 친 찹쌀가루에 설탕을 넣어 골고루 섞는다.

❻ 서리태, 밤, 대추, 늙은 호박고지는 일부 남겨두고 찹쌀가루에 넣어 섞는다.

❼ 찜기에 젖은 면포를 깔고 남겨둔 서리태, 밤, 대추, 늙은 호박고지를 올리고 찹쌀가루를 주먹을 살짝 쥐면서 안친다.

❽ 김이 오른 물솥에 ⑦을 올려 25~30분간 찐다.

❾ ⑧을 기름 바른 비닐에 올려 15×15cm로 정사각형을 만든다.

❿ 비닐을 벗겨 완성 접시에 담아낸다.

 TIP

1. 찹쌀가루는 수분을 많이 주면 늘어진다.

2. 찹쌀가루를 찔 때에는 쌀가루 사이에 김이 오르면 뚜껑을 덮는다.

1 소금, 물 주기

2 중간체에 내리기

3 밤, 대추, 호박고지 썰기

4 서리태 찌기

5 안치기

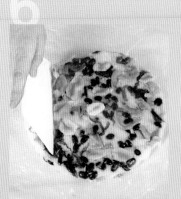

6 정사각형 만들기

송편

요구사항

※ **지급된 재료 및 시설을 사용하여 송편을 만들어 제출하시오.**

① 떡 제조 시 물의 양은 적정량으로 혼합하여 제조하시오.
(단, 쌀가루는 물에 불려 소금간 하지 않고 2회 빻은 쌀가루이다.)

② 불린 서리태는 삶아서 송편소로 사용하시오.

③ 떡반죽과 송편소는 4:1 ～ 3:1 정도의 비율로 제조하시오(송편소가 1/4~1/3 정도 포함되어야 함).

④ 쌀가루는 익반죽하시오

⑤ 송편은 완성된 상태가 길이 5cm, 높이 3cm 정도의 반달모양(◯)으로 오므려 접어 송편 모양을 만들고, 12개 이상으로 제조하여 전량 제출하시오.

⑥ 송편을 찜기에 쪄서 참기름을 발라 제출하시오.

재료명	비율(%)	무게(g)
멥쌀가루	100	200
소금	1	2
물	–	적정량
불린 서리태	–	70
참기름	–	적정량

지급재료 목록

재료명	규격	수량	비고
멥쌀가루	멥쌀을 5시간 정도 불려 빻은 것	220g	1인용
소금	정제염	5g	1인용
서리태	하룻밤 불린 서리태 (겨울 10시간, 여름 6시간 이상)	80g	1인용 (건서리태 40g 정도 기준)
참기름	–	15ml	–

◆ 떡 제조과정

❶ 멥쌀가루는 소금(또는 소금물)을 넣고 섞어서 중간체에 한 번 내린다.

❷ 익반죽하여 오래 치댄 뒤 젖은 면포를 덮어둔다.

❸ 불린 서리태는 소금간을 하여 냄비에 삶는다.

❹ ②의 반죽을 균일하게 나눠 ③의 서리태를 소로 넣어 오므려 반달모양으로 빚는다.

❺ 찜기에 시루밑을 깔고 빚은 생송편이 서로 닿지 않게 놓고, 김이 오른 물솥에 올려 15~20분 정도 찌고 불을 줄여서 5분 정도 뜸을 들인다.

❻ 찐 송편을 찬물에 냉각시킨 후 물기를 제거하고, 참기름을 솔로 바른다.

❼ 완성 접시에 12개 이상 담아낸다.

TIP

1. 반죽은 덜 치대어졌거나, 수분이 부족하거나, 빚을 때 공기가 들어가거나, 너무 오래 쪄도 송편이 터진다.

2. 완전히 익었을 때 찬물에 얼른 냉각시켜야 송편이 쫄깃하다.

1 중간체에 내리기

2 익반죽하기

3 소 넣고 빚기

4 찜솥에 찌기

5 찬물에 냉각시키기

6 참기름 바르기

백편

※ 지급된 재료 및 시설을 사용하여 백편을 만들어 제출하시오.

① 떡 제조 시 물의 양은 적정량으로 혼합하여 제조하시오.
　(단, 쌀가루는 물에 불려 소금간 하지 않고 2회 빻은 멥쌀가루이다.)

② 밤, 대추는 곱게 채썰어 사용하고 잣은 반으로 쪼개어 비늘잣으로 만들어 사용하시오.

③ 쌀가루를 찜기에 안치고 윗면에만 밤, 대추, 잣을 고명으로 올려 찌시오.

④ 고명을 올린 면이 위로 오도록 그릇에 담고 썰지 않은 상태로 전량 제출하시오.

재료명	비율(%)	무게(g)
멥쌀가루	100	500
설탕	10	50
소금	1	5
물	–	적정량
깐 밤	–	3(개)
대추	–	5(개)
잣	–	2

지급재료 목록

재료명	규격	수량	비고
멥쌀가루	멥쌀을 5시간 정도 불려 빻은 것	550g	1인용
설탕	정백당	60g	1인용
소금	정제염	10g	1인용
밤	겉껍질, 속껍질 벗긴 밤	3개	1인용
대추	(중)마른 것	5개	1인용
잣	약 20개 정도(속껍질 벗긴 통잣)	2g	1인용

◆ 떡 제조과정

❶ 멥쌀가루는 소금(또는 소금물)을 넣어 잘 비벼서 중간체에 2~3번 내려 설탕을 섞는다.

❷ 밤은 곱게 채썬다.

❸ 대추는 돌려깎기하여 씨를 제거하고, 밀대로 밀어 얇게 편 다음 곱게 채썬다.

❹ 잣은 반으로 쪼개어 비늘잣을 만든다.

❺ 찜기에 시루밑을 깔고 쌀가루를 평평하게 안친 다음 고명을 얹는다.

❻ 김이 오른 물솥에 ⑤를 올려 15~20분간 찌고, 불을 줄이고 5분 정도 뜸을 들인다.

❼ 떡이 쪄지면 고명이 위로 보이도록 담아낸다.

TIP

1. 멥쌀가루에 물이 적당한지를 알려면 체에 내린 멥쌀가루를 주먹으로 쥐어보아 덩어리가 깨지지 않고 그대로 있으면 된다.

2. 멥쌀가루를 시루에 안칠 때는 손으로 솔솔 뿌려야 공기가 많이 들어가서 떡이 부드럽게 잘 쪄진다.

3. 잣은 찜기에 살짝 찌면 잘 쪼개진다.

4. 대추는 씨를 제거하고, 밀대로 밀어주면 채를 곱게 썰 수 있다.

5. 껍질 벗긴 밤은 물에 담그지 않아야 곱게 채썰 수 있다.

쌀가루에 소금, 물 넣기

중간체에 내리기

비늘잣 만들기

밤, 대추 채썰기

윗면 고르기

고명 올리기

인절미

※ 지급된 재료 및 시설을 사용하여 인절미를 만들어 제출하시오.

① 떡 제조 시 물의 양은 적정량으로 혼합하여 제조하시오.
(단, 쌀가루는 물에 불려 소금간 하지 않고 2회 빻은 찹쌀가루이다.)

② 익힌 찹쌀반죽은 스테인리스볼과 절굿공이(밀대)를 이용하여 소금물을 묻혀 치시오.

③ 친 인절미는 기름 바른 비닐에 넣어 두께 2cm 이상으로 성형하여 식히시오.

④ 4×2×2cm 크기로 인절미를 24개 이상 제조하여 콩가루를 고물로 묻혀 전량 제출하시오.

재료명	비율(%)	무게(g)
찹쌀가루	100	500
설탕	10	50
소금	1	5
물	–	적정량
볶은 콩가루	12	60
식용유	–	5
소금물용 소금	–	5

지급재료 목록

재료명	규격	수량	비고
찹쌀가루	찹쌀을 5시간 정도 불려 빻은 것	550g	1인용
설탕	정백당	60g	1인용
소금	정제염	10g	1인용
콩가루	볶은 콩가루	70g	1인용 (방앗간 인절미용 구매)
식용유	–	15ml	비닐에 바르는 용도
세척제	500g	1개	30인 공용

◆ 떡 제조과정

❶ 찹쌀가루에 소금(또는 소금물)을 넣고, 물을 적정량 넣은 다음 골고루 섞어 중간체에 한 번 내려 설탕을 골고루 섞는다.

❷ 찜기에 젖은 면포를 깔고 설탕을 살짝 뿌려서 찹쌀가루를 덩어리지게 만들어 찜기에 안친다.

❸ 물솥에 물이 끓으면 ②의 찜기를 올려서 20분 정도 찐다.

❹ 익은 찹쌀 반죽은 스테인리스볼에 넣어 절굿공이(밀대)에 소금물(물 1C+소금 1작은술)을 묻혀 가면서 친다.

❺ 기름 바른 비닐을 깔고 친 반죽은 쏟아서 2cm 이상의 두께로 모양을 잡는다.

❻ 모양 잡은 반죽을 4×2×2cm 크기로 24개 이상 제조하여 볶은 콩가루 고물을 묻힌다.

❼ 완성 접시에 담아낸다.

 TIP

1. 익은 반죽은 굳기 전에 바로 스테인리스볼에서 꽈리가 일도록 쳐서 2cm 이상의 두께로 성형한다.

2. 반죽이 따뜻할 때 성형해야 모양 잡기가 쉽다.

1 쌀가루에 소금, 물 맞추기

2 중간체에 한 번 내리기

3 찜기에 안치기

4 익힌 반죽 치기

5 두께 2cm 이상으로 성형하기

6 볶은 콩가루 묻혀 썰기

무지개떡(삼색)

※ 지급된 재료 및 시설을 사용하여 무지개떡(삼색)을 만들어 제출하시오.

① 떡 제조 시 물의 양은 적정량으로 혼합하여 제조하시오.
  (단, 쌀가루는 물에 불려 소금간 하지 않고 2회 빻은 멥쌀가루이다.)

② 삼색의 구분이 뚜렷하고 두께가 같도록 떡을 안치고 8등분으로 칼금을 넣으시오.

〈삼색 구분, 두께 균등〉

〈8등분 칼금〉

③ 대추와 잣을 흰쌀가루에 고명으로 올려 찌시오.
  (잣은 반으로 쪼개어 비늘잣으로 만들어 사용하시오.)

④ 고명이 위로 올라오게 담아 전량 제출하시오.

재료명	비율(%)	무게(g)
멥쌀가루	100	750
설탕	10	75
소금	1	8
물	–	적정량
치자	–	1(개)
쑥가루	–	3
대추	–	3(개)
잣	–	2

지급재료 목록

재료명	규격	수량	비고
멥쌀가루	멥쌀을 5시간 정도 불려 빻은 것	800g	1인용
설탕	정백당	100g	1인용
소금	정제염	10g	1인용
치자	말린 것	1개	1인용

재료명	규격	수량	비고
쑥가루	말려 빻은 것	3g	1인용
대추	(중)마른 것	3개	1인용
잣	약 20개 정도 (속껍질 벗긴 통잣)	2g	1인용

◆ 떡 제조과정

❶ 멥쌀가루는 소금(또는 소금물)을 넣고 섞어서 중간체에 내린 후 삼등분한다.

❷ 대추는 돌려깎기하여 씨를 제거한 다음 꽃모양이나 채로 썰고, 잣은 반으로 갈라 비늘잣으로 고명을 만든다.

❸ 치자는 반으로 잘라 물 1/4C에 넣어 치자물을 만든다.

❹ 흰색은 물을, 노란색은 치자물, 쑥색은 쑥가루와 물을 넣어 색을 낸 다음, 다시 체에 내린 후 설탕을 섞는다.

❺ 찜기에 시루밑을 깔고 쑥쌀가루, 치자쌀가루, 흰 쌀가루 순으로 일정한 두께로 평평하게 안친다.

❻ ⑤를 8등분으로 칼금을 넣고 고명을 올린다.

❼ 물솥에 물이 끓으면 ⑥을 올려 약 20분간 찌고, 불을 줄여서 5분 정도 뜸을 들인다.

❽ 떡이 쪄지면 고명이 위로 보이도록 담아낸다.

TIP

1. 치자물은 따뜻한 물 1/2C에 치자를 잘라서 담그면 금방 색이 우러난다.
2. 멥쌀가루는 중간체에 2~3번 정도 내리면 떡의 질감이 좋다.
3. 쌀가루는 흰 쌀가루, 치자쌀가루, 쑥쌀가루 순으로 체에 내리고, 쑥쌀가루부터 안친다.
4. 적정량의 설탕도 3등분을 해둔다.

1

3등분하여 색깔 내기

2

쌀가루 물 맞추기

3

비늘잣 만들기

4

찜기에 안치기

5

칼금 넣기

6

고명 올리기

405

경단

요구사항

※ **지급된 재료 및 시설을 사용하여 경단을 만들어 제출하시오.**

① 떡 제조 시 물의 양은 적정량으로 혼합하여 반죽을 하시오.
   (단, 쌀가루는 물에 불려 소금간 하지 않고 1회 빻은 찹쌀가루이다.)

② 찹쌀가루는 익반죽하시오.

③ 반죽은 직경 2.5~3cm 정도의 일정한 크기로 20개 이상 만드시오.

④ 경단은 삶은 후 고물로 콩가루를 묻히시오.

⑤ 완성된 경단은 전량 제출하시오.

재료명	비율(%)	무게(g)
찹쌀가루	100	200
소금	1	2
물	–	적정량
볶은 콩가루	–	50

지급재료 목록

재료명	규격	수량	비고
멥쌀가루	멥쌀을 5시간 정도 불려 빻은 것	220g	1인용
설탕	정백당	10g	1인용
콩가루	볶은 콩가루	60g	1인용 (방앗간 인절미용 구매)
세척제	500g	1개	30인 공용

◆ 떡 제조과정

❶ 찹쌀가루에 소금(또는 소금물)을 넣어 간을 한 다음 중간체에 한번 내린다.

❷ 익반죽해서 오래 치댄다.

❸ 반죽을 직경 2.5~3cm 정도의 일정한 크기로 동그랗게 빚는다.

❹ 끓는 물에 소금과 빚은 반죽을 넣어 떠오르면, 찬물을 조금 넣어 다시 떠오를 때까지 익힌다.

❺ 찬물에 헹구어낸 다음 체에 밭쳐 물기를 제거한다.

❻ 접시나 쟁반에 고물을 펼쳐 담고 익은 경단을 올려 접시를 흔들어 고물을 고루 묻힌다.

❼ 완성 접시에 담아낸다.

 TIP

1. 반죽이 질어지지 않도록 유의한다.

2. 반죽이 질면 완성했을 때 늘어진다.

중간체에 내리기

익반죽하기

오래 치대기

2.5~3cm 정도 만들기

끓는 물에 익히기

고물 묻히기

흑임자시루떡

※ 지급된 재료 및 시설을 사용하여 흑임자시루떡을 만들어 제출하시오.

① 떡 제조 시 물의 양은 적정량으로 혼합하여 제조하시오.
  (단, 쌀가루는 물에 불려 소금간 하지 않고 1회 빻은 찹쌀가루이다.)

② 흑임자는 씻어 일어 이물이 없게 하고 타지 않게 볶아 소금간 하여 빻아서 고물로 사용하시오.

③ 찹쌀가루 위 · 아래에 흑임자 고물을 이용하여 찜기에 한 켜로 안치시오.

④ 찜기에 안쳐 물솥에 얹어 찌시오.

⑤ 썰지 않은 상태로 전량 제출하시오.

재료명	비율(%)	무게(g)
찹쌀가루	100	400
설탕	10	40
소금 (쌀가루 반죽)	1	4
소금 (고물)		적정량
물	–	적정량
흑임자	27.5	110

지급재료 목록

재료명	규격	수량	비고
찹쌀가루	찹쌀을 5시간 정도 불려 빻은 것	440g	1인용
설탕	정백당	50g	1인용
소금	정제염	10g	1인용
흑임자	볶지 않은 상태	120g	1인용

◆ 떡 제조과정

❶ 흑임자는 깨끗이 씻어 물기를 제거한 다음, 바닥이 넓은 프라이팬에 타지 않게 볶아서 소금간을 하여 절구에 빻아서 체에 내린다.

❷ 찜기에 젖은 면포를 깔고 ①의 흑임자 고물을 안쳐서 약 10분 정도 찐 후, 절굿공이로 찧어서 중간체에 다시 내리는데 많이 찧을수록 색은 진해진다.

❸ 찹쌀가루에 소금(또는 소금물)을 넣고 물을 적정량 넣은 다음 골고루 섞어 중간체에 한 번 내려 설탕을 골고루 섞는다.

❹ 찜기에 시루밑을 깔고 준비된 흑임자 고물을 평평하게 안치고, ②의 찹쌀가루를 안친 다음 다시 흑임자 고물을 올려서 물솥에 얹어 약 15~20분간 찌고, 5분간 약불로 뜸을 들인다.

❺ 한 김 나간 후 완성 접시에 담아낸다.

 TIP

1. 볶은 흑임자는 조금씩 찧어서 체에 내린다.

2. 찹쌀가루는 물 조절을 잘해야 한다.
   (찹쌀의 특징은 수침 시에도 멥쌀보다 물을 더 많이 흡수하고, 찔 때도 수증기를 더 많이 흡수하기 때문에 적정한 물 조절이 필요하다.)

흑임자 볶기

절구에 찧기

체에 내리기

소금, 물 넣어 체에 내리기

쌀가루 안치기

고물 올리기

개피떡(바람떡)

요구사항

※ **지급된 재료 및 시설을 사용하여 개피떡(바람떡)을 만들어 제출하시오.**

① 떡 제조 시 물의 양을 적정량으로 혼합하여 반죽을 하시오.
  (단, 쌀가루는 물에 불려 소금간 하지 않고 2회 빻은 멥쌀가루이다.)

② 익힌 멥쌀 반죽은 치대어 떡 반죽을 만들고 떡이 붙지 않게 고체유를 바르면서 제조하시오.

③ 떡반죽은 두께 4~5mm 정도로 밀어 팥앙금을 소로 넣어 원형틀(직경 5.5cm 정도)을 이용하여 반달모
  양으로 찍어 모양을 만드시오(◠).

④ 개피떡은 12개 이상으로 제조하여 참기름을 발라 제출하시오.

재료명	비율(%)	무게(g)
멥쌀가루	100	300
소금	1	3
물	–	적정량
팥앙금	66	200
참기름	–	적정량
고체유	–	5
설탕	–	10(찔 때 필요 시 사용)

지급재료 목록

재료명	규격	수량	비고
멥쌀가루	멥쌀을 5시간 정도 불려 빻은 것	330g	1인용
소금	정제염	10g	1인용
팥앙금	고운 적팥앙금	220g	1인용
고체유(밀랍)	마가린 대체 가능	7g	1인용
설탕	–	15g	1인용
참기름	–	10g	1인용
세척제	500g	1개	30인 공용

◆ 떡 제조과정

❶ 멥쌀가루에 소금(또는 소금물)을 넣고 물을 넉넉히 주어 손으로 비벼 골고루 섞은 후 중간체에 한 번 내린다.

❷ 찜기에 시루밑을 깔고 ①의 멥쌀가루를 안쳐서 김이 오른 물솥에 얹어 약 15분간 찌고, 불을 줄여서 5분 정도 뜸을 들인다.

❸ 팥앙금은 저울로 계량하여 타원형으로 빚는다.

❹ 익힌 멥쌀가루 반죽은 치대어 떡 반죽을 만들고, 떡이 붙지 않게 고체유를 바르면서 두께 4~5mm 정도로 민다.

❺ 팥앙금을 소로 넣어 원형틀을 이용하여 반달 모양으로 찍는다.

❻ 완성 접시에 담아낸다.

TIP

1. 개피떡은 반달 모양으로 눌러 찍을 때 바람이 들어가 바람떡이라고도 하며, 쌀가루를 찔 때 일반 설기떡보다 물양을 훨씬 더 많이 주어야 반죽이 잘 밀린다.

2. 멥쌀가루는 체에 한 번 내려주어야 반죽이 곱다.

3. 참기름을 너무 많이 바르면 색이 예쁘지 않다.

1

소금, 물 넣어 체 내리기

2

찜기에 안치기

3

팥앙금 빚기

4

익힌 반죽 밀기

5

반달 모양으로 찍기

6

참기름 바르기

흰팥시루떡

요구사항

※ 지급된 재료 및 시설을 사용하여 흰팥시루떡을 만들어 제출하시오.

① 떡 제조 시 물의 양은 적정량으로 혼합하여 제조하시오.
  (단, 쌀가루는 물에 불려 소금간 하지 않고 2회 빻은 멥쌀가루이다.)

② 불린 흰팥(동부)은 거피하여 쪄서 소금간 하고 빻아 체에 내려 고물로 사용하시오.
  (중간체 또는 어레미 사용 가능)

③ 멥쌀가루 위·아래에 흰팥고물을 이용하여 찜기에 한 켜로 안치시오.

④ 찜기에 안쳐 물솥에 얹어 찌시오.

⑤ 썰지 않은 상태로 전량 제출하시오.

재료명	비율(%)	무게(g)
멥쌀가루	100	500
설탕	10	50
소금 (쌀가루 반죽)	1	5
소금 (고물)	0.6	3 (적정량)
물	–	적정량
불린 흰팥(동부)	–	320

지급재료 목록

재료명	규격	수량	비고
멥쌀가루	멥쌀을 5시간 정도 불려 빻은 것	550g	1인용
설탕	정백당	60g	1인용
소금	정제염	10g	1인용
거피팥 (동부)	하룻밤 불린 거피팥 (겨울 6시간, 여름 3시간 이상)	350g	1인용(건거피팥(동부) 170g 정도 기준)

◆ 떡 제조과정

❶ 불린 거피팥은 손으로 비비고, 문질러서 3~4배의 물을 부어 껍질을 벗겨내면서 그 물을 계속 사용해야 껍질이 잘 벗겨진다.

❷ 껍질이 다 벗겨지면 한 번 더 헹구어 찜기에 시루밑을 깔고 김이 오른 물솥에 얹어 30~40분 간 푹 찐다.

❸ 익힌 거피팥은 큰 볼에 쏟아 소금을 넣어 곱게 찧은 뒤 중간체에 내린다(고물이 질면 프라이팬에 볶아서 사용한다).

❹ 멥쌀가루에 소금(또는 소금물)을 넣고 물을 적정량 넣은 다음, 골고루 섞어 중간체에 2~3번 내려 설탕을 섞는다.

❺ 찜기에 시루밑을 깔고 준비된 거피팥 고물을 골고루 안친 다음 ④를 안치고, 다시 고물을 올려서 김이 오른 물솥에 얹어 약 15~20분간 찌고, 5분간 약불로 뜸을 들인다.

❻ 한 김 나간 후 완성 접시에 담아낸다.

🪅 **TIP**

1. 거피팥은 원래 불린 물(제물)에 씻어서 껍질을 벗겨야 사포닌 성분의 거품에 의해 껍질이 잘 벗겨진다.

2. 거피팥은 푹 쪄야 고물이 잘 빻아지고, 체에도 잘 내려간다. 또한 중간체에 내려야 고물이 고와서 고급스럽다.

3. 설탕은 쌀가루의 10%가 넘어가면 떡이 달게 느껴진다.

1 거피팥 껍질 벗기기

2 찜솥에 넣어 찌기

3 소금, 물 넣어 중간체에 내리기

4 고물 안치기

5 쌀가루 안치기

6 고물 올리기

대추단자

※ 지급된 재료 및 시설을 사용하여 대추단자를 만들어 제출하시오.

① 떡 제조 시 물의 양을 적정량으로 혼합하여 반죽을 하시오.
　(단, 쌀가루는 물에 불려 소금간 하지 않고 1회 빻은 찹쌀가루이다.)

② 대추의 40% 정도는 반죽용으로, 60% 정도는 고물용으로 사용하시오.

③ 떡 반죽용 대추는 다져서 쌀가루와 함께 익혀 쓰시오.

④ 고물용 대추, 밤은 곱게 채 썰어 사용하시오.(단, 밤은 채 썰 때 전량 사용하지 않아도 됨)

⑤ 대추를 넣고 익힌 찹쌀반죽은 소금물을 묻혀 치시오.

⑥ 친 대추단자는 기름(식용유) 바른 비닐에 넣어 성형하여 식히시오.

⑦ 친 떡에 꿀을 바른 후 3×2.5×1.5cm 크기로 잘라 밤채, 대추채 고물을 묻히시오.

⑧ 16개 이상 제조하여 전량 제출하시오.

재료명	비율(%)	무게(g)
찹쌀가루	100	200
소금	1	2
물	–	적정량
밤	–	6(개)
대추	–	80
꿀	–	20
식용유	–	10
설탕 (찔 때 필요 시 사용)		10
소금물용 소금	–	5

지급재료 목록

재료명	규격	수량	비고
찹쌀가루	찹쌀을 5시간 정도 불려 빻은 것	220g	1인용
소금	정제염	5g	1인용
밤	겉껍질, 속껍질 벗긴 밤	6개	1인용
대추	중(마른 것)	90g (20~30개 정도)	1인용

재료명	규격	수량	비고
꿀	–	30g	1인용
식용유	–	10g	1인용
설탕	–	10g	1인용
세척제	500g	1개	30인 공용

◆ 떡 제조과정

❶ 대추는 돌려깎기하여 씨를 제거하여 다지고, 40%는 곱게 다지고 나머지 60%는 밀대로 얇게 밀어 곱게 채를 썬다.

❷ 밤도 곱게 채썰어 대추채와 섞어 놓는다.

❸ 찹쌀가루에 소금(또는 소금물) 넣고 물을 적정량 넣은 다음, 골고루 섞은 후 중간체에 한 번 내린다. 다진 대추를 넣어 골고루 섞어서 찜기에 젖은 면포를 깔고 설탕을 약간 뿌린 다음 김이 오른 물솥에 올려 찐다.

❹ 스테인리스볼에 쏟아 절굿공이에 소금물을 묻혀 가면서 꽈리가 일도록 친다.

❺ 기름 바른 비닐 위에 올려 두께 1cm 이상으로 성형하여 식힌다.

❻ 식은 반죽에 꿀을 바른 후 3×2.5×1.5cm 크기로 잘라 준비한 고물을 묻힌다.

❼ 16개 이상의 대추단자를 완성 접시에 담아낸다.

TIP

1. 찹쌀가루를 찔 때 물을 너무 많이 주면 익혀서 규격에 맞는 성형을 할 수가 없다.

2. 밤을 곱게 채썰기 위해서는 찬물에 담그지 말아야 한다.

3. 찜기에 찹쌀가루를 안칠 때 설탕을 약간 뿌리면 면포에서 분리가 잘 된다.

1 소금, 물 넣어 중간체 내리기

2 대추 다지기

3 밤, 대추 채썰기

4 밤, 대추 섞기

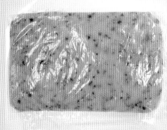

5 식히기

6 고물 묻히기

425

저자약력

하현숙 cookgk219@hanmail.net

현) 강릉영동대학교 호텔조리과 겸임교수
  RGM컨설팅 메뉴개발소장
  한국산업인력공단 서울지역본부 시험감독위원
  대한민국 국제요리(제과)경연대회 심사위원

[학력]
상명대학교 일반대학원 졸업(이학박사)
경희대학교 관광대학원 졸업(관광경영학 석사)

[자격]
조리기능장
한식산업기사
중식산업기사
떡제조기능사 외 기능사 8개
앙금플라워데코전문가 지도사범(심화과정)
떡 명인 제2020-명인-0060
전통차 · 궁중후식(1급)

[강의경력]
상명대학교
용인대학교
신한대학교
서울호서직업전문학교
우리나라 전통음식 조리체험 및 계승 아카데미

[연구경력]
쌀가루 이용 조리기자재 및 조리법 개발을 위한 소비자 조사 및 교육 프로그램 개발
(농림식품기술기획평가원)
나트륨 섭취 저감화를 위한 저나트륨 식단 모델 개발
프랜차이즈 외식업체 나트륨 · 당류 저감화 참여 확대지원사업

[컨설팅 경력]
aT 한국농수산식품유통공사 식품컨설팅 전문위원
외식창업 인큐베이팅 지원사업
외식업체 경영혁신 외식서비스 지원사업
희망리턴 패키지 경영개선 지원사업
원주추어탕 및 관찰사 옹심이 유래 및 특징 정립 및 상차림 개선 용역사업
이천 지역 특산물을 활용한 메뉴개발 사업

[특허]
모시잎을 이용한 곡물 가공식품의 노화 억제 방법 특허 등록
(출원번호 10-2012-0147710)

[수상]
통일부 장관 표창
(사)한국조리기능인협회 표창

[저서]
한식조리기능사(필기 · 실기, 2021, 크라운출판사)

저자와의
합의하에
인지첩부
생략

떡제조기능사 필기실기

2020년 3월 20일 초   판 1쇄 발행
2021년 1월 30일 개 정 판 1쇄 발행
2024년 1월   1일 개정2판 1쇄 발행

지은이 하현숙
펴낸이 진욱상
펴낸곳 (주)백산출판사
교   정 성인숙
본문디자인 신화정
표지디자인 오정은

등   록 2017년 5월 29일 제406-2017-000058호
주   소 경기도 파주시 회동길 370(백산빌딩 3층)
전   화 02-914-1621(代)
팩   스 031-955-9911
이메일 edit@ibaeksan.kr
홈페이지 www.ibaeksan.kr

ISBN 979-11-6567-724-4 13590
값 29,000원